C++程式設計

教學與自習最佳範本

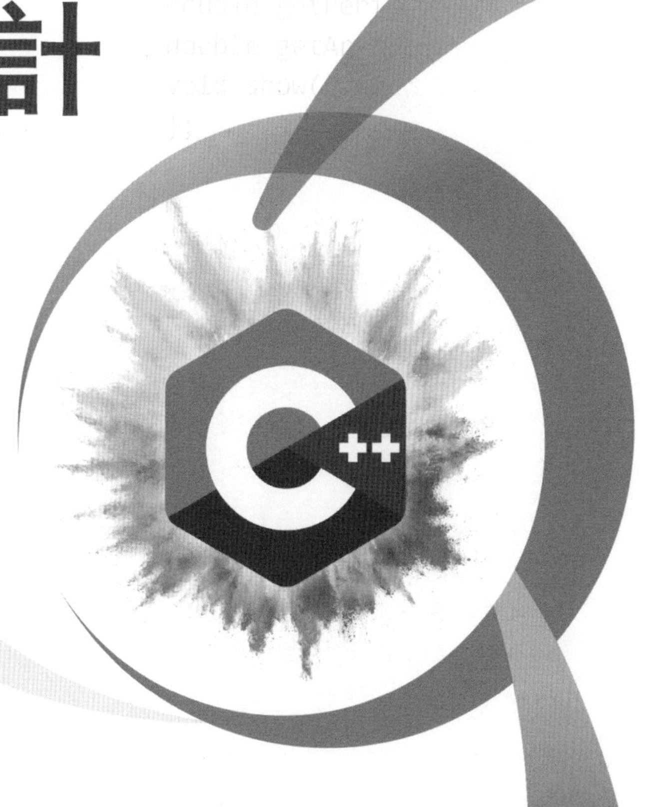

在一些場合和教 C++ 的老師交換意見，也和學生討論有關書上的內容，大概皆有不同的需求，因此基於老師的教學與學生的自習之角度，可否有本可以兼顧這兩者需求的書呢？以期達到兩全其美的目標，這也是本書誕生的主因。

本書以日常生活化的題目來講授 C++ 的主題，讓授課老師以整體概念解說每一主題的核心，如猜猜你的生日或是猜出你心中 1 到 100 的數字來貫穿選擇敘述、迴圈敘述、函式與陣列，以大樂透的電腦選號來說明陣列的建立與應用。同時在每一小節皆附有練習題供自習者練習，並有練習題輔助你是否做對。

本書的重點在物件導向程式設計，所以對封裝、繼承和多型有相當多的著墨，同時也利用範例解說物件導向程式設計可以減少維護成本。除此之外，對函式更加深入，計有預設函式參值、多載函式、樣板函式等等，同時也論及樣板類別的好處及其應用，本書也討論一些標準樣板函式庫的主題使用，讓你可以很快看懂其他的主題，可參考第 15 章。

引以自豪的是每一章的習題皆是精心設計的，可讓授課老師出作業用，也可以讓自習者測試自已對本章的了解狀況及其實力。本書共分兩部分，一為非物件導向部分，這在本書的第 1 章到第 9 章；二是物件導向的主題，這在第 10 章到第 13 章，同時也對異常處理和檔案的輸出與輸入有所探討，這分別是第 14 章和第 16 章。

從目前的 TOIBE 所公佈的受歡迎程式語言排行榜，以目前 2024 年六月來看，C++ 已是第 2 名了，聰明的你，是否也要想想加入學習 C++ 程式語言的行列，相信這本書是你最佳的選擇。祝福你能有一技之長，找工作沒煩惱。

蔡明志
mjtsai168@gmail.com

CONTENTS
目錄

CHAPTER 1 標準輸出與輸入

CHAPTER 2 運算子

CHAPTER 3 選擇敘述

CHAPTER 4 迴圈敘述

CHAPTER 5 函式

CHAPTER 6 陣列

CHAPTER 7 多維陣列

CHAPTER 8 string 類別

CHAPTER 9 指標與動態記憶體管理

CHAPTER 10 類別與物件

CHAPTER 11 運算子多載

CHAPTER 12 繼承

CHAPTER 13 多型

CHAPTER 14 異常處理

CHAPTER 15 標準樣板函式庫

CHAPTER 16 檔案的輸入與輸出

CHAPTER

1

標準輸出與輸入

在這一章節，我們要討論有關 C++的標準輸出與輸入（standard output/input），標準輸出表示輸出結果顯示在螢幕上，而標準輸入表示資料從鍵盤中輸入，C++利用 cout 輸出串流與 cin 輸入串流來完成。我們先從標準輸出串流談起。

1-1 C++ 的標準輸出串流：cout

cout 是 C++ 的標準輸出串流，可將資料從螢幕加以輸出。我們以程式來說明：

範例程式： cout-1.cpp

```
01  #include <iostream>
02  using namespace std;
03  int main()
04  {
05      cout << "Hello, world. " << endl;
06      cout << "Learning C++ now! " << endl;
07      return 0;
08  }
```

```
Hello, world.
Learning C++ now!
```

由於 cout 是 iostream 的串流物件，所以要將 iostream 載入到程式中，如程式中的第一行。還有利用第二行的 namespace 命名空間 std，若沒有撰寫這一行，則在呼叫 cout 時要加上 std 和範圍運算子 :: 才可以。endl 表示跳行的意思，這也是 iostream 的串流物件，所以也要加上 std:: 程式才能運作。程式將兩個雙引號括起來的字串加以輸出於螢幕。

main()函式是程式的進入點，其型態為 int，所以在由左、右大括號的主體敘述中，最後會有 return 0; 的敘述。

範例程式：cout-2.cpp

```
01  #include <iostream>
02  int main()
03  {
04      std::cout << "Hello, world. " << std::endl;
05      std::cout << "Learning C++ now! " << std::endl;
06      return 0;
07  }
```

輸出結果同上。

接下來，我們就來討論有關變數名稱（variable name）和資料型態（data type）。在 C++ 程式語言中，變數名稱的功能為用來表示問題的一些事項，而每一個變數會有資料型態，用以配置適當的記憶體，計有 char，int，float，double，string 和 bool 型態。

1-2 變數名稱

變數名稱是用來表示問題的事項，取變數名稱一定要以英文字母或是底線開始，之後可以英文字母、底線和數字。如 total，_sum，sum_of_age，mary18 皆是正確的變數名稱。要注意的是不可取與 C++ 保留字的變數名稱，如 cout，cin、if、for、while 等等。

假設有一題目如下：輸入兩個整數，然後計算其總，並加以印出。此時會取三個變數名稱，以 num1 和 num2 表示兩個整數，而以 tot 表示總和。當然取變數名稱能與表示的事項愈接近愈好，如 num1_int、num2_int 來表示兩個整數會比 num1 和 num2 更容易知道它們是整數，而以 total 來表示總和比你用 tot 或是 t 來得佳，只不過你要鍵入較多的字元，但這是值得的，因為日久之後再檢視程式時，可以很快的理解此變數名稱所代表的事項為何。

範例程式：cout-3.cpp

```
01  #include <iostream>
02  #include <string>
03  using namespace std;
04  int main()
05  {
06      int credit{3};
07      double score{90.2};
08      string course{"C++"};
09      cout << "course: " << course << endl;
10      cout << "credit: " << credit << endl;
11      cout << "score: " << score << endl;
12      return 0;
13  }
```

```
course: C++
credit: 3
score: 90.2
```

此程式有三個變數，計有 credit、score 以及 course，它們的資料型態分別是 int（整數）、double（浮點數）以及 string（字串），而且給予初始值，如下所示：

```
int credit{3};
double score{90.2};
string course{"C++"};
```

在變數名稱以大括號括起指定的資料。也可以使用小括號來表示。

```
int credit(3);
double score(90.2);
string course("C++");
```

這些做法是 C++ 11 之後新增功能。其實上述的敘述就是指定資料給變數。

```
int credit = 3;
double score = 90.2;
string course = "C++";
```

使用大括號與小括號之差異，在於大括號若指定的資料不是變數的資料型態時，將會產生錯誤的訊息。如下範例程式所示：

範例程式：quote.cpp

```
01  #include <iostream>
02  using namespace std;
03  int main()
04  {
05      int a{200.2};
06      cout << "a = " << a << endl;
07      return 0;
08  }
```

此時將會產生以下的錯誤訊息

```
Type 'double' cannot be narrowed to 'int' in initializer list
```

表示 double 的資料型態（200.2 為 double 型態）不可以窄化為 int 資料型態。

若將 quote.cpp 中的

```
int a{200.2};
```

改為

```
int a(200.2);
```

將會產生以下的輸出結果：

```
a = 200
```

1-3 資料型態的大小

不同的資料型態會有不同的記憶體空間。編譯程式會根據你在程式中給予的資料型態配置記憶體給程式使用。

1-3-1 char 型態

char 的資料型態表示是字元，它只佔 1 個 byte。程式以 CHAR_MAX 可印出其最大值，以 sizeof(char)可印出其佔的 byte 數。

範例程式：maximum_char.cpp

```
01  #include <iostream>
02  using namespace std;
03
04  int main()
05  {
06      cout << "maximum of char: " << CHAR_MAX << endl;
07      cout << "char is : " << sizeof(char) << " bytes" << endl;
08      return 0;
09  }
```

```
maximum of char: 127
char is : 1 bytes
```

有最大值一定會有最小值，如下程式所示：

範例程式：minimum_char.cpp

```
01  #include <iostream>
02  using namespace std;
03
04  int main()
05  {
06      cout << "minimum of char: " << CHAR_MIN << endl;
07      return 0;
08  }
```

```
minimum of char: -128
```

1-3-2 整數型態

整數型態又可分為 short int，int，long int。從字面上 long int 比 int 大或等於，int 又比 short int 大或等於。short int，int，long int 這三個型態所佔的位元組數（byte）分別是 2、4 和 8。其中 short int，long int 可直接簡化為 short，long。

範例程式：maximum_int.cpp

```
01  #include <iostream>
02  using namespace std;
03
04  int main()
```

```
05  {
06      cout << "maximum of short int: " << SHRT_MAX << endl;
07      cout << "maximum of int: " << INT_MAX << endl;
08      cout << "maximum of long int: " << LONG_MAX << endl << endl;
09
10      cout << "short int: " << sizeof(short) << " bytes" << endl;
11      cout << "int: " << sizeof(int) << " bytes" << endl;
12      cout << "long int: " << sizeof(long) << " bytes" << endl;
13      return 0;
14  }
```

```
maximum of short int: 32767
maximum of int: 2147483647
maximum of long int: 9223372036854775807

short int: 2 bytes
int: 4 bytes
long int: 8 bytes
```

程式中以 SHRT_MAX，INT_MAX 以及 LONG_MAX 輸出 short int，int 以及 long int 資料型態的最大值。

各種整數的最小值，如下一程式表示之。

範例程式：minimum_int.cpp

```
01  #include <iostream>
02  using namespace std;
03
04  int main()
05  {
06      cout << "maximum of short int: " << SHRT_MIN << endl;
07      cout << "maximum of int: " << INT_MIN << endl;
08      cout << "maximum of long int: " << LONG_MIN << endl << endl;
09
10      return 0;
11  }
```

```
minimum of short int: -32768
minimum of int: -2147483648
minimum of long int: -9223372036854775808
```

程式中以 SHRT_MIN，INT_MIN 以及 LONG_MIN 輸出 short int，int 以及 long int 資料型態的最小值。

至於無符號數（unsigned），指的是整數沒有負值，其最小值是 0。

範例程式：unsignedInteger.cpp

```
01  #include <iostream>
02  using namespace std;
03
04  int main()
05  {
06      cout << "maximum of unsigned short int: " << USHRT_MAX << endl;
07      cout << "maximum of unsigned int: " << UINT_MAX << endl;
08      cout << "maximum of unsigned long int: " << ULONG_MAX << endl <<
    endl;
09
10      return 0;
11  }
```

```
maximum of unsigned short int: 65535
maximum of unsigned int: 4294967295
maximum of unsigned long int: 18446744073709551615
```

程式分別利用 USHRT_MAX，UINT_MAX，ULONG_MAX 表示無符號數 short int，int 以及 long int 的最大值

1-3-3 浮點數型態

浮點數計有 float 和 double 兩種，要輸出其最大值和最小值需要載入 cfloat 標頭檔。

範例程式：maxMin_floatingPoint.cpp

```
01  #include <iostream>
02  #include <cfloat>
03  using namespace std;
04
05  int main()
06  {
07      cout << "minimum of float: " << FLT_MIN << endl;
08      cout << "maximum of float: " << FLT_MAX << endl << endl;
09
10      cout << "minimum of double: " << DBL_MIN << endl;
11      cout << "maximum of double: " << DBL_MAX << endl;
```

```
12        return 0;
13    }
```

```
minimum of float: 1.17549e-38
maximum of float: 3.40282e+38

minimum of double: 2.22507e-308
maximum of double: 1.79769e+308
```

我們將上述的各種型態的最小值與最大值摘要於表 1.1

表 1.1　各種資料型態的大小範圍

資料型態	最小值	最大值
char	-128	127
short int	-32768	32767
int	-2147483648	2147483647
long int	-9223372036854775808	9223372036854775807
unsigned short int	0	65535
unsigned int	0	4294967295
unsigned long int	0	18446744073709551615
float	1.17549e-38	3.40282e+38
double	2.22507e-308	1.79769e+308

了解每一個資料型態的大小範圍後，你就可以在從容的要給予變數適當的資料型態。

1-4 const 修飾詞

凡是加上 const 修飾詞的變數，不可以再更改其值，否則會產生錯誤訊息。這樣子變數的資料已保護了，只能讀，不可以寫。

範例程式：constVariable.cpp

```
01    #include <iostream>
02    using namespace std;
03
04    int main()
05    {
```

```
06        int a = 100;
07        cout << "a = " << a << endl;
08        const int ca = 200;
09        cout << "ca = " << ca << endl;
10
11        //update a is ok
12        a = 66;
13        cout << "a = " << a << endl;
14
15        //can't update ca
16        //ca = 88;
17        return 0;
18    }
```

```
a = 100
ca = 200
a = 66
```

由於 ca 變數加上了 const 修飾詞，所以不可以更改它。定義為 const 的變數一開始就要給予初值。敘述前有//，表示它是註解敘述（comment statement），編譯器不會理會它。此註解敘述只作用於此行，若是要將多行敘述表示註解敘述，則以 /*...*/ 表示之。

1-5 格式調整器

我們可以使用一些格式調整器（format specifier）加以輔助整數的輸出。使用這些格式調整器必須載入 iomanip 標頭檔。因為它有這些格式調整器的函式原型（function prototype）。

1-5-1 欄位寬

利用 setw(n) 來設定欄位寬 n 位。它可用於整數，浮點數和字串。

範例程式：width_1.cpp

```
01  #include <iostream>
02  #include <iomanip>
03  using namespace std;
04
```

```
05  int main()
06  {
07      int x = 123456;
08      cout << "x = |" << x << "|" << endl;
09      cout << "x = |" << setw(10) << x << "|" << endl;
10      cout << endl;
11      return 0;
12  }
```

```
x = |123456|
x = |    123456|
```

程式中的 setw(10)只針對下一個輸出有效，若你還有下一輸出，則必須再加以註明，否則就沒有欄位寬這回事了。如下所示：

範例程式：width_2.cpp

```
01  #include <iostream>
02  #include <iomanip>
03  using namespace std;
04  
05  int main()
06  {
07      int x = 123456;
08      cout << "x = |" << x << "|" << endl;
09      cout << "x = |" << setw(10) << x << "|" << endl;
10      cout << "x = |" << x << "|" << endl;
11  
12      return 0;
13  }
```

```
x = |123456|
x = |    123456|
x = |123456|
```

第一個和最後一個輸出 x，則沒有欄位寬的功能，因為只有第二個輸出有 setw(10)。由輸出結果就可以看出。但記得使用 setw(n) 要載入 iomanip 標頭檔喔！

練習題

1.1 試問下一程式輸出結果。

```
#include <iostream>
#include <iomanip>
using namespace std;

int main()
{
    string str = "kiwi";
    cout << "str = |" << str << "|" << endl;
    cout << "str = |" << setw(10) << str << "|" << endl;
    cout << "str = |" << str << "|" << endl;

    return 0;
}
```

1.2 試問下一程式輸出結果。

```
#include <iostream>
#include <iomanip>
using namespace std;

int main()
{
    double d = 123.456;
    cout << "d = |" << d << "|" << endl;
    cout << "d = |" << setw(10) << d << "|" << endl;
    cout << "d = |" << d << "|" << endl;

    return 0;
}
```

1-5-2 向左或向右靠齊

我們可以調整 C++ 輸出結果向右或向左靠齊。如下範例程式所示：

範例程式：left.cpp

```
01  #include <iostream>
02  #include <iomanip>
03  using namespace std;
04
05  int main()
06  {
07      int x = 123456;
08      cout << "x = |" << x << "|" << endl;
09
10      cout << "x = |" << setw(10) << x << "|" << endl;
11      cout << "x = |" << left << setw(10) << x << "|" << endl;
12      cout << "|" << setw(8) << "Over" << "|" << endl;
13      return 0;
14  }
```

```
x = |123456|
x = |    123456|
x = |123456    |
|Over    |
```

此程式加上 left，則會向左靠齊，系統預設值是向右靠齊，也就是 right。注意，此項目會持續有效，若想要換回向右靠齊，則必須使用 right 導回。

注意，left 永久性的有效，從最後的輸出結果可知，字串 Over 是向左靠齊。

1-5-3 在空白處填上任何字元

若輸出結果的位數比以設定的位數少時，則會以空白表示。若想利用其他字元取代空白，則以 setfill()設定之，如 setfill('*')表示以 * 取代空白。

範例程式：setfill.cpp

```
01  #include <iostream>
02  #include <iomanip>
03  using namespace std;
04
05  int main()
```

```
06  {
07      int x = 123456;
08      int y = 1000;
09      cout << "x = |" << x << "|" << endl;
10      cout << setfill('*');
11      cout << "x = |" << setw(10) << x << "|" << endl;
12      cout << "y = |" << y << "|" << endl;
13
14      cout << left << setfill('*');
15      cout << "x = |" << setw(10) << x << "|" << endl;
16      return 0;
17  }
```

```
x = |123456|
x = |****123456|
y = |1000|
x = |123456****|
```

setfill() 和 setw() 函式一樣皆為一次性有效而已。從最後輸出 y 結果可得知。最後程式以

```
cout << left << setfill('*');
```

敘述設定由左至右印出，以及將空白以 * 填補之。

1-6 浮點數：float 與 double

以上所談的皆為整數(int)的數值，接下來我們來談浮點數。1-5 節所論及的格式調整器也可以用於浮點數。先來看一個範例程式 nonFixed.cpp。

範例程式：nonFixed.cpp

```
01  #include <iostream>
02  using namespace std;
03
04  int main()
05  {
06      double d = 100.0 / 3.0;
07      float f = 100.0 / 3.0;
08
09      cout << d << endl;
10      cout << f << endl;
```

```
11        return 0;
12    }
```

```
33.3333
33.3333
```

從輸出結果得知，輸出浮點數的位數計有 6 位。不管是 float 或是 double 資料型態。我們可以使用一些格式調整器加以輔助浮點數的輸出。同樣的使用這些浮點數的格式調整器也要利用載入 iomanip 標頭檔。 讓我們一個一個來解說。

1-6-1 fixed 格式調整器

上述的 nonFixed.cpp 輸出的浮點數總位數共有六位，若要印出準確度是小數點後有六位數時，則需加入 fixed 格式調整器。

範例程式：fixed.cpp

```
01    #include <iostream>
02    using namespace std;
03
04    int main()
05    {
06        double d = 100.0 / 3.0;
07        float f = 100.0 / 3.0;
08
09        cout << fixed;
10        cout << d << endl;
11        cout << f << endl;
12        return 0;
13    }
```

```
33.333333
33.333332
```

值得一提的是，印出 float 型態的浮點數會比 double 資料型態的準確度來得高。

1-6-2 scientific 格式調整器

若不是 fixed 而是 scientific 格式調整器，則以科學記號表示之，此時就會有 e 的記號出現。

範例程式：scientific.cpp

```
01  #include <iostream>
02  using namespace std;
03  
04  int main()
05  {
06      double d = 100.0 / 3.0;
07      float f = 100.0 / 3.0;
08  
09      cout << scientific;
10      cout << d << endl;
11      cout << f << endl;
12      return 0;
13  }
```

```
3.333333e+01
3.333333e+01
```

輸出結果以科學記號表示為 3.333333e+01。注意，小數點後面也有 6 位。e+01 表示 10^1。

1-6-3 setprecision 格式調整器

利用 setprecision(n) 格式調整器印出浮點數共有 n 位，包含小數點後的位數喔！

範例程式：setprecision-1.cpp

```
01  #include <iostream>
02  #include <iomanip>
03  using namespace std;
04  
05  int main()
06  {
07      double d = 123.456;
08      double e = 12.3456;
09      cout << setprecision(5);
```

```
10        cout << d << endl;
11        cout << e << endl;
12        return 0;
13    }
```

```
123.46
12.346
```

因為程式中的 setprecision(5) 敘述，表示印出的總位數共五位（不包含小數點），所以會有四捨五入的情形發生。若覺得小數點後的位數太多或太少，則必須利用 fixed 和 setprecision 兩個格式調整器一起使用，此時功能表示印出小數點後面的位數。

範例程式：setprecision-2.cpp

```
01    #include <iostream>
02    #include <iomanip>
03    using namespace std;
04
05    int main()
06    {
07        double d = 123.456;
08        double e = 12.3456;
09        cout << fixed;
10        cout << setprecision(5);
11        cout << d << endl;
12        cout << e << endl;
13        return 0;
14    }
```

```
123.45600
12.34560
```

從輸出結果得知，小數點後的位數是 5 位。

上述的

```
cout << fixed;
cout << setprecision(5);
```

可以下一敘述

```
cout << fixed << setprecision(5);
```

表示之。看起來更簡潔。

1-6-4 showpoint 格式調整器

若浮點數小數點後面的準確度位數，以 fixed 調整器是六位，若再利用 setprecision(n) 設定為 n 位，若 n 大於 6 時，則將以 0 補足，請參閱範例程式 showpoint.cpp。

範例程式：showpoint.cpp

```
01  #include <iostream>
02  #include <iomanip>
03  using namespace std;
04
05  int main()
06  {
07      double e_num = 123;
08      cout << e_num << endl;
09
10      cout << showpoint;
11      cout << e_num << endl;
12      return 0;
13  }
```

```
123
123.000
```

程式中由於 e_num 初值設定沒有小數點，但它是 double 資料型態，輸出結果是 123，若再加上設定了 showpoint 的格式調整器，輸出結果將強迫印出小數點及其後面三位是 0 的數字。

1-6-5 showpos 格式調整器

一般我們將正整數印出時，皆不會出現正的符號（+），若要將正號符號印出，必須以 showpos 格式調整器完成之，請參閱範例程式 showpos.cpp。

範例程式：showpos.cpp

```
01  #include <iostream>
02  #include <iomanip>
03  using namespace std;
04
05  int main()
```

```
06  {
07      int i_num = 123456;
08      cout << i_num << endl;
09      cout << showpos << i_num << endl;
10
11      int i_num2 = 7890;
12      cout << i_num2 << endl;
13      return 0;
14  }
```

```
123456
+123456
+7890
```

1-6-6 setbase 格式調整器

一般印出整數預設就是以十進位的方式印出，若要以八進位或是十六進位印出時，則可利用 setbase 格式調整器來完成，如 setbase(8)、setbase(10)、setbase(16) 分別以八進位、十進位和十六進位印出。請參閱範例程式 setbase.cpp。

範例程式：setbase.cpp

```
01  #include <iomanip>
02  using namespace std;
03
04  int main()
05  {
06      int a = 31;
07      cout << setbase(16) << a << endl;
08      cout << setbase(8) << a << endl;
09      cout << a << endl; //永久性
10      cout << setbase(10) << a << endl;
11
12      return 0;
13  }
```

```
1f
37
37
31
```

我們將上述的格式調整器摘要於表 1.2，以便你可以快速查詢。

表 1.2 C++ 提供的格式調整器

格式調整器	功能	時效性
setw(n)	給予總欄位數共 n 位，n 為一整數。	一次性
left	將輸出結果向左靠齊。	永久性
right	將輸出結果向右靠齊（預設值）。	永久性
setfill('c')	以 c 取代空白。如 setfill('*')是以*取代空白。	一次性
fixed	用於輸出浮點數，其小數點後有六位數	永久性
scientific	將浮點數以科學記號輸出	永久性
setprecision(n)	只輸出浮點數 n 位，n 為一整數。若和 fixed 一起使用，則會印出小數點後 n 位，n 為一整數。	永久性
showpoint	當資料型態是浮點數，而給予的資料是整數時，則輸出時將不會有小數點，若加以 showpoint 格式調整器，則會將小數點輸出。	永久性
showpos	強迫印出正的符號（+）	永久性
setbase	以十進位、十六進位或八進位為基底	永久性

表中格式調整器的時效性若是一次性，則表示對某一輸出後就無效了，下次使用要再加以設定。若為永久性，則為從使用後就為有效。

練習題

1.3

```
#include <iostream>
#include <iomanip>
using namespace std;

int main()
{
    int num = 12345;
    double d_num = 12.3456;
    cout << setfill('#');
    cout << "#1:" ;
    cout << setw(8) << num << endl;

    cout << "#2:";
    cout << left;
```

```
        cout << setw(8) << num << endl;

        cout << "#3:";
        cout << setprecision(5) << d_num << endl;

        cout << "#4:";
        cout << fixed << setprecision(2) << d_num << endl;
        return 0;
    }
```

1.4

```
#include <iostream>
#include <iomanip>
using namespace std;

int main()
{
    double e_num = 4.5678;
    cout << "#1: " << e_num << endl << endl;

    cout << setprecision(4);
    cout << "#2: " << e_num << endl;

    cout << fixed << setprecision(7);
    cout << showpoint << endl;
    cout << "#3: " << e_num << endl;
    return 0;
}
```

1-7 讓輸出更美觀

善加利用 1-5 節和 1-6 節所討論的格式調整器，可以將輸出報表做得很美觀。如範例程式 format_1.cpp 所示：

範例程式：format_1.cpp

```
01  #include <iostream>
02  using namespace std;
03
04  int main()
05  {
06      int x = 12, y = 12345, z = 1234567;
07      cout << x << " " << y << " " << z << endl;
08      cout << y << " " << z << " " << x << endl;
09      cout << z << " " << x << " " << y << endl;
10      return 0;
11  }
```

```
12 12345 1234567
12345 1234567 12
1234567 12 12345
```

加入欄位寬的調整器 setw(10)

範例程式：format_2.cpp

```
01  #include <iostream>
02  #include <iomanip>
03  using namespace std;
04
05  int main()
06  {
07      int x = 12, y = 12345, z = 1234567;
08      cout << setw(10) << x << setw(10) << y << setw(10) << z << endl;
09      cout << setw(10) << y << setw(10) << z << setw(10) << x << endl;
10      cout << setw(10) << z << setw(10) << x << setw(10) << y << endl;
11
12      return 0;
13  }
```

```
        12     12345   1234567
     12345   1234567        12
   1234567        12     12345
```

當一行印出多個浮點數時，此時以 setw(10)、fixed 以及 setprecision(2) 的調整器共同處理之。

範例程式：setFixedPrecision.cpp

```
01  #include <iostream>
02  #include <iomanip>
03  using namespace std;
04  
05  int main()
06  {
07      double x = 123.456, y = 12345.678, z = 1.234;
08      cout << fixed << setprecision(2);
09      cout << setw(10) << x << setw(10) << y << setw(10) << z << endl;
10      cout << setw(10) << y << setw(10) << z << setw(10) << x << endl;
11      cout << setw(10) << z << setw(10) << x << setw(10) << y << endl;
12      return 0;
13  }
```

```
    123.46  12345.68      1.23
  12345.68      1.23    123.46
      1.23    123.46  12345.68
```

我們發現上述兩個程式，在整數部分加上了欄位寬，而在浮點數加上欄位寬和準確度，其輸出即美觀又好看。你可以試試看沒有加上欄位寬和準確度的輸出結果。

練習題

1.5 試問下一程式的輸出結果。

```
#include <iostream>
#include <iomanip>
using namespace std;

int main()
{
    string s = "kiwi", t = "Banana", u = "pineapple";
    cout << setfill('*');
    cout << setw(10) << s << " " << setw(10) << t << " " << setw(10)
         << u << endl;
    cout << setw(10) << t << " " << setw(10) << u << " " << setw(10)
```

```
        << s << endl;
    cout << setw(10) << u << " " << setw(10) << s << " " << setw(10)
        << t << endl;

    return 0;
}
```

1-8 C++ 標準輸入串流：cin

C++ 標準輸入串流是利用 cin，再配合 >> 的串流運算子，從鍵盤輸入資料給變數。我們以一些範例程式來加以說明。首先來看整數和浮點數的輸入。

範例程式：cin_1.cpp

```
01  #include <iostream>
02  using namespace std;
03
04  int main()
05  {
06      int a;
07      cout << "Enter the a: ";
08      cin >> a;
09
10      float f;
11      cout << "Enter the f: ";
12      cin >> f;
13
14      double d;
15      cout << "Enter the d: ";
16      cin >> d;
17
18      cout << endl;
19      cout << "a is " << a << endl;
20      cout << "f is " << f << endl;
21      cout << "d is " << d << endl;
22
23      return 0;
24  }
```

```
Enter the a: 100
Enter the f: 89.2
Enter the d: 88.9
```

```
a is 100
f is 89.2
d is 88.9
```

程式中的 float 和 double 皆為浮點數，前者是單準確度，而後者是倍準確度浮點數。接下來看字元與字串的輸入。

以下是字元的輸入，表示只取一個字元，即使你輸入多個字元（即為字串）也是只有取第一個字元而已。我們以 char 型態來宣告字元變數，如範例程式 cin-2.cpp 所示：

範例程式：cin-2.cpp

```
01  #include <iostream>
02  using namespace std;
03
04  int main()
05  {
06      char ch;
07      cout << "Enter a character: ";
08      cin >> ch;
09      cout << "You input a character is " << ch << endl;
10
11      return 0;
12  }
```

```
Enter a character: b
You input a character is b
```

```
Enter a character: abc
You input a character is a
```

以下是字串的輸入，我們使用 string 作為字串的型態，如範例程式 cin-3.cpp 所示：

範例程式：cin-3.cpp

```
01  #include <iostream>
02  using namespace std;
03
04  int main()
05  {
```

```
06        string name;
07        cout << "Enter your name: ";
08        cin >> name;
09        cout << "Your name is " << name << endl;
10
11        return 0;
12    }
```

```
Enter your name: Bright
Your name is Bright
```

程式中的 name 是 string 字串型態的變數。

練習題

1.6 試問下一程式的輸出結果。

```
#include <iostream>
#include <string>
using namespace std;

int main()
{
    int credit;
    double score;
    string course;

    cout << "Enter the course name: ";
    cin >> course;

    cout << "Enter the credit: ";
    cin >> credit;

    cout << "Enter the score: ";
    cin >> score;

    cout << "\ncourse: " << course << endl;
    cout << "credit: " << credit << endl;
    cout << "score: " << score << endl;
    return 0;
}
```

1-8-1 另一種字串的輸入：cin.getline()

字串其實也可視為多個字元的陣列，C++ 的陣列是以中括號表示，如以下的範例程式。

範例程式：stringIO_1.cpp

```
01  #include <iostream>
02  using namespace std;
03  
04  int main()
05  {
06      char first_name[20];
07      char last_name[20];
08  
09      cout << "Enter your first name: ";
10      cin >> first_name;
11      cout << "Enter your last name: ";
12      cin >> last_name;
13      cout << "Your name is " << first_name << ", " << last_name
14           << endl;
15  
16      return 0;
17  }
```

```
Enter your first name: Ming jyh
Enter your last name: Your name is Ming, jyh
```

程式中的 first_name[20] 是由 20 字元（character）所組成的字串，last_name[20]也是如此。cin 在讀取字串時，遇到白色空白（white space）時就會結束讀取的動作。

白色空白包括空白鍵，tab 鍵，以及「enter」鍵。所以第一次的 cin 只讀到 Ming，因此，第二次的 cin 就是 jyh，而不會等你輸入 last name 的字串，最後輸出結果是 Ming, jyh。有關陣列的詳細討論，請參閱第 6 章陣列。目前你只要知道陣列的寫法即可。

此程式會產生無法正確的讀取完整的 first_name 字串，解決方式可呼叫 cin.getline(var_name, n)來完成之，其中 var_name 是字串變數名稱，n 為一整數，表示要讀多少個字元。

範例程式：stringIO_2.cpp

```
01  #include <iostream>
02  using namespace std;
03
04  int main()
05  {
06      char first_name[20];
07      char last_name[20];
08
09      cout << "Enter your first name: ";
10      cin.getline(first_name, 20);
11      cout << "Enter your last name: ";
12      cin.getline(last_name, 20);
13      cout << "Your name is " << first_name << ", " << last_name
14          << endl;
15
16      return 0;
17  }
```

```
Enter your last name: Ming jyh
Enter your first name: Tsai
Your name is Ming Jyh, Tsai
```

程式中的

```
cin.getline()
```

會讀取整行你輸入的字串，並且將 \n 字元去掉。從輸出結果得知是正確的。

上述 first_name[20] 與 last_name[20] 是以 char 的陣列表示，若是以 string 為其字串的資料型態的話，則使用 getline(cin, var_name)的語法來呼叫，如範例程式 stringIO_3.cpp 所示：

範例程式：stringIO_3.cpp

```
01  #include <iostream>
02  using namespace std;
03
04  int main()
05  {
06      string first_name;
07      string last_name;
08
09      cout << "Enter your first name: ";
```

```
10      getline(cin, first_name);
11      cout << "Enter your last name: ";
12      getline(cin, last_name);
13      cout << "Your name is " << first_name << ", " << last_name;
14
15      return 0;
16  }
```

```
Enter your first name: Ming jyh
Enter your last name: Tsai
Your name is Ming Jyh, Tsai
```

程式以

```
getline(cin, first_name);
getline(cin, last_name);
```

來讀取 first_name 與 last_name 的字串。getline() 函式的第一個參數是 cin，表示從鍵盤輸入，第二個參數是 string 型態的變數名稱，不可以為陣列型式的字串。

練習題

1.7 有一程式如下，試問有無錯誤發生？若有，請加以除錯之。

```
#include <iostream>
using namespace std;
int main()
{
    char name[20];
    char country[20];

    cout << "Enter your name: ";
    getline(name);
    cout << "Where are you from? ";
    getline(country);
    cout << "Your name is " << name << endl;
    cout << "from " << country << endl;
    return 0;
}
```

1-8-2 萬能的字元與字串輸入：cin.get() 函式

接下來我們來談用以讀取字元或字串的 cin.get() 函式，它計有三種方式：

1. cin.get() 表示讀取一個字元，
2. cin.get(ch) 表示讀取的字元指定給 ch 字元變數，
3. cin.get(str, size) 表示讀取共有 size-1 個字元指定給 str 字串。

範例程式：getChar_1.cpp

```
01  #include <iostream>
02  using namespace std;
03  
04  int main()
05  {
06      char ch;
07      cout << "Enter a character: ";
08      cin.get(ch);
09      cout << "ch = " << ch << endl;
10      cout << "Enter a character: ";
11      cin.get(ch);
12      cout << "ch = " << ch << endl;
13  
14      return 0;
15  }
```

```
Enter a character: a
ch = a
Enter a character: ch =
```

它會產生第二次讀取的資料是，第一次輸入留在緩衝區的跳行字元，改善方法是再呼叫 cin.get() 即可。

範例程式：getChar_2.cpp

```
01  #include <iostream>
02  using namespace std;
03  
04  int main()
05  {
06      char ch;
07      cout << "Enter a character: ";
08      cin.get(ch);
```

```
09        cin.get();
10
11        cout << "ch = " << ch << endl;
12        cout << "Enter a character: ";
13        cin.get(ch);
14        cout << "ch = " << ch << endl;
15
16        return 0;
17    }
```

```
Enter a character: a
ch = a
Enter a character: b
ch = b
```

程式中的

```
cin.get(ch);
cin.get();
```

這兩行也可以使用

```
cin.get(ch).get();
```

表示之，以一行敘述表示看起來比較簡潔。

其實

```
cin.get(ch);
```

這一敘述相當於

```
ch = cin.get();
```

你喜歡哪一個？

最後是 cin.get(str, size) 函式，用來讀取共有 size-1 個字元的 str 字串，注意是 size-1，因為字串後面要加一個'\0'字元。如範例程式 stringIO_4.cpp 所示：

範例程式：stringIO_4.cpp

```
01    #include <iostream>
02    using namespace std;
03
04    int main()
```

```
05  {
06      char first_name[20];
07      char last_name[20];
08
09      cout << "Enter first name: ";
10      cin.get(first_name, 20);
11      cout << "Enter last_name: ";
12      cin.get(last_name, 20);
13      cout << "Your name is " << first_name << ", "
14                              << last_name << endl;
15      return 0;
16  }
```

```
Enter first name: Ming Jyh
Enter last_name: Your name is Ming Jyh,
```

因為緩衝區會有一些殘餘字元，解決方式加入 cin.get(); 敘述讀取留在緩衝區不必要的字元，請參閱範例程式 stringIO_5.cpp。

範例程式：stringIO_5.cpp

```
01  #include <iostream>
02  using namespace std;
03
04  int main()
05  {
06      char first_name[20];
07      char last_name[20];
08
09      cout << "Enter first name: ";
10      cin.get(first_name, 20);
11      cin.get();
12      cout << "Enter last_name: ";
13      cin.get(last_name, 20);
14      cout << "Your name is " << first_name << ", "
15            << last_name << endl;
16      return 0;
17  }
```

```
Enter first name: Ming jyh
Enter last_name: Tsai
Your name is Ming jyh, Tsai
```

上述程式讀取字串使用 cin.get(first_name, 20) 和上述範例程式 stringIO_2.cpp 使用 cin.getline()不同之處是，cin.getline(first_name, 20) 會一直讀取到換行的字元，但 cin.get(first_name, 20)不會，因此需要再呼叫 cin.get(); 敘述，以取得換行的字元。

練習題

1.8 以下的程式有錯誤，請你加以除錯之。

```
//getChar_3.cpp
#include <iostream>
using namespace std;

int main()
{
    char ch;
    cout << "Enter #1 character: ";
    cin.get(ch);
    cout << "ch: " << ch << endl;

    cout << "Enter #2 character: ";
    cin.get(ch);
    cout << "ch: " << ch << endl;

    cout << "Enter #3 character: ";
    cin.get(ch);
    cout << "ch: " << ch << endl;
    cout << "over" << endl;

    return 0;
}
```

```
Enter #1 character: p
ch: p
Enter #2 character: ch:

Enter #3 character: q
ch: q
over
```

1-9 參考型態

參考型態（reference type）表示它是某一變數的別名，因此會有不同的變數在同一塊記憶體上。

範例程式：reference.cpp

```
01  #include <iostream>
02  using namespace std;
03  int main()
04  {
05      int x = 100;
06      int &y = x;
07
08      cout << "x = " << x << endl;
09      cout << "y = " << y << endl;
10
11      y = 200;
12      cout << endl;
13      cout << "x = " << x << endl;
14      cout << "y = " << y << endl;
15
16      return 0;
17  }
```

```
x = 100
y = 100

x = 200
y = 200
```

此程式的 y 其資料型態是參考型態，它是 x 的別名，也就是 y 和 x 共用記憶體。當 y 為 200 時，x 也會是 200。

1-10 練習題解答

1.1
```
str = |kiwi|
str = |       kiwi|
str = |kiwi|
```

1.2
```
d = |123.456|
d = |   123.456|
d = |123.456|
```

1.3
```
#1:###12345
#2:12345###
#3:12.346
#4:12.35
```

1.4
```
12.3
4.56
12.3000
4.56000
12.300000
4.5600000
```

1.5
```
******kiwi ****Banana *pineapple
****Banana *pineapple ******kiwi
*pineapple ******kiwi ****Banana
```

1.6
```
Enter the course name: C++
Enter the credit: 3
Enter the score: 90.2

course: C++
credit: 3
score: 90.2
```

以上的輸入資料你可以自行更改，試試看其輸出結果為何。

1.7

```
#include <iostream>
using namespace std;
int main()
{
    char name[20];
    char country[20];

    cout << "Enter your name: ";
    cin.getline(name, 20);
    cout << "Where are you from? ";
    cin.getline(country, 20);
    cout << "Your name is " << name << endl;
    cout << "from " << country << endl;
    return 0;
}
```

或是

```
#include <iostream>
using namespace std;
int main()
{
    string name;
    string country;

    cout << "Enter your name: ";
    getline(cin, name);
    cout << "Where are you from? ";
    getline(cin, country);
    cout << "Your name is " << name << endl;
    cout << "from " << country << endl;
    return 0;
}
```

1.8 我們發現第二次的 cin.get(ch)不是等待使用者輸入，直接從緩衝區擷取「Enter」，也就是換行的字元。第三次 cin.get(ch)由於緩衝區是空的，所以會等待你輸入資料。

修改之後的程式如下：

```
#include <iostream>
using namespace std;

int main()
{
    char ch;
    cout << "Enter #1 character: ";
    cin.get(ch).get();
    cout << "ch: " << ch << endl;

    cout << "Enter #2 character: ";
    cin.get(ch).get();
    cout << "ch: " << ch << endl;

    cout << "Enter #3 character: ";
    cin.get(ch).get();
    cout << "ch: " << ch << endl;
    cout << "over" << endl;

    return 0;
}
```

```
Enter #1 character: p
ch: p
Enter #2 character: q
ch: q
Enter #3 character: r
ch: r
over
```

1-11 習題

1. 試撰寫一程式，輸出以下的結果。

```
12         12345      1234567
12345      1234567    12
1234567    12         12345
```

2. 試問下一程式若輸入 score 是 90，而 name 是 Bright Tsai 時，會產生何種結果？

```
//exercise1-2.cpp
#include <iostream>
using namespace std;

int main()
{
    int score;
    string name;

    cout << "Enter score: ";
    cin >> score;
    cout << "Enter your name: ";
    cin >> name;
    cout << name << ": " << score << endl;

    cout << "Enter score again: ";
    cin >> score;
    cout << name << ": " << score << endl;
    return 0;
}
```

3. 試問下一程式，若輸入的 name 是 Bright，其輸出結果為何？

```
//exercise1-3.cpp
#include <iostream>
using namespace std;

int main()
{
```

```
    char first_name[20];
    char last_name[20];

    cout << "Enter your first name: ";
    //using scanf()
    scanf("%s", first_name);
    cout << "Enter your last name: ";
    scanf("%s", last_name);
    cout << "Your name is " << first_name << ", " << last_name
    << endl;

    return 0;
}
```

4. 承第 3 題，試問要用何種方式修改之。

5. 試將下一程式錯誤地方加以修正之。

```
//exercise1-5.cpp
#include <iostream>
using namespace std;

int main()
{
    double score;
    char name[20];

    cout << "Enter score: ";
    cin >> score;
    cout << "Enter name: ";
    cin.getline(name, 20);
    cout << "Your name is " << name << endl;
    cout << "score is " << score << endl;

    return 0;
}
```

6. 試問下一程式有錯嗎？若有，請加以修正之。

```
//exercise1-6.cpp
#include <iostream>
using namespace std;

int main( )
{
    int y = 200;
    const int x = 100;
    x = 200;

    y = 300;
    cout << "x = " << x << endl;
    cout << "y = " << y << endl;
    return 0;
}
```

```
x = 100
y = 300
```

7. 試問下一程式的輸出結果為何？

```
//exercise1-7.cpp
#include <iostream>
#include <iomanip>
using namespace std;

int main()
{
    string s1 = "Bright", s2 = "Amy", s3 = "Jennifer";
    cout << setw(10) << s1 << setw(10) << s2 << setw(10)
    << s3 << endl;
    cout << setw(10) << s2 << setw(10) << s3 << setw(10)
    << s1 << endl;
    cout << setw(10) << s3 << setw(10) << s1 << setw(10)
    << s2 << endl;

    return 0;
}
```

8. 試問下一程式的輸出結果為何？

```
//exercise1-8.cpp
#include <iostream>
#include <iomanip>
using namespace std;

int main()
{
    double d_num = 567;
    cout << d_num << endl;

    cout << showpoint;
    cout << d_num << endl;

    cout << fixed;
    cout << d_num << endl;

    cout << setprecision(4);
    cout << d_num << endl;

    return 0;
}
```

9. 試問下一程式的輸出結果為何？

```
//exercise1-9.cpp
#include <iostream>
#include <iomanip>
using namespace std;

int main()
{
    int a = 12345;
    cout << setfill('#');
    cout << a << endl;
    cout << setw(10) << a << endl;
    cout << left << setw(10) << a << endl;
    cout << setw(4) << a << endl;
    cout << setfill(' ');
```

```
    cout << right << setw(10) << a << endl;
    return 0;
}
```

10. 試問下一程式的輸出結果為何？

```
//exercise1-10.cpp
#include <iostream>
#include <iomanip>
using namespace std;

int main()
{
    int a = 100;
    int b = 0x65;
    cout << setbase(16) << a << endl;
    cout << setbase(8) << a << endl;
    cout << setbase(10) << b << endl;

    return 0;
}
```

CHAPTER

2

運算子

運算子（operator）是一種符號（symbol），它具有某種功能，是運算時的大功臣。C++ 運算子計有指定運算子、算術運算子、算術指定運算子、關係運算子、邏輯運算子，以及條件運算子這幾大類。此章我們先談論指定運算子、算術運算子，以及算術指定運算子，其他的會在適當的章節中加以討論。

2-1 指定運算子

指定運算子（assignment operator）的符號是 =，要注意的是，這不是數學上的等於。如

```
int a = 100;
```

此敘述的意思是將符號 = 的右邊值 100 指定給左邊名為 a 的變數。此時 a 變數值是 100。

2-2 算術運算子

算術運算子（arithmetic operator）是用來數學運算之用，如表 2.1 所示。

表 2.1　算術運算子

運算子	名稱	範例	結果
+	加法	21 + 5	26
-	減法	21 – 5	16
*	乘法	2 * 50	100
/	除法	21 / 2.0	10.5
%	餘數	21 % 2	1

延續上一行敘述，

```
a = a + 1;
```

此敘述將 a 變數加 1 後，使其為 101，再將它指定給 a 變數。

其中 % 運算子，表示兩數相除的餘數，它又稱餘數運算子。還要注意的是，兩個整數相除，其結果會是整數喔！若要結果為浮點數，只要分子或分母其中一個為浮點數即可。如 21 / 2 其結果將會是 10，而不是 10.5。

2-3 算術指定運算子

算術指定運算子（arithmetic assignment operator），顧名思義是算術運算子和指定運算子的結合。它可以將敘述變得更簡潔，如

```
a = a + 1;
```

可以撰寫為

```
a += 1;
```

較簡潔吧！表 2.2 是 C++ 的算術指定運算子。

表 2.2　算術指定運算子

運算子	名稱	範例（假設 a = 10）	結果
+=	加法	a += 1	11
-=	減法	a -= 1	9
*=	乘法	a *= 2	20
/=	除法	a /= 4.0	2.5
%=	餘數	a %= 3	1

算術指定運算子會在運算式中等其他運算子已執行完後才會執行的。例如：

```
a /= 3.2 - 6.8 * 2.5;
```

此敘述相當於

```
a = a / (3.2 - 6.8 * 2.5);
```

> **小提示**
> 注意！算術指定運算子之間沒有空白，+ = 是不對的，應該為 +=。

練習題

2.1 請顯示以下敘述運算的結果。

(a) 32 % 5
(b) 70 % 3
(c) 95 % 18
(d) 15 % 3
(e) 2 % 15

2.2 試問 21 / 5 的結果是多少？要如何修改這個運算式，使其結果為浮點數？

2.3 試問以下程式碼的輸出結果。

```
#include <iostream>
using namespace std;

int main()
{
    cout << "3 * (6/4 + 6/4) = " << 3 * (6/4 + 6/4) << endl;
    cout << "3 * 6/4 + 6/4 = " << 3 * 6/4 + 6/4 << endl;
    cout << "3 * (6/4) = " << 3 * (6/4) << endl;
    cout << "3 * 6/4 = " << 3 * 6/4 << endl;
    return 0;
}
```

2.4 試問下列哪一個敘述的答案不是 8.75？

(A) cout << "35 / 4 = " << 35 / 4 << endl;

(B) cout << "35 / 4. = " << 35 / 4. << endl;

(C) cout << "35. / 4 = " << 35. / 4 << endl;

(D) cout << "35. / 4. = " << 35. / 4. << endl;

2.5 試問下列程式碼的輸出結果為何？

```
#include <iostream>
using namespace std;

int main()
{
    int x = 10;
    x += x + 20;
    cout << "x = " << x << endl;

    x *= x - 9;
    cout << "x = " << x << endl;

    return 0;
}
```

2-4 一些 C++ 內建的數學函式

在往後的章節你可能會用到數學上的運算，以下是 C++ 內建的數學函式，如表 2.3 所示。在此先熟悉，日後就可以得心應手。

表 2.3 一些常用的數學函式

函式	功能
exp(x)	回傳 e^x
log(x)	回傳 $\log_e(x)$
log10(x)	回傳 $\log_{10}(x)$
pow(a, b)	回傳 a^b
sqrt(x)	回傳 $\sqrt{x}$
ceil(x)	回傳大於 x 的最小整數。
floor(x)	回傳小於 x 的最大整數。
max(a, b)	回傳 a 與 b 的最大者。
min(a, b)	回傳 a 與 b 的最小者。
abs(x)	回傳 x 的絕對值 $\|x\|$。

請參閱以下範例程式及其輸出結果，便可以了解數學函式的用法。

範例程式：math.cpp

```
01  #include <iostream>
02  using namespace std;
03
04  int main()
05  {
06      int x = 100;
07      cout << "exp(1) = " << exp(1) << endl;
08      cout << "log(100) = " << log(100) << endl;
09      cout << "log10(100) = " << log10(100) << endl;
10      cout << "pow(11, 2) = " << pow(11, 2) << endl;
11      cout << "sqrt(100) = " << sqrt(100) << endl;
12      cout << "ceil(2.3) = " << ceil(2.3) << endl;
13      cout << "floor(2.3) = " << floor(2.3) << endl;
14      cout << "max(2, 32) = " << max(2, 32) << endl;
15      cout << "min(2, 32) = " << min(2, 32) << endl;
16      cout << "abs(-168) = " << abs(-168) << endl;
17
18      return 0;
19  }
```

```
exp(1) = 2.71828
log(100) = 4.60517
log10(100) = 2
pow(11, 2) = 121
sqrt(100) = 10
ceil(2.3) = 3
floor(2.3) = 2
max(2, 32) = 32
min(2, 32) = 2
abs(-168) = 168
```

練習題

2.6 請撰寫一敘述，顯示 12^3 的結果。

2.7 乙狀結腸函式（sigmoid function），也稱為 S 型函式，其公式為

$$\frac{1}{1+e^{-x}}$$

試以運算式表示之。

2-5 運算子的運算優先順序與結合性

在 C++ 裡撰寫數值運算式的方式很簡單，只要使用運算子將算術式子轉換成 C++ 運算式即可。比方說，以下這個算術運算式

$$\frac{5x+3}{6}-\frac{8(y-2)(a+b)}{x}+10\left(\frac{5}{x}+\frac{7+x}{y}\right)$$

可撰寫成如下的 C++ 運算式：

```
(5*x + 3) / 6 – 8 * (y -2) * (a + b) / x + 10 * (5 / x + (7 + x) / y)
```

您可以放心地使用算術規則來解析 C++ 運算式。位於成對括弧內的運算子要優先被解析。括弧內可以再包含另一個括弧，這種情況下，最內層的括弧所包含的運算式會優先被解析。當運算式裡使用多個運算子時，可利用以下運算子優先順序的規則來決定解析的順序。

- 乘法、除法及餘數運算子優先處理。如果運算式內包含數個乘法、除法及餘數運算子，處理順序（結合性）則由左自右。
- 加法與減法運算子最後才處理。如果運算式內包含數個加法與減法運算子，處理順序也是由左自右。

以下是個解析運算式的範例：

```
9 + 6 * 8 + 5 * (4 + 3) – 2
                   ▲
                   └──────────── (1)位於括弧內的優先
9 + 6 * 8 + 5 * 7 – 2
      ▲
      └───────────────────────── (2)乘法
9 + 48 + 5 * 7 – 2
           ▲
           └──────────────────── (3)乘法
9 + 48 + 35 – 2
  ▲
  └───────────────────────────── (4)加法
57 + 35 – 2
   ▲
   └──────────────────────────── (5)加法
    92 – 2
       ▲
       └──────────────────────── (6)減法
    90
```

我們來撰寫一個將華氏溫度轉換成攝氏溫度的程式，攝氏與華氏之間的轉換公式如下：

$$攝氏 = (\frac{5}{9})(華氏 - 32)$$

程式如下所示：

範例程式：fahTocel.cpp

```
01  #include <iostream>
02  using namespace std;
03
04  int main()
05  {
06      double cel, fah;
07      cout << "請輸入華氏溫度: ";
08      cin >> fah;
09
10      cel = (5/9.0) * (fah - 32);
11      cout << "華氏溫度 " << fah << " 度等於攝氏溫度 " << cel << " 度"
12           << endl;
13
14      return 0;
15  }
```

```
請輸入華氏溫度: 212
華氏溫度 212 度等於攝氏溫度 100 度
```

使用除法運算時要特別小心。C++ 裡兩個整數相除，其運算的結果會是整數。$\frac{5}{9}$ 在第 10 行被改寫成 5/9.0，而不是 5/9，因為 5/9 在 C++ 裡會被解析為 0。

練習題

2.8 撰寫以下的算術運算式？

(a) $\frac{5}{3(28+t)} - 8(ab+c) + \frac{9+d(c+8)}{a+cd}$

(b) $8.6 \times (t+4.2)^{5.2+t}$

2-6 遞增及遞減運算子

遞增（++）及遞減（--）運算子是用來對變數執行遞增（加 1）與遞減（減 1）的動作。

++ 與 -- 為將變數遞增（increment）與遞減（decrement）的兩個簡寫運算子。這兩個運算子很方便，可以想像在很多程式任務中，常會遇到數值要被更改多少的情況。比方說，以下程式碼對變數 x 遞增 1，對變數 y 遞減 1。

```
int x = 1, y = 1;
x++; //x 成為 2
y--; //y 成為 0
```

x++ 唸作 x plus plus，而 y-- 唸作 y minus minus。這幾個運算子又被稱作後繼遞增 （postfix increment），以及後繼遞減 （postfix decrement），因為在這個範例，運算子 ++ 與 -- 被放置於變數名稱之後。這些運算子也可被放在變數名稱之前。比方說，

```
int x = 1, y = 1;
++x; //x 成為 2
--y; //y 成為 0
```

++x 將變數 x 遞增 1，--y 則將變數 y 遞減 1，前者稱為前置遞增（prefix increment），而後者稱為前置遞減 （prefix decrement）。如您所見，在前面這幾個例子裡，x++ 與 ++x；y-- 與 --y 的結果一樣，因為敘述上沒有其他運算子要做運算。若敘述中不僅有執行遞增運算子或遞減運算子外，還有其他運算子的話，則前置和後繼的運算結果會有所不同。表 2.4 說明了它們之間的不同，並給予範例作為參考。

表 2.4　遞增與遞減運算子

運算子	名稱	說明	範例（假設 x = 1）
++x	前置遞增	先將 x 遞增 1，然後再將此新值指定給 y	int y = ++x; // x 是 2，y 為 2
x++	後繼遞增	先將 x 指定給 y，然後再將 x 遞增 1	int y = x++; // y 為 1，x 是 2
--x	前置遞減	先將 x 遞減 1，然後再將此新值指定給 y	int y = --x; // y 為 0，x 是 0

運算子	名稱	說明	範例（假設 x = 1）
x--	後繼遞減	先將 x 指定給 y，然後再將 x 遞減 1	int y = x--; // y 為 1，x 是 0

這裡還有幾個範例，說明前置 ++（或 --）與後繼 ++（或 --）的差別。請參閱以下程式碼：

範例程式：incrementalPrefix.cpp

```
01  #include <iostream>
02  using namespace std;
03  
04  int main()
05  {
06      int a = 10, b = 0;
07      b = 10 * ++a;
08      cout << "b = " << b << endl;
09      cout << "a = " << a << endl << endl;
10  
11      return 0;
12  }
```

```
b = 110
a = 11
```

程式中的

```
b = 10 * ++a;
```

相當於

```
a = a + 1;
b = 10 * a;
```

在這個範例，先將 a 遞增 1，再將 a 值用來做乘法運算。如果將 ++a 改成 a++，如下：

範例程式：incrementalPostfix.cpp

```
01  #include <iostream>
02  using namespace std;
03  
04  int main()
05  {
```

```
06        int a = 10, b = 0;
07        b = 10 * a++;
08        cout << "b = " << b << endl;
09        cout << "a = " << a << endl << endl;
10
11        return 0;
12    }
```

```
b = 100
a = 11
```

程式中的

```
b = 10 * a++;
```

相當於

```
b = 10 * a;
a = a + 1;
```

此程式是先將 a 值用於乘以 10，再將 a 遞增 1。我們發現以上這兩個敘述，a 變數不管是前置運算子或是後繼運算子，都會加 1，只是執行的時間點不同罷了。

練習題

2.9 試問下列程式碼的輸出結果為何？

```
#include <iostream>
using namespace std;

int main()
{
    int x = 1;
    int total = 0;
    total = x++ + 20;
    cout << "total = " << total << endl;
    cout << "x = " << x << endl << endl;

    total = 0;
    x = 1;
    total = ++x + 20;
```

```
    cout << "total = " << total << endl;
    cout << "x = " << x << endl;

    return 0;
}
```

2.10 試問下列程式碼的輸出結果為何？

```
#include <iostream>
using namespace std;

int main()
{
    int x = 2;
    int total = 0;
    total = x-- - 20;
    cout << "total = " << total << endl;
    cout << "x = " << x << endl << endl;

    total = 0;
    x = 2;
    total = --x - 20;
    cout << "total = " << total << endl;
    cout << "x = " << x << endl;

    return 0;
}
```

2-7 顯示目前台灣時區的時間

要開發一程式以格林威治標準時間（GMT）顯示目前的時間，顯示的格式為小時：分鐘：秒數，例如 10:19:48。

在 ctime 標頭檔裡的 time(0) 函式會回傳從 GMT 1970 年 1 月 1 日的 00:00:00 開始計算到目前時間所經過的毫秒數，如圖 2-1 所示。這個時間又被稱作 UNIX 的新紀元（epoch）。新紀元是時間開始計算的點，而 1970 年正是 UNIX 作業系統正式發表的時間。

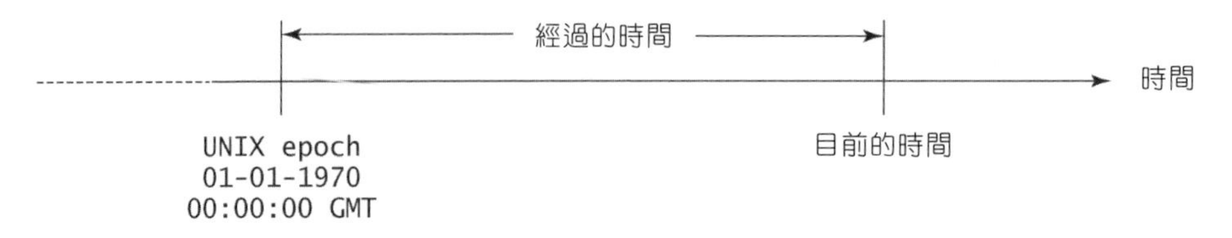

圖 2-1 time(0) 回傳自 UNIX 新紀元到目前所經過的毫秒數

可藉由這個函式取得目前的時間，然後再計算目前的秒數、分鐘數及小時數。

1. 經由 time(0) 取得從 1970 年 1 月 1 日的半夜開始計算到目前的總毫秒數 totSeconds（例如，1695781771 毫秒）。註：目前指的是筆者在執行此程式的時候。
2. 經由 totSeconds % 60 取得目前的秒數 currSecons（例如，1695781771 秒 % 60 = 31，即是目前的秒數）。
3. 經由 totSeconds 除以 60 取得總分鐘數 totMinutes（例如，1695781771 秒 / 60 = 28263029 分鐘）。
4. 經由 totMinutes % 60 取得目前的分鐘數 currMinutes（例如，28263029 分鐘 % 60 = 29，即是目前的分鐘數）。
5. 將 totMinutes 除以 60 取得總小時數 totHours（例如，28263029 分鐘 / 60 = 471050 小時）。
6. 經由 totHours % 24 取得目前的小時數 currHours（例如，471050 小時 % 24 = 2，即是目前的小時數）。

完整的程式如下所示：

範例程式：getCurrentTime.cpp

```
01  #include <iostream>
02  using namespace std;
03
04  int main()
05  {
06      long int totSeconds, totMinutes, totHours;
07      long int currSeconds, currMinutes, currHours;
08
09      totSeconds = time(0);
10      cout << "total seconds: " << totSeconds << endl;
11      currSeconds = totSeconds % 60;
```

```
12        cout << "current seconds: " << currSeconds << endl << endl;
13
14        totMinutes = totSeconds / 60;
15        currMinutes = totMinutes % 60;
16        cout << "total Minutess: " << totMinutes << endl;
17        cout << "current Minutes: " << currMinutes << endl << endl;
18
19        totHours = totMinutes / 60;
20        currHours = totHours % 24;
21        cout << "total Hours: " << totHours << endl;
22        cout << "current Hours: " << currHours << "\n\n\n";
23        //顯示台灣時區的時間要加上 8
24        cout << "目前時間：  " << currHours+8 << ":"
25             << currMinutes << ":"
26             << currSeconds << endl;
27
28        return 0;
29    }
```

```
total seconds: 1695781771
current seconds: 31

total Minutess: 28263029
current Minutes: 29

total Hours: 471050
current Hours: 2

目前時間：  10:29:31
```

注意，顯示台灣時區的時間，記得在時、分、秒中的時要加上 8，若你處的地方是不同的時區，則要加上不同的數字。請自行執行這個程式，看看時間是否正確！

2-8 練習題解答

2.1 (a) 32 % 5 →2

(b) 70 % 3 →1

(c) 95 % 18 →5

(d) 15 % 3 →0

(e) 2 % 15 →2

2.2 21 / 5 答案是 4，可以將它改為 21 / 5.0 則就可以成為浮點數，其答案為 4.2。

2.3
```
3 * (6/4 + 6/4) = 6
3 * 6/4 + 6/4 = 5
3 * (6/4) = 3
3 * 6/4 = 4
```

2.4 A

2.5
```
x = 40
x = 1240
```

解析：

```
x += x + 20
```

展開後是

```
x = x + (x + 20)
```

將 x = 10　代入

```
x = 10 + (10 + 20)
```

x 為 40

第二個運算式

```
x *= x - 9
```

展開後為

```
x = x * (x - 9)
```

由於目前的 x 是 40，將它代入

```
x = 40 * (40-9)
```

x 為 1240

2.6 pow(12, 3)

2.7 1 / (1 + exp(-x))

2.8 (a) 5 / (3 *(28 + t)) – 8 * (a*b+ c) + (9 + d * (c + 8)) / (a + c*d)

(b) 8.6* pow((t + 4.2), (5.2 + t))

2.9
```
total = 21
x = 2

total = 22
x = 2
```

2.10
```
total = -18
x = 1

total = -19
x = 1
```

2-9 習題

1. 請撰寫一程式，先讀取英哩（mile）數，然後將其轉換為公里（kilometer），並顯示結果。（一英哩相當於 1.6 公里）

   以下是執行結果：

```
輸入多少英哩: 100
100 英哩等於 160 公里
```

2. 請撰寫一程式，讀取 0 到 1000 其中一個整數，將一整數的每位數加總。比方說，假設讀取的整數為 976，則此數的每位數之總和為 22。

   （提示：使用 % 運算子取出所有數位，使用 / 運算子移除取出的數位。例如，976 % 10 = 6，976 / 10 = 97。）

   以下是執行結果：

```
請輸入 1 至 999 中任何一個的數字: 976
個位數是 6
十位數是 7
百位數是 9
上述數字的和為 22
```

3. 請撰寫一程式，由使用者輸入多少平方米，然後將其轉換為坪，並顯示結果。一平方米相當於 0.3025 坪。

   以下是執行結果：

```
輸入多少平方米: 100
100 平方米等於 30.25 坪
```

4. 假設您每個月在戶頭裡存$10000，銀行年利率為 8%。也就是說，月利率為 0.08 / 12 = 0.006667。一個月過後，戶頭裡的存款會是：

```
10000 * (1 + 0.00667) = 10066.667
```

   兩個月過後，戶頭裡的存款會變成：

```
(10000 + 10066.70) * (1 + 0.00667) = 20200.444
```

   三個月過後，戶頭裡的存款則變成：

```
(100 00+ 20200.54) * (1 + 0.00667) = 30401.781
```

   依此類推。

   請撰寫一程式，提示使用者輸入每個月存進戶頭的款項，並顯示六個月後戶頭裡的總金額。 以下是其執行結果：

```
月利率: 0.00666667
輸入每月存多少金額: 10000
一個月後，目前金額: 10066.667
```

```
二個月後，目前金額: 20200.444
三個月後，目前金額: 30401.781
....
```

六個月後，目前金額：61415.660

5. 身體體重指數（Body Mass Index，BMI）用來計算體重的健康狀況。計算方式為，將以公斤為單位的重量，除以以公尺為單位的身高的平方。請撰寫一程式，提示使用者輸入以公斤為單位的體重，與以公分為單位的身高，並顯示計算後的 BMI 值。以下是其執行結果：

```
輸入身高（公分）: 185
輸入體重（公斤）: 73.5
BMI: 21.4755
```

6. 撰寫一程式提示使用者輸入正六邊形的邊長，然後顯示其面積。計算六邊形面積的公式如下：

   $Area = \frac{3\sqrt{3}}{2}s^2$，s 為邊長。

   以下是執行結果：

```
輸入正六邊形的邊長: 3.5
Area: 31.8264
```

7. 請撰寫一程式，提示使用者輸入兩點(x1, y1)與(x2, y2)，然後顯示這兩點的距離。計算兩點之間距離的公式是

$$\sqrt{(x2-x1)^2+(y2-y1)^2}$$

   以下是執行結果：

```
輸入兩點的座標: 1 0 5 6
兩點的距離為 7.2111
```

8. 請撰寫一程式，提示使用者輸入三個點座標(x1, y1)、(x2, y2) 以及(x3, y3)，然後顯示其面積。計算三角形面積的公式如下：

$$s = (side1 + side2 + side3)/2;$$

$$area = \sqrt{s(s - side1)(s - side2)(s - side3)}$$

以下是執行結果：

```
輸入三個點的座標: 1 0 5 0 3 3
三角形的面積為 6
```

9. 請撰寫一程式，提示使用者輸入兩點的座標(x1, y1)與(x2, y2)，顯示兩點連線的斜率。斜率計算公式如下：(y2 - y1) / (x2 - x1)。以下是執行結果：

```
輸入兩點的座標: -1 0 5 8
兩點的斜率為 1.33333
```

10. 平均加速度為兩個速度之差，除以時間。計算的公式如下：

$$acc = (v2 - v1) / (t2 - t1)$$

請撰寫一程式，提示使用者輸入起始的速度 v1、時間為 t1，結束的速度 v2 及時間為 t2，然後計算其平均加速度（單位為公尺／秒 ^{2}）。以下是執行結果：

```
輸入第 1 個速度（公尺）: 11
輸入第 1 個時間（秒）: 2
輸入第 2 個速度（公尺）: 30
輸入第 2 個時間（秒）: 8
加速度為 3.16667
```

CHAPTER

3

選擇敘述

C++ 是一種程序性語言（procedure language），表示它是一行接一行敘述執行的，不過有些敘述在某些條件才會執行的，因此，需要選擇敘述（selection statement）來輔助之。

C++ 的選擇述計有 if，if...else，else if，switch...case。以下我們將一一的探討之。在未進入主題前，先來談幾個選擇敘述與下一章的迴圈敘述皆會用到的一些觀念，

3-1 bool 型態

bool 型態（或稱布林型態）表示不是 true 就是 false，除了 0 以外，其餘的數字皆為真，亦即只有 0 的數值是假。C++ 的真，是以 true 表示；而假，是使用 false 表示。注意，都是小寫喔！而 bool 是 Boolean（布林）的縮寫。

範例程式：boolType.cpp

```
01  #include <iostream>
02  using namespace std;
03  int main()
04  {
05      bool yesOrNo = true;
06      cout << "#1: " << yesOrNo << endl;
07
08      yesOrNo = false;
09      cout << "#2: " << yesOrNo << endl;
10
11      yesOrNo = 1;
```

```
12        cout << "#3: " << yesOrNo << endl;
13
14        yesOrNo = 0;
15        cout << "#4: " << yesOrNo << endl;
16
17        yesOrNo = -1;
18        cout << "#5: " << yesOrNo << endl;
19
20        yesOrNo = 21;
21        cout << "#6: " << yesOrNo << endl;
22        return 0;
23    }
```

```
#1: 1
#2: 0
#3: 1
#4: 0
#5: 1
#6: 1
```

從輸出結果發現，true 值是以 1 印出，而 false 則以 0 印出。

3-2 關係運算子

在判斷條件式時，其答案不是 true，就是 false。而這些條件式是以關係運算子（relational operator）和運算元所組成的。

關係運算子又稱比較運算子（comparative operator）。表 3.1 是 C++ 的關係運算子。運算子是一個符號，用以表示某種功能罷了。

表 3.1　C++ 的關係運算子

關係運算子	功能	範例（int x=100;）	結果
<	小於	x < 100	false
<=	小於等於	x <= 100	true
>	大於	x > 100	false
>=	大於等於	x >= 100	true
==	等於	x == 100	true
!=	不等於	x != 100	false

表中要注意的是，等於運算子（==），是由兩個 = 所組成，若只有一個 =，則是指定或設定運算子。表 3.1 中的範例可以輔助你了解其功能。

練習題

3.1 假設 x 是 1，試問以下的運算式何者為 true？

(a) x > 0　　(d) x >= 0

(b) x < 0　　(e) x != 1

(c) x != 0　　(f) x <= 1

3.2 試問以下片段程式的輸出結果。

```
#include <iostream>
using namespace std;
int main()
{
    bool b = true;
    int i = b;
    cout << b << endl;
    cout << i << endl;

    return 0;
}
```

3-3 if 敘述

當你只想在某一條件為真時，執行其對應的敘述時，而條件為假時，不予以理會，此時將會以 if 敘述為之，其語法如下：

```
if (條件判斷式) {
    條件判斷式為真時，執行的敘述
}
```

注意，條件判斷式要以左、右小括號括起來。其對應的流程圖，如圖 3-1 所示：

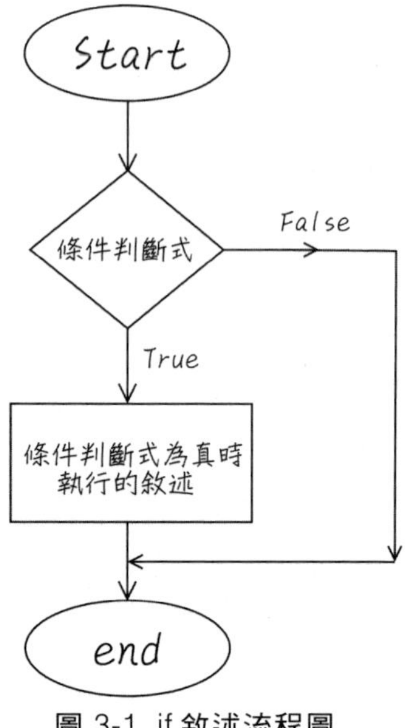

圖 3-1 if 敘述流程圖

我們來看一些範例及其說明。

範例程式：if-1.cpp

```
01  #include <iostream>
02  using namespace std;
03  int main()
04  {
05      int i;
06      cout << "Enter an integer: ";
07      cin >> i;
08      if (i > 0) {
09          cout << i << " 是正整數"<< endl;
10      }
11      cout << "Over\n";
12      return 0;
13  }
40
```

```
Enter an integer: 50
50 是正整數
Over
```

```
Enter an integer: -3
Over
```

此程式的 if 判斷式，若為真時，所要執行的敘述只有一個時，是可以省略左、右大括號，但若執行的敘述有二個或以上時，則必須加上左、右大括號，將其括起來，否則，它只會執行一個敘述而已，如以下的 if-2.cpp 程式。

範例程式：if-2.cpp

```
01  #include <iostream>
02  using namespace std;
03  int main()
04  {
05      int i;
06      cout << "Enter an integer: ";
07      cin >> i;
08      if (i > 0) {
09          cout << i;
10          cout << " 是正整數"<< endl;
11      }
12      cout << "Over\n";
13      return 0;
14  }
```

```
Enter an integer: 50
50 是正整數
Over
```

```
Enter an integer: -3
Over
```

此程式將 if-1.cpp 程式中，if 判斷式若為真時，所執行的敘述以二個敘述來表示，因此要加上左、右大括號。我的處理方法是，不管是執行一個或多個敘述，都加上左、右大括號，這樣子在下次再維護時，可能會加上判斷式為真時的執行敘述，就不會出現錯誤的訊息。

再來看一範例，請你輸入一半徑，若半徑大於 0，則計算它的面積，若小於等於 0，則不予以理會。

範例程式：circleArea.cpp

```
01  include <iostream>
02  using namespace std;
03  int main()
```

```
04  {
05      int radius;
06      double area;
07      cout << "輸入一半徑: ";
08      cin >> radius;
09      if (radius > 0) {
10          area = M_PI * radius * radius;
11          cout << "area = " << area << endl;
12      }
13      cout << "Over\n";
14      return 0;
15  }
```

```
輸入一半徑: 10
area = 314.159
Over
```

```
輸入一半徑: -10
Over
```

練習題

3.3 試問下一程式，若輸入 100 和 -100 時，其輸出結果分別為何？

```
#include <iostream>
using namespace std;
int main()
{
    int i;
    cout << "Enter an integer: ";
    cin >> i;
    if (i > 0)
        cout << i;
        cout << " 是正整數"<< endl;
    cout << "Over\n";
    return 0;
}
```

3.4 請撰寫一個 if 敘述，使其在 x 大於 0 時，指定數值 1 給 y。

3.5 請撰寫一個 if 敘述，使其在考績（score）大於 85 時，將薪資（salary）提高 2%。薪資初始值為 36000，考績由主管輸入。

3.6 試修正以下的程式。

```
#include <iostream>
using namespace std;
int main()
{
    int radius = 2;
    if radius >= 0
        area = radius * radius * PI;
        cout << "area of circle is " << salary << endl;
    return 0;
}
```

3-4 if...else

以上的 if 選擇敘述只關心條件式為 true 時，要處理的事項，而條件式為假時，不予以理會。但有時候，我們要執行條件判斷式為 true 或 false 時都有要處理事項，那該怎麼做呢？這就是本節要討論的 if...else 選擇敘述，其語法如下：

```
if (條件判斷式) {
    條件判斷式為真時，執行的敘述
}
else {
    條件判斷式為假時，執行的敘述
}
```

一樣的道理，若要執行的敘述有兩個或兩個以上時，則必須要有左、右大括號。切記，切記。其對應的流程圖，如圖 3-2 所示：

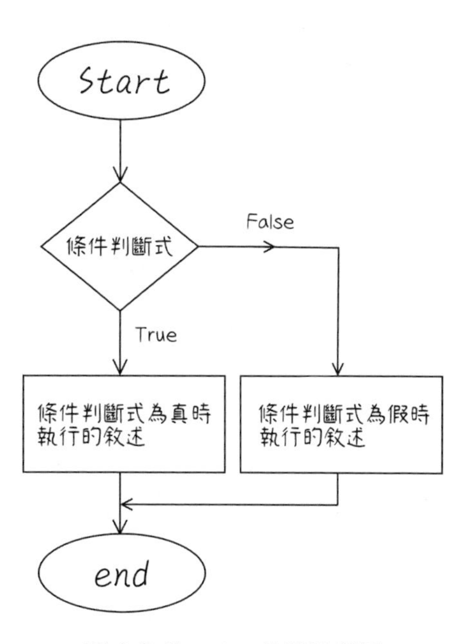

圖 3-2 if...else 敘述流程圖

如以下範例程式 ifElse.cpp 所示：

範例程式：ifElse.cpp

```
01  #include <iostream>
02  using namespace std;
03  int main()
04  {
05      int i;
06      cout << "Enter an integer: ";
07      cin >> i;
08      if (i > 0) {
09          cout << i << " 是正整數"<< endl;
10      }
11      else {
12          cout << i << " 是負整數"<< endl;
13      }
14      cout << "Over\n";
15      return 0;
16  }
```

```
Enter an integer: 50
50 是正整數
Over
```

```
Enter an integer: -3
-3 是負整數
Over
```

上述的 if...else 敘述是否可以用兩個 if 來完成呢？請看以下範例程式與其說明。

範例程式：ifTwo-1.cpp

```
01  #include <iostream>
02  using namespace std;
03
04  int main()
05  {
06      int i;
07      cout << "Enter an integer: ";
08      cin >> i;
09      if (i > 0) {
10          cout << i << " 是正整數"<< endl;
11      }
```

```
12
13        if (i <= 0) {
14            cout << i << " 是負整數"<< endl;
15        }
16        cout << "Over\n";
17        return 0;
18    }
```

```
Enter an integer: 50
50 是正整數
Over
```

```
Enter an integer: -3
-3 是負整數
Over
```

從上述的 ifElse.cpp 和 ifTwo-1.cpp 這兩個範例程式所得到輸出結果是一樣的。那有什麼不同的呢？ifTwo-1.cpp 由兩個 if 敘述所組成，這兩個 if 皆會被執行，也就是會執行兩次的判斷，而 ifElse.cpp，它只會執行一次判斷即可。因為只有一個 if 判斷式，當條件式為真或假時，會執行其對應的敘述。

但有些問題你可能要以兩個 if 來完成，例如判斷你輸入的整數是否可被 3 或 5 整除時，程式如下所示：

範例程式：ifTwo-2.cpp

```
01    #include <iostream>
02    using namespace std;
03
04    int main()
05    {
06        int i;
07        cout << "Enter an integer: ";
08        cin >> i;
09        if (i % 3 == 0) {
10            cout << i << " 是 3 的倍數"<< endl;
11        }
12
13        if (i % 5 == 0) {
14            cout << i << " 是 5 的倍數"<< endl;
15        }
16        cout << "Over\n";
17        return 0;
18    }
```

```
Enter an integer: 12
12 是 3 的倍數
Over
```

```
Enter an integer: 55
55 是 5 的倍數
Over
```

```
Enter an integer: 15
15 是 3 的倍數
15 是 5 的倍數
Over
```

此程式 ifTwo-2.cpp 不能以 if...else 來表示喔！有一規則可循，若題目的答案是只有一個，這好比題目的答案是單選，則以 if...else 撰寫之，若是答案不只一個，好比題目的答案是複選，則必須要一一的以 if 去判斷。

其實若在 ifElse.cpp 和 ifTwo-1.cpp 的程式中輸入 0，則將會產生以下的輸出結果：

```
Enter an integer: 0
0 是負整數
Over
```

這好像不對，因為 0 不是負整數，而是要印出它是 0 才對，所以要以三個選項來選擇，此項工作無法以 if...else 來表達，只能藉助 if...else if...else，簡單的寫就是 else if，請繼續看下一節的主題。

練習題

3.7 試撰寫含有一個 if 敘述的程式，若考績（score）大於或等於 85 時，則增加薪資（salary）5%，否則，只增加 1%。薪資初始值為 36000，考績由主管輸入。

3.8 當 number 為 30 時，在 (a) 與 (b) 程式碼所印出的結果為何？如果 number 是 35 又是如何？

(a)

```
cin >> number;
if (number % 2 != 1)
```

```
        cout << number << " is even number.\n";
    cout << number << " is odd number.\n";
```

(b)

```
cin >> number;
if (number % 2 != 1)
    cout << number << " is even number.\n";
else
    cout << number << " is odd number.\n";
```

3.9 試撰寫一程式，輸入一整數，判斷它是否可以被 3 或 7 或 11 整除。請輸入 21，33 和 231 整數加以測試之。

3-5 else if

若題目的答案超過兩個時，則必須以 else...if 敘述來完成。其語法如下：

```
if (條件判斷式 A) {
    條件判斷式 A 為真時，執行的敘述
}
else if (條件判斷式 B){
    條件判斷式 B 為真時，執行的敘述
}
else {
    條件判斷式 B 為假時，執行的敘述
}
```

其對應的流程圖如圖 3-3 所示：

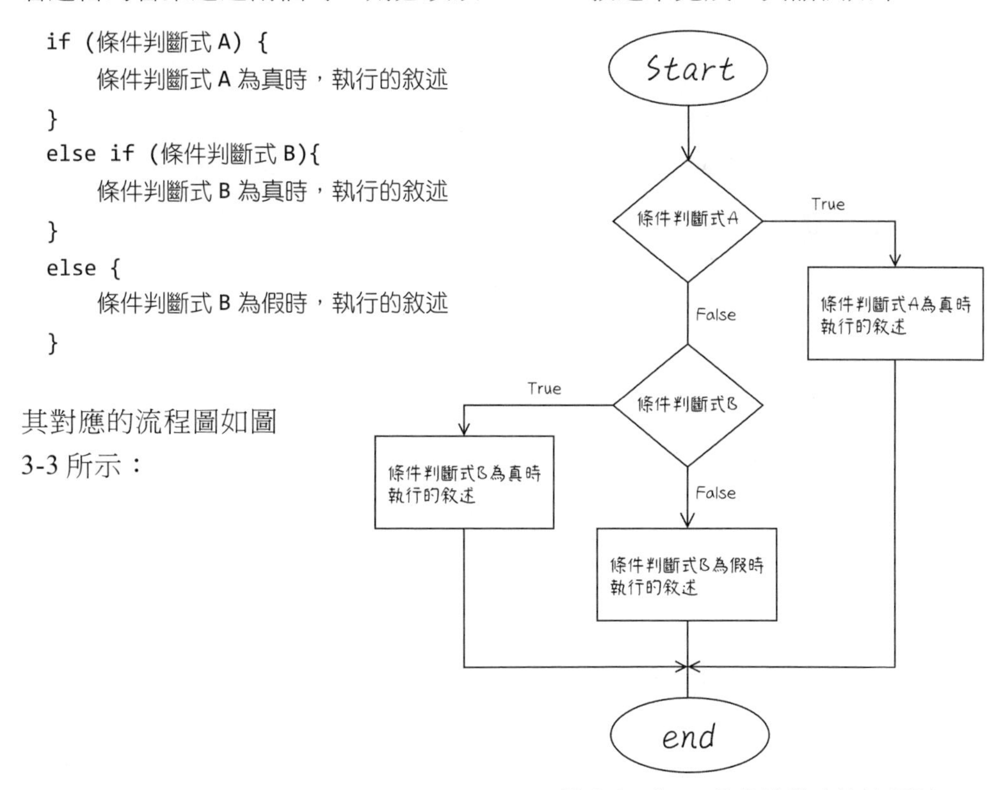

圖 3-3 else...if 敘述對應的流程圖

我們修改 ifElse.cpp 範例程式，使其可以判斷正整數、負整數或是 0，程式如下所示：

範例程式：elseIf.cpp

```
01  #include <iostream>
02  using namespace std;
03  int main()
04  {
05      int i;
06      cout << "Enter an integer: ";
07      cin >> i;
08      if (i > 0) {
09          cout << i << " 是正整數"<< endl;
10      }
11      else if (i == 0) {
12          cout << i << " 是等於 0"<< endl;
13      }
14      else {
15          cout << i << " 是負整數"<< endl;
16      }
17      cout << "Over\n";
18      return 0;
19  }
```

```
Enter an integer: 100
100 是正整數
Over
```

```
Enter an integer: 0
0 是等於 0
Over
```

```
Enter an integer: -100
-100 是負整數
Over
```

此程式 elseIf.cpp 解決上一節 ifElse.cpp 無法正確判斷 0 的問題。因為這也是只有一個答案的選擇題，所以使用 else if 來完成。當然，你也可以撰寫以三個 if 敘述來完成，但平均而言會花的時間會較長，因為不管前面 if 是否已經找到答案，程式還是會將所有的 if 執行。請參閱練習題 3.10。

其實在多選一時，都會以 else if 執行之。如下範例程式是提示使用者輸入一分數（score），然後看此分數對應的等級（grade）為何？如表 3.2 定義分數與等級之間的關係。

表 3.2 分數對應的等級

分數（score）	等級（grade）
score >= 90	A
80 <= score < 90	B
70 <= score < 80	C
60 <= score < 70	D
score < 60	F

表中有五個選項，所以會有三個 else if，並且最後以 else 結尾。

範例程式：grade.cpp

```
01  #include <iostream>
02  using namespace std;
03  int main()
04  {
05      int score;
06      cout << "Enter the score: ";
07      cin >> score;
08      if (score >= 90)
09          cout << "Grade is A";
10      else if (score >= 80)
11          cout << "Grade is B";
12      else if (score >= 70)
13          cout << "Grade is C";
14      else if (score >= 60)
15          cout << "Grade is D";
16      else
17          cout << "Grade is F";
18      cout << endl;
19      return 0;
20  }
```

```
Enter the score: 82
Grade is B
```

```
Enter the score: 97
Grade is A
```

```
Enter the score: 58
Grade is F
```

這也是單選題，也就是只有一項會成立，因此利用 else if 敘述處理，至於有多少個 else if 那就要看你有幾個選項。以上輸出結果僅供參考，請自行輸入分數實際執行看看。

再來撰寫計算 BMI 的範例程式。世界衛生組織建議以身高質量指標（Body Mass Index，BMI）來衡量肥胖程度。計算公式為體重／(身高)^2，其中體重是以公斤為單位，而身高則以公尺為單位。對於 20 歲以上的 BMI 與其說明，如表 3.3 所示：

表 3.3 BMI 及其對應關係

BMI	對應說明
BMI < 18.5	體重不足
18.5 <= BMI < 24	正常
24<= BMI <27	過重
27<= BMI <30	輕度肥胖
30<= BMI <35	中度肥胖
BMI >= 35	重度肥胖

以下程式會先提示使用者輸入以公分為單位的身高，以公斤為單位的體重，接著，顯示其 BMI，以及其對應的健康狀況之說明。

範例程式：bmi.cpp

```
01  #include <iostream>
02  using namespace std;
03  int main()
04  {
05      double height, weight;
06      cout << "請輸入你的身高（公分）: ";
07      cin >> height;
08      cout << "請輸入你的體重（公斤）: ";
09      cin >> weight;
10
11      double heightInKm = height / 100;
12      double bmi = weight /(heightInKm * heightInKm);
13      cout << "你的 BMI: " << bmi << endl;
```

```
14        if (bmi < 18.5) {
15            cout << "體重不足" << endl;
16        }
17        else if (bmi < 24) {
18            cout << "正常" << endl;
19        }
20        else if (bmi < 27) {
21            cout << "過重" << endl;
22        }
23        else if (bmi < 30) {
24            cout << "輕度肥胖" << endl;
25        }
26        else if (bmi < 35) {
27            cout << "中度肥胖" << endl;
28        }
29        else {
30            cout << "重度肥胖" << endl;
31        }
32        return 0;
33    }
```

```
請輸入你的身高（公分）: 185
請輸入你的體重（公斤）: 73.8
你的 BMI: 21.5632
正常
```

```
請輸入你的身高（公分）: 160
請輸入你的體重（公斤）: 80
你的 BMI: 31.25
中度肥胖
```

程式由於輸入身高是以公分輸入，所以必須將它除以 100，使其成為公尺為單位，切記！切記！

練習題

3.10 以下程式是將 elseIf.cpp 程式改以三個 if 敘述執行之，你認為這樣好嗎？

```
//threeIf.cpp
#include <iostream>
using namespace std;
int main()
```

```
{
    int i;
    cout << "Enter an integer: ";
    cin >> i;
    if (i > 0) {
        cout << i << " 是正整數"<< endl;
    }
    if (i == 0) {
        cout << i << " 是等於 0"<< endl;
    }
    if (i < 0) {
        cout << i << " 是負整數"<< endl;
    }
    cout << "Over\n";
    return 0;
}
```

3.11 試問下一程式有無錯誤之處，若有，應如何修正？

```
#include <iostream>
using namespace std;
int main()
{
    int score;
    cout << "Enter the score: ";
    cin >> score;
    if (score >= 60)
        cout << "Grade is D";
    else if (score >= 70)
        cout << "Grade is C";
    else if (score >= 80)
        cout << "Grade is B";
    else if (score >= 90)
        cout << "Grade is A";
    else
        cout << "Grade is F ";;
    cout << endl;
    return 0;
}
```

3-6 巢狀 if

巢狀 if表示 if內的敘述又有 if敘述，此時要注意 else與哪一個 if配對，基本上是 else與最接近的 if配對。如以下片段程式所示：

```
if (i > k)
    if (j > k)
        cout << "i 和 j 大於 k" << endl;
else
    cout << "j 小於或等於 k" << endl;
```

注意，此程式的 else 與最接近的 if配對，如程式中粗體所示。千萬不要被與 else 對齊的 if給騙了，這驗證了「近水樓台先得月」。若要與第一個 if 配對的話，則要將第一個 if 加上左、右大括號，這好比將你的競爭者關起來，如下所示：

```
if (i > k) {
    if (j > k)
        cout << "i 和 j 大於 k" << endl;
}
else
    cout << "i 小於或等於 k" << endl;
```

從程式的輸出說明可以知道 else 是與第一個 if配對，

練習題

3.12 有一程式如下，試問當(1) i=3，j=2 (2) i=3，j=4 (3) i=2，j=2 時，其輸出結果為何？

```
#include <iostream>
using namespace std;
int main()
{
    int i=3, j=2, k;
    if (i > 2) {
        if (j > 2) {
            k = i + j;
            cout << "k is " << k << endl;
```

```
        }
    }
    else
        cout << "i is " << i << endl;
    cout << "over" << endl;
    return 0;
}
```

3.13 有一程式如下：試問當(1) i=2，j=3 (2) i=3，j=2 (3) i=3，j=3 時，其輸出結果為何？

```
#include <iostream>
using namespace std;
int main()
{
    int i=2, j=3, k;
    if (i > 2)
        if (j > 2) {
            k = i + j;
            cout << "k is " << k << endl;
        }
    else
        cout << "i is " << i << endl;
    cout << "over" << endl;
    return 0;
}
```

3.14 試問以下敘述哪些是相等的？

(a)

```
if (x >= 0) if
(y >= 0)
a=11; else
if (z >= 0) b=22;
else c = 33;
```

(c)

```
if (x >= 0)
    if (y >= 0)
        a = 11;
    else if (z >= 0)
        b = 22;
    else
        c = 33;
```

(b)

```
if (x >= 0) {
    if (y >= 0)
        a = 11;
    else if (z >= 0)
        b = 22;
}
else
    c = 33;
```

(d)

```
if (x >= 0)
    if (y >= 0)
        a = 11;
    else if (z >= 0)
        b = 22;
else
     c = 33;
```

3-7 條件運算子

條件運算子（conditional operator）是由 ?：所組成的，因為此運算子作用於三個運算元，所以又稱之為三元運算子。其語法如下：

條件判斷式 ? 運算式 1 : 運算式 2;

當條件判斷式為 true 時，採用運算式 1，若為 false，則採用運算 2。如我們要計算某數的絕對值為何？還未學到條件運算子時，你會這樣撰寫：

範例程式：absUsingIfElse.cpp

```
01  #include <iostream>
02  using namespace std;
03
04  int main()
05  {
06      int num, abs;
07      cout << "請輸入一整數: ";
08      cin >> num;
09      if (num < 0) {
10          abs = -num;
11      }
12      else {
13          abs = num;
14      }
15      cout << num << " 的絕對值是 " << abs << endl;
16
17      return 0;
18  }
```

```
請輸入一整數: -100
-100 的絕對值是 100
```

```
請輸入一整數: 100
100 的絕對值是 100
```

上述程式的撰寫相當於條件運算子的寫法，如下所示：

範例程式：absUsingConditionalOperator.cpp

```
01  #include <iostream>
02  using namespace std;
03  int main()
04  {
05      int num, abs;
06      cout << "請輸入一整數: ";
07      cin >> num;
08      abs = (num < 0) ? -num: num;
09      cout << num << " 的絕對值是 " << abs << endl;
10
11      return 0;
12  }
```

輸出結果同上一範例程式 absUsingIfElse.cpp，但這程式看起來較簡潔。

練習題

3.15 執行以下程式，提示使用者分別輸入 7 5 9 與 3 6 9 這兩組資料。看看其輸出結果會是如何呢？

```
#include <iostream>
using namespace std;
int main()
{
    int a, b, c;
    string sortedOrNot;
    cout << "請輸入三個整數: ";
    cin >> a >> b >> c;
    sortedOrNot = (a < b) && (b < c)? "Sorted": "Not sorted";
    cout << sortedOrNot << endl;
```

```
    return 0;
}
```

3.16 請使用條件運算子，重新撰寫以下 if 敘述。

(a)

```
if (age >= 65) {
    ticketPrice = 10;
}
else {
    ticketPrice = 100;
}
```

(b)

```
if (counter % 10 == 0) {
     cout << counter << endl;
}
else {
     cout << countet << " ";
}
```

3.17 請使用 if-else 敘述，重新撰寫以下條件運算式。

(a) `score = x > 100 ? scale * 5 : scale * 2;`

(b) `tax = (income > 36000) ? income * 0.25 : income * 1.6 + 1000;`

(c) `cout << (num % 5 == 0 ? i : j) << endl;`

3-8 邏輯運算子

當有多個條件式組合在一起才能判斷其真、假時，就必須使用邏輯運算子（logical operator），C++ 的邏輯運算子計有 &&（且）、||（或），以及 !（反）。以表 3.4、3.5 和 3.6 來說明之。

表 3.4 && 邏輯運算子

&&	條件式 2 爲 true	條件式 2 爲 false
條件式 1 為 true	**true**	false
條件式 1 為 false	false	false

從表 3.4 得知，只有條件式 1 和 2 皆為 true，結果才會 true，其餘皆為 false。

表 3.5　&&邏輯運算子

||	條件式 2 爲 true	條件式 2 爲 false
條件式 1 為 true	true	true
條件式 1 為 false	true	**false**

從表 3.5 得知，只要條件式 1 或 2 為 true，結果就會是 true，只有條件式 1 或 2 皆為 false 時，結果才會是 false。

表 3.6　!邏輯運算子

!	結果
條件式為 true	false
條件式為 false	true

從表 3.6 得知，當條件式為 true，結果會 false，條件式為 false，結果會 true。這就是所謂的豬羊變色，將真變為假，將假變為真。

接下來撰寫一程式，分別檢視輸入的數值，檢視(1)是否能被 3 且 5 整除，(2)是否能被 3 或 5 整除，(3)是否能被 3 或 5，但不能被兩者同時整除：

範例程式：dividedBy3And5.cpp

```
01  #include <iostream>
02  using namespace std;
03  int main()
04  {
05      int num;
06      cout << "請輸入一整數: ";
07      cin >> num;
08      if (num % 3 == 0 && num % 5 == 0) {
09          cout << num << " 可被 3 且 5 整除" << endl;
10      }
11
12      if (num % 3 == 0 || num % 5 == 0) {
13          cout << num << " 可被 3 或 5 整除" << endl;
14      }
15
16      if ((num % 3 == 0 || num % 5 == 0) &&
17          !(num % 3 == 0 && num % 5 == 0)) {
18          cout << num << " 可被 3 或 5 整除，但不能同時被 3 且 5 同時整除"
```

```
19                  << endl;
20        }
21
22        return 0;
23    }
```

```
請輸入一整數: 15
15 可被 3 且 5 整除
15 可被 3 或 5 整除
```

```
請輸入一整數: 18
18 可被 3 或 5 整除
18 可被 3 或 5 整除，但不能同時被 3 且 5 同時整除
```

```
請輸入一整數: 11
```

程式中的 (num % 3 == 0 && num % 5 == 0) 運算式檢視數值同時能被 3 和 5 整除。而(num % 3 == 0 || num % 5 == 0) 運算式是檢視數值能否被 3 或 5 整除。最後的((num % 3 == 0 || num % 5 == 0) && !(num % 3 == 0 && num % 5 == 0))這個運算式檢查數值能否被 3 或 5 整除，而且不能被 3 和 5 同時整除。

迪摩根定律（De Morgan's law），是以印度裔英籍數學家兼邏輯學家 Augustus De Morgan（1806-1871）來命名，可用於簡化布林運算式，其定律如下：

```
!(condition1 && condition2)
```

等同於

```
!condition1 || !condition2
```

而

```
!(condition1 || condition2)
```

等同於

```
!condition1 && !condition2
```

比方說，

```
!(num % 3 == 0 && num % 5 == 0)
```

可藉由迪摩根定律作簡化：

```
(num % 3 != 0 || num % 5 != 0)
```

同理，

```
!(num % 3 == 0 || num % 5 == 0)
```

最好寫成如下

```
(num % 3 != 0 && num % 5 != 0)
```

在邏輯運算式中，如果 && 運算子兩邊的運算式有一個為 false，則整個運算式的結果將為 false；如果 || 運算子兩邊的運算式有一個為 true，則整個運算式的結果便是 true。

C++ 使用這個特性來提高運算子的效能，如下所示；

1. 在解析 condition1 && condition2 時，會先解析 condition1，如果 condition1 為 true，再解析 condition2；如果 condition1 為 false，就不會再進一步解析 condition2 了。
2. 在解析 condition1 || condition2 時，會先解析 condition1，如果 condition1 為 false，再解析 condition2；如果 condition1 為 true，就不需再進一步解析 condtition2。

3-8-1 閏年的判斷

若一年份是閏年（leap year），則它必須符合以下條件:

1. 可被 400 整除
2. 可被 4 整除，但不可被 100 整除

以上這兩個條件只要一個條件成立即可，注意，第 2 個條件是由兩個條件所組成。

範例程式：leapYear-1.cpp

```
01  #include <iostream>
02  #include <iomanip>
03  using namespace std;
04  int main()
05  {
06      int year;
07      cout << "Enter a year: ";
```

```
08        cin >> year;
09        if (year % 400 == 0 || (year % 4 == 0 && year % 100 !=0)) {
10            cout << year << " is a leap year." << endl;
11        }
12        else {
13            cout << year << " is not a leap year." << endl;
14        }
15        return 0;
16    }
```

```
Enter a year: 2020
2020 is a leap year.
```

```
Enter a year: 2023
2023 is not a leap year.
```

此程式是正確的，但 if 判斷式顯得有點長，較不易了解，因此可以將它加以改寫，如下所示：

範例程式：leapYear-2.cpp

```
01    #include <iostream>
02    #include <iomanip>
03    using namespace std;
04
05    int main()
06    {
07        int year;
08        bool cond1, cond2, cond3;
09        cout << "Enter a year: ";
10        cin >> year;
11        cond1 = year % 400 == 0;
12        cond2 = year % 4 == 0;
13        cond3 = year % 100 != 0;
14        if ( cond1 || (cond2 && cond3)) {
15            cout << year << " is a leap year." << endl;
16        }
17        else {
18            cout << year << " is not a leap year." << endl;
19        }
20        return 0;
21    }
```

輸出結果同上一程式 leapYear-1.cpp。此程式將判斷式的條件以三個敘述來表示，你是否覺得有比較清楚呢？

3-8-2 所得稅額計算

假設有一所得稅額的計算如表 3.7 所示：

表 3.7 所得與稅率之關係

所得（台幣），income	稅利率，tax
<= 620,000	0.06
1,500,000 < income <= 620,000	0.11
3,000,000 < income <= 1,500,000	0.15
3,000,000 < income	0.22

根據表 3.7，輸入不同的所得，然後計算其應繳的稅額。請參閱 taxIncome.cpp 範例程式。

範例程式：taxIncome.cpp

```
01  #include <iostream>
02  #include <iomanip>
03  using namespace std;
04  
05  int main()
06  {
07      double income, tax{0};
08      bool b1, b2, b3, b4;
09      double range1=620000, range2=1500000, range3=3000000;
10      double rate1=0.06, rate2=0.11, rate3=0.15,rate4=0.22;
11  
12      cout << "請輸入所得: ";
13      cin >> income;
14  
15      b1 = (income <= range1) && (income >= 0);
16      b2 = (income > range1) && (income <= range2);
17      b3 = (income > range2) && (income <= range3);
18      b4 = (income > range3);
19  
20      if (b1) {
21          tax = income * rate1;
22      }
```

```
23        else if (b2) {
24            tax = range1*rate1 + (income-range1)*rate2;
25        }
26        else if (b3) {
27            tax = range1*rate1 + (range2-range1)*rate2 +
28                  (income-range2) * rate3;
29        }
30        else if (b4) {
31            tax = range1*rate1 + (range2-range1)*rate2 +
32                  (range3-range2)*rate3 + (income-range3)*rate4;
33        }
34        else {
35            cout << "Invalid income" << endl;
36        }
37
38        cout << "Income: " << fixed << setprecision(0) << income << endl;
39        cout << "Tax:    " << tax << endl;
40
41        return 0;
42    }
```

```
請輸入所得: 600000
Income: 600000
Tax:    36000
```

```
請輸入所得: 800000
Income: 800000
Tax:    57000
```

```
請輸入所得: 2000000
Income: 2000000
Tax:    209000
```

```
請輸入所得: 3500000
Income: 3500000
Tax:    469000
```

練習題

3.18 假設 x 為 1，請顯示以下布林運算式的結果。

```
(true) && (3 > 4)
!(x > 0) && (x > 0)
```

```
(x > 0) || (x < 0)
(x != 0) || (x == 0)
(x >= 0) || (x < 0)
(x != 1) == !(x == 1)
```

3.19 (a) 請撰寫一個布林運算式，若變數 x 所儲存的數值介於 1 到 100 之間，則被解析為 true。

(b) 請撰寫一個布林運算式，若變數 x 所儲存的數值介於 1 到 100 之間或數值是負的，則被解析為 true。

3.20 (a) 請為 |x - 6| < 4.5 撰寫一個布林運算式。

(b) 請為 |x - 6| > 4.5 撰寫一個布林運算式。

3.21 測試 x 是否介於 10 與 100 之間，以下哪些是正確的運算式？

(a) 100 > x > 10

(b) (100 > x) && (x > 10)

(c) (100 > x) || (x > 10)

(b) (100 > x) AND (x > 10)

(b) (100 > x) OR (x > 10)

3.22 下列兩個運算式相同嗎？

(a) y % 2 == 0 && y % 3 == 0

(b) y % 6 == 0

3.23 若 x 是 46、68 或 102，則運算式 x >= 52 && x <= 101 的結果為何？

3.24 若從鍵盤輸入 3 5 8，試問程式的輸出結果如何？

```
#include <iostream>
using namespace std;
int main()
{
    int x, y, z;
    cout << "請輸入x, y, z: ";
    cin >> x >> y >> z;
    cout << "(x < y && y < z) is " << (x < y && y < z) << endl;
    cout << "(x < y || y < z) is " << (x < y || y < z) << endl;
    cout << "!(x + y) is " << !(x < y) << endl;
```

```
        cout << "(x + y > z) is " << (x + y > z) << endl;
        cout << "(x + y < z) is " << (x + y < z) << endl;
        return 0;
    }
```

3.25 請撰寫一個布林運算式，若 age 大於 15，小於 20 時會被解析為 true。

3.26 請撰寫一個布林運算式，在 weight 大於 65 公斤或 height 大於 175 公分時會被解析為 true。

3.27 請撰寫一個布林運算式，在 weight 大於 65 公斤而且 height 大於 175 公分時會被解析為 true。

3.28 請撰寫一個布林運算式，在 weight 大於 65 公斤或 height 大於 175 公分，但不是兩者皆成立時，會被解析為 true。

3-9 switch...case 敘述

switch...case 是因應簡化 else if 的寫法而來的，它看起來會較簡潔易懂，其語法如下：

```
switch (x) {
    case 1: statement1(s)
            break;
    case 2: statement2(s)
            break;
    case 3: statement3(s)
            break;
    …
    default: statementd(s)
};
```

其中在 case 後面接的是一常數，你可以給數字常數或是字元常數，每一 case 後的執行項目會有 break 敘述，表示結束 switch...case 子句。若沒有 break，則將繼續往下執行。最後，若 x 的值沒有 case 的值與之對應的話，將會執行 default 後面的敘述。

default 敘述後面不必加上 break，因為它的下面接的就是右大括號，此也表示 switch...case 到此結束了。

為了簡化起見，假設 case 到 3，接著是 default，其對應的流程圖，如圖 3-4 所示：

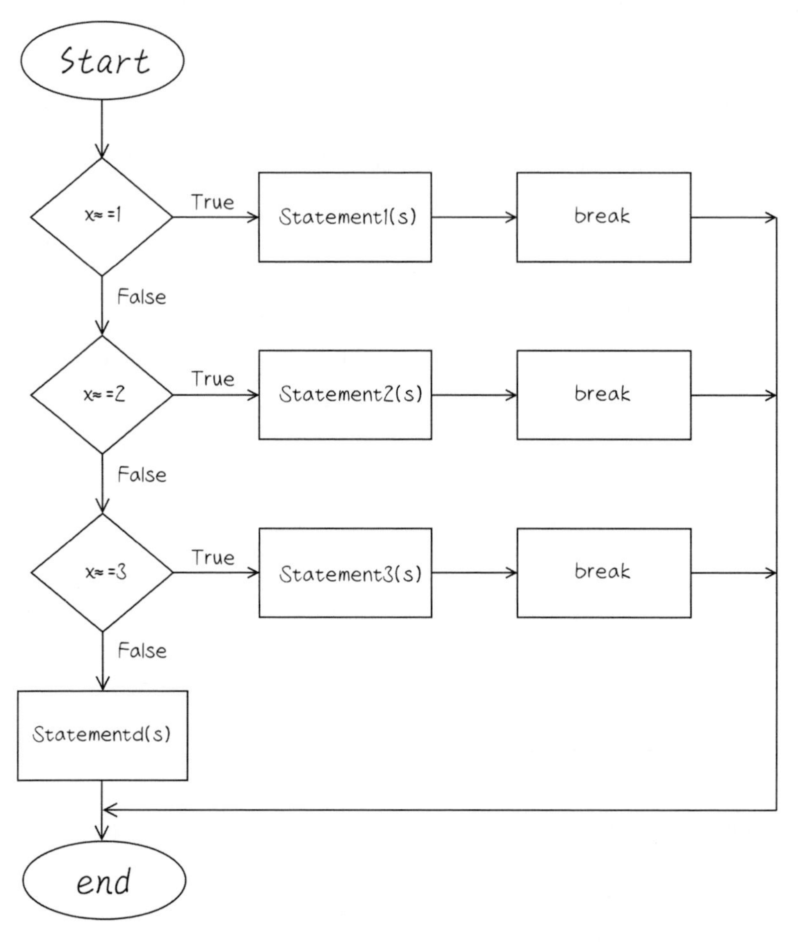

圖 3-4 switch...case 敘述對應的流程圖

以一範例程式來加以說明 switch...case 的敘述如何撰寫的。2024 台灣總統候選人計有三個人參與，選號與人名如下：

1. 柯文哲
2. 賴清德
3. 侯友宜

請先以 else if 語法撰寫一程式執行，再以 switch...case 撰寫之。如下所示：

範例程式：electionUsingIfElse.cpp

```
01  #include <iostream>
02  using namespace std;
03  int main()
04  {
05      int num;
06      cout << "2024 台灣總統候選人" << endl;
07      cout << "   1. 柯文哲" << endl;
08      cout << "   2. 賴清德" << endl;
09      cout << "   3. 侯友宜" << endl;
10      cout << "請選擇候選人：";
11      cin >> num;
12      if (num == 1) {
13          cout << "你投給柯文哲" << endl;
14      }
15      else if (num == 2) {
16          cout << "你投給賴清德" << endl;
17      }
18      else if (num == 3) {
19          cout << "你投給侯友宜" << endl;
20      }
21      else {
22          cout << "無效票";
23      }
24
25      return 0;
26  }
```

```
2024 台灣總統候選人
   1. 柯文哲
   2. 賴清德
   3. 侯友宜
請選擇候選人：1
你投給柯文哲
```

```
2024 台灣總統候選人
   1. 柯文哲
   2. 賴清德
   3. 侯友宜
請選擇候選人：2
你投給賴清德
```

```
2024 台灣總統候選人
    1. 柯文哲
    2. 賴清德
    3. 侯友宜
請選擇候選人：3
你投給侯友宜
```

若將上述的 else...if 敘述，改以 switch...case 的話，其程式如下：

範例程式：electionUsingSwitchCase.cpp

```
01  #include <iostream>
02  using namespace std;
03  int main()
04  {
05      int num;
06      cout << "2024 台灣總統候選人" << endl;
07      cout << "    1. 柯文哲" << endl;
08      cout << "    2. 賴清德" << endl;
09      cout << "    3. 侯友宜" << endl;
10      cout << "請選擇候選人：";
11  
12      cin >> num;
13      switch (num) {
14          case 1: cout << "你投給柯文哲" << endl;
15                  break;
16          case 2: cout << "你投給賴清德" << endl;
17                  break;
18          case 3: cout << "你投給侯友宜" << endl;
19                  break;
20          default: cout << "無效票";
21      }
22  
23      return 0;
24  }
```

請自行執行看看其結果為何，你是否覺得此程式較簡潔呢？

要注意的是，若將上述的範例程式 electionUsingSwitchCase.cpp 中的 break 都去掉，則會產生嚴重的後果，如下一範例程式所示：

範例程式：noBreakUsingSwitchCase.cpp

```
01  #include <iostream>
02  using namespace std;
03  int main()
04  {
05      int num;
06      cout << "2024 台灣總統候選人" << endl;
07      cout << "   1. 柯文哲" << endl;
08      cout << "   2. 賴清德" << endl;
09      cout << "   3. 侯友宜" << endl;
10      cout << "請選擇候選人：";
11      cin >> num;
12      switch (num) {
13          case 1: cout << "你投給柯文哲" << endl;
14          case 2: cout << "你投給賴清德" << endl;
15          case 3: cout << "你投給侯友宜" << endl;
16          default: cout << "無效票";
17      }
18  
19      return 0;
20  }
```

```
2024 台灣總統候選人
   1. 柯文哲
   2. 賴清德
   3. 侯友宜
請選擇候選人：1
你投給柯文哲
你投給賴清德
你投給侯友宜
無效票
```

```
2024 台灣總統候選人
   1. 柯文哲
   2. 賴清德
   3. 侯友宜
請選擇候選人：2
你投給賴清德
你投給侯友宜
無效票
```

從輸出結果得知，當你選擇 1 號候選人後，這三位候選人皆有一票，而且也會出無效票。同理你選 2 號時，2 號和 3 號也會有一票及無效票。break 也不是一定要的，這要看問題的需求而定。計算候選人的得票數，一定要加 break。下一個範例是計算某一時間點總共經過的天數，先提示使用者輸入月份與此月的哪一天，然後計算此天在 2024 年經過的天數。

範例程式：totalDays2024.cpp

```
01  #include <iostream>
02  using namespace std;
03
04  int main()
05  {
06      int month, day;
07      int totalDays{0};
08      int month1, month3, month5, month7, month8, month10, month12;
09      int month2=29;  //因為 2024 是閏年，所以二月是 29 天
10      int month4, month6, month9, month11;
11      month1=month3=month5=month7=month8=month10=month12 = 31;
12      month4=month6=month9=month11 = 30;
13
14      cout << "請輸入月份: ";
15      cin >> month;
16      cout << "請輸入月份的哪一天: ";
17      cin >> day;
18
19      switch (month) {
20          case 12: totalDays += month11;
21          case 11: totalDays += month10;
22          case 10: totalDays += month9;
23          case 9:  totalDays += month8;
24          case 8:  totalDays += month7;
25          case 7:  totalDays += month6;
26          case 6:  totalDays += month5;
27          case 5:  totalDays += month4;
28          case 4:  totalDays += month3;
29          case 3:  totalDays += month2;
30          case 2:  totalDays += month1;
31          case 1:  totalDays += 0;
32      }
33
34      totalDays += day;
```

```
35        cout << "總共天數: " << totalDays << endl;
36
37        return 0;
38    }
```

```
請輸入月份: 3
請輸入月份的哪一天: 8
總共天數: 68
```

```
請輸入月份: 10
請輸入月份的哪一天: 10
總共天數: 284
```

```
請輸入月份: 12
請輸入月份的哪一天: 31
總共天數: 366
```

此程式就沒有在 switch...case 句子中加上 break，因此會從對應的 case 數字往下繼續執行。所以說，要不要在 case 句子中加上 break，端視問題的需要而定。

上述程式的二月天數是 29 天，若欲計算的年份是平年的話，則要將程式的二月天數設定為 28 天即可，如下所示：

```
int month2=28;
```

其餘程式皆相同

練習題

3.29 試回答下列問題。

(1) switch 變數的資料型態有哪些？

(2) 當 case 對應的敘述開始執行時，如果沒有使用關鍵字 break，接下來執行的敘述會是啥？

(3) 您能否能將 switch...case 敘述轉換成等同的 if 敘述，或是將 if 敘述轉換成 switch...case 敘述？

(4) 使用 switch...case 敘述的好處有哪些？

3.30 以下 switch 敘述執行後 y 為多少？請使用 if 敘述重新撰寫以下內容。

```
int x=1, y=6;
 switch (x+1) {
     case 2: y = 6;
     default: y += 2;
 }
 cout << "y = " << y << endl;
```

3.31 以下 if-else 敘述執行後 x 為多少？請使用 switch 敘述重新撰寫，並為新的 switch 敘述繪製流程圖。

```
int x = 10, y = 2;
if (y == 1) {
    x += 5;
}
else if (y == 2) {
    x += 10;
}
else if (y == 3) {
    x += 15;
}
else if (y == 4) {
    x += 34;
}

cout << "x = " << x << endl;
```

3-10 選擇敘述常犯錯誤

以上所談的選擇敘述我們整理了一些常犯的錯誤，如下所示：

常犯錯誤 1：忘了必要的大括號

在區段內若只有單一敘述，才可以省略大括號。然而，當需要大括號括起多項敘述時，卻忘了加大括號，是初學者常犯的錯誤。如果在不帶有大括號的 if 敘述內，加入新的敘述，就必須加入大括號。比方說，以下的程式碼是錯的。

```
if (radius >= 0)
    area = radius * radius * M_PI;
    cout << "area of circle is " << area << endl;
```

其實此段敘述相當於以下敘述

```
if (radius >= 0)
    area = radius * radius * M_PI;
cout << "area of circle is " << area << endl;
```

當條件判斷式為 true 時只執行一敘述而已。不管 if 敘述為 true 或 false，cout 的輸出敘述都會被執行。

所以應該要有左、右大括號，將多個敘述括起來，如下所示，

```
if (radius >= 0) {
    area = radius * radius * M_PI;
    cout << "area of circle is " << area << endl;
}
```

以防止在條件判斷式為假時，執行 cout 輸出敘述。

常犯錯誤 2：if 條件判斷式錯誤的分號

將分號加在 if 條件判斷式的後面，如以下所示，

```
if (radius >= 0);
{
    area = radius * radius * M_PI;
    cout << "area of circle is " << area << endl;
}
```

這也是常犯的錯誤。其實上一段敘述等同於

```
if (radius >= 0) { }
{
    area = radius * radius * M_PI;
    cout << "area of circle is " << area << endl;
}
```

{ } 表示空的區段，也就是沒有做任何事。

這類錯誤既不是編譯錯誤，也不是執行期間的錯誤，而是邏輯錯誤，因此不太好除錯。

常犯錯誤 3：誤將 = 當作 ==

相等的測試運算子是兩個等號（==）。若將 = 當作 == 使用將會產生邏輯的錯誤。如下列的程式碼：

```
if (count = 5) {
    cout << "count is five" << endl;
}
else {
    cout << "count is not five" << endl;
}
```

它將顯示 "count is five"，因為 count = 5 是指定 5 給 count，最後這指定運算式的結果是 5。由於 5 不是 0，所以在 if 敘述被譯為 true。還記得我們曾說過，非 0 值將被解析為 true，而 0 值將被解析為 false。

常犯錯誤 4：浮點數相等的測試

有關浮點數的測試是不可靠的，例如你期望下列程式碼輸出是 x is 0.7，但結果卻是 x is not 0.7。

範例程式：floatingTest.cpp

```
01  #include <iostream>
02  #include <iomanip>
03  using namespace std;
04  int main()
05  {
06      double x = 1 - 0.1 - 0.1 - 0.1;
07      if (x == 0.7) {
08          cout << "x is 0.7" << endl;
09      }
10      else {
11          cout << "x is not 0.7" << endl;
12      }
13      cout << fixed << setprecision(20) << x << endl;
14      return 0;
15  }
```

```
x is not 0.7
0.70000000000000006661
```

所以最好不要測試是否等於某一浮點數，因為會有誤差的。

3-11 運算子優先順序與結合性

運算子的優先順序（operator precedence）與結合性（associativity），用來判斷運算子被解析的順序。假設有下列這個運算式：

```
2 + 5 * 3 > 6 * (6 + 2) - 4 && (4 - 1 > 2) || (!(5 > 2))
```

輸出結果會是什麼？這些運算子的執行順序為何？

位於括弧內的運算式會優先被解析（括弧可以是巢狀結構，在這種情況下，最內部的括號所括起的運算式會優先被執行）。當解析不帶有括號的運算式時，便根據優先順序及結合性規則來執行。

優先順序規則為各運算子定義優先順序，如表 3.8 所示，其中包含所有您已學過的運算子。表中所列的運算子由上往下，優先順序逐漸遞減。邏輯運算子的優先順序低於關係運算子，而關係運算子的優先順序又低於算術運算子。擁有相同優先順序的運算子會被歸類於同一個群組。

表 3.8 C++ 運算子優先順序

運算子	運算優先順序
++，--	高
!	
*、/、%	
+、-	
<、<=、>、>=	
==、!=	
&&	
||	
=、+=、-=、*=、/=、%=	低

如果相同優先順序的運算子一起使用，它們的結合性將決定解析的順序。表 3.7 除了指定運算子和算術指定運算子是由右至左結合（right associative），其餘的皆為由左至右結合（left associative）。例如，+ 和 - 的優先順序相同，且都是由左至右結合，以下這個運算式

```
a + b - c + d
```

等同於

```
((a + b) - c) + d
```

指定運算子則是由右向左結合的（right associative）。因此，以下這個運算式

```
a = b += c = 10
```

等同於

```
a = (b += (c = 10))
```

假設 a、b、c 變數在做指定運算之前的值皆為 1；那麼在整個運算式被解析完之後，a 變成 11，b 變成 11，c 變成 10。

練習題

3.32 請列出布林運算子的優先順序，並解析以下運算式：

(a) true && false || true

(b) false && false || false

(c) true || false && true

(d) false || true && true

3.33 true 還是 false？所有二元運算子，除了 = ，都是向左結合的。

3.34 請解析以下運算式：

(a) 3 * 2 – 2 > 2 && 7 – 3 > 4

(b) 3 * 2 – 2 > 2 || 7 – 3 > 4

3.35 (a) (x > 2 && x < 10) 是否與 ((x > 2) && (x < 10)) 相同？

(b) (x > 2 || x < 8) 是否與 ((x > 2) || (x < 8)) 相同？

(c) (x > 2 || x < 8 && y < 5) 是否與 (x > 2 || (x < 8 && y < 5)) 相同？

3-12 個案討論：猜猜你的生日

先從十進位轉換為二進位、八進位和十六進位說起。將十進位的數值轉換為二進位，只要將它除以 2，取其商，再將此商視為被除數，除以 2，重複上述的動作，直到商小於 2 就結束。每次除以 2 皆會記錄其餘數，如將 100 轉換為二進位，請參見圖 3-5：

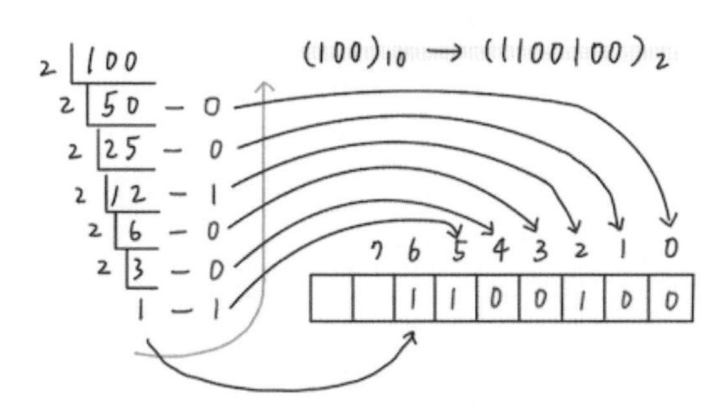

圖 3-5 將十進位 100 轉換爲二進位

最後由下往上寫出其餘數，結果是 $(100)_{10} = (1100100)_2$。這個二進位的資訊告訴我們是以 $64(2^6)$ 加上 $32(2^5)$和 $4(2^2)$的總和。如圖 3-6 所示：

2^6	2^5	2^4	2^3	2^2	2^1	2^0
1	1	0	0	1	0	0

圖 3-6 二進位 1100100 轉換爲十進位

因此，利用上述轉換的方式，將十進位的 30 轉換為二進位，結果是 $(30)_{10} = (11110)_2$，也就是 30 是以 $16(2^4)$ 加上 $8(2^3)$ 加上 $4(2^2)$加上 $2(2^1)$ 的總和。我們可將$(11110)_2$ 看成是五個位元，由右至左編號是從 0 開始，我們將它看成是第一個位元，那麼 30 會出現在第二個、第三個、第四個和第五個的位元上。將這些位元所代表的數字加總就是這個數字 30。

一個人的生日是何日，其實只要將 1~31 共 31 個數字以二進位表示，以五個位元就夠了，因為 2^5 是 32 了。這些數字只要指定某些位元為 1 就可以。如圖 3-7 所示：

數值	2^4	2^3	2^2	2^1	2^0
1	0	0	0	0	1
2	0	0	0	1	0
3	0	0	0	1	1
4	0	0	1	0	0
5	0	0	1	0	1
6	0	0	1	1	0
7	0	0	1	1	1
8	0	1	0	0	0
9	0	1	0	0	1
10	0	1	0	1	0
11	0	1	0	1	1
12	0	1	1	0	0
13	0	1	1	0	1
14	0	1	1	1	0
15	0	1	1	1	1
16	1	0	0	0	0
17	1	0	0	0	1
18	1	0	0	1	0
19	1	0	0	1	1
20	1	0	1	0	0
21	1	0	1	0	1
22	1	0	1	1	0
23	1	0	1	1	1
24	1	1	0	0	0
25	1	1	0	0	1
26	1	1	0	1	0
27	1	1	0	1	1
28	1	1	1	0	0
29	1	1	1	0	1
30	1	1	1	1	0
31	1	1	1	1	1

圖 3-7 將 1 到 31 的數字以五個位元表示之

從圖 3-7 中發現 1~31 數值中，最右邊位元(2^0)皆有 1，我們將這一組數字並加上提示訊息，指定給 set1 字串變數，如下所示：

```
set1 = "     set1    \n"
       " 1   3   5   7\n"
       " 9  11  13  15\n"
       "17  19  21  23\n"
       "25  27  29  31\n"
       "Enter y for yes, n for no: ";
```

而將圖 3-7 中凡是位元 (2^1) 皆有 1，將這組數字並加上提示訊息，指定 set2 的字串變數，如下所示：

```
set2 = "     set 2   \n"
       " 2   3   6   7\n"
       "10  11  14  15\n"
       "18  19  22  23\n"
       "26  27  30  31\n"
       "Enter y for yes, n for no: ";
```

其餘的 set3、set4、set5 乃是位元 (2^2)，(2^3) 以及(2^4) 皆有 1 的集合。

整個猜猜生日的完整程式，如 birthdayUsingSelection.cpp 所示：

範例程式：birthdayUsingSelection.cpp

```
01  #include <iostream>
02  using namespace std;
03  int main()
04  {
05      int day{0};
06      char ans;
07      string set1, set2, set3, set4, set5;
08      cout << "以下的五個集合可能有你生日的日期，請加以回答\n\n";
09      set1 = "     set1    \n"
10             " 1   3   5   7\n"
11             " 9  11  13  15\n"
12             "17  19  21  23\n"
13             "25  27  29  31\n"
14             "Enter y for yes, n for no: ";
15      cout << set1;
16      cin >> ans;
17
18      if (ans == 'y') {
```

```
19            day = day + 1;
20        }
21
22        cout << endl;
23        set2 = "      set 2    \n"
24               " 2   3   6   7\n"
25               "10  11  14  15\n"
26               "18  19  22  23\n"
27               "26  27  30  31\n"
28               "Enter y for yes, n for no: ";
29        cout << set2;
30        cin >> ans;
31        if (ans == 'y') {
32            day = day + 2;
33        }
34
35        cout << endl;
36        set3 = "      set 3    \n"
37               " 4   5   6   7\n"
38               "12  13  14  15\n"
39               "20  21  22  23\n"
40               "28  29  30  31\n"
41               "Enter y for yes, n for no: ";
42        cout << set3;
43        cin >> ans;
44        if (ans == 'y') {
45            day = day + 4;
46        }
47
48        cout << endl;
49        set4 = "      set 4    \n"
50               " 8   9  10  11\n"
51               "12  13  14  15\n"
52               "24  25  26  27\n"
53               "28  29  30  31\n"
54               "Enter y for yes, n for no: ";
55        cout << set4;
56        cin >> ans;
57        if (ans == 'y') {
58            day = day + 8;
59        }
60
61        cout << endl;
62        set5 = "      set 5    \n"
```

```
63                  "16  17  18  19\n"
64                  "20  21  22  23\n"
65                  "24  25  26  27\n"
66                  "28  29  30  31\n"
67                  "Enter y for yes, n for no: ";
68          cout << set5;
69          cin >> ans;
70          if (ans == 'y') {
71              day = day + 16;
72          }
73
74          cout << "\nYour birthday is: " <<  day << endl;
75          return 0;
76      }
```

```
以下的五個集合可能有你生日的日期，請加以回答

     set1
 1   3   5   7
 9  11  13  15
17  19  21  23
25  27  29  31
Enter y for yes, n for no: y

     set 2
 2   3   6   7
10  11  14  15
18  19  22  23
26  27  30  31
Enter y for yes, n for no: n

     set 3
 4   5   6   7
12  13  14  15
20  21  22  23
28  29  30  31
Enter y for yes, n for no: y

     set 4
 8   9  10  11
12  13  14  15
24  25  26  27
28  29  30  31
Enter y for yes, n for no: y
```

```
     set 5
16  17  18  19
20  21  22  23
24  25  26  27
28  29  30  31
Enter y for yes, n for no: n

Your birthday is: 13
```

你可以試試看你或周邊朋友的生日是否正確？順便可以打開話匣子開始聊天了。

3-13 練習題解答

3.1 (a) true

(b) false

(c) true

(d) true

(e) false

(f) true

3.2 1

1

3.3

```
Enter an integer: 100
1000 是正整數
Over
```

```
Enter an integer: -100
是正整數
Over
```

提示：當條件式判斷式為真時（i 大於 0），由於此程式沒有將要執行的敘述以左、右大括號括起來，所以只會執行下一條敘述

```
cout << i;
```

而已。不管條件式真或假皆會執行

```
cout << " 是正整數"<< endl;
```

此一敘述。

3.4

```
#include <iostream>
using namespace std;
int main()
{
    int x, y=0;
    cout << "Enter x: ";
    cin >> x;
    if (x > 0) {
        y = 1;
    }
    cout << "y = " << y << endl;
    return 0;
}
```

3.5

```
#include <iostream>
using namespace std;
int main()
{
    int score, salary=36000;
    cout << "Enter score: ";
    cin >> score;
    if (score > 85) {
        salary *= 1.02;
    }
    cout << "salary = " << salary << endl;
    return 0;
}
```

3.6
```
#include <iostream>
using namespace std;
int main()
{
    int radius = 2;
    double area;
    if (radius >= 0) {
        area = radius * radius * M_PI;
        cout << "area of circle is " << area << endl;
    }
    return 0;
}
```

程式中有灰階的，表示要修改的地方。

3.7
```
#include <iostream>
using namespace std;
int main()
{
    int score, salary=36000;
    cout << "Enter score: ";
    cin >> score;
    if (score > 85) {
        salary *= 1.05;
    }
    else {
        salary *= 1.01;
    }
    cout << "salary = " << salary << endl;
    return 0;
}
```

3.8 number 為 30 時，

(a) 為

```
30 is even number.
30 is odd number.
```

(b) 為

```
30 is even number.
```

number 為 35 時，

(a) 為

```
35 is odd number.
```

(b) 為

```
35 is odd number.
```

3.9

```
#include <iostream>
using namespace std;

int main()
{
    int i;
    cout << "Enter an integer: ";
    cin >> i;
    if (i % 3 == 0) {
        cout << i << " 可以被 3 整除"<< endl;
    }

    if (i % 7 == 0) {
        cout << i << " 可以被 7 整除"<< endl;
    }

    if (i % 11 == 0) {
        cout << i << " 可以被 11 整除"<< endl;
    }

    cout << "Over\n";
    return 0;
}
```

3.10

```
Enter an integer: 100
100 是正整數
Over
```

```
Enter an integer: 0
0 是等於 0
Over
```

```
Enter an integer: -100
-100 是負整數
Over
```

從輸出結果得知是可以得到正確結果的，但較耗時，因為這是單選題，所以不要用多個 if 來執行較佳。

3.11 當你輸入 90 時，輸出結果是

```
Grade is D
```

只要輸入的分數大於等於 60，其輸出結果皆同上。所以程式可以改為 grade.cpp 外，也可以改為如下：

```
#include <iostream>
using namespace std;
int main()
{
    int score;
    cout << "Enter the score: ";
    cin >> score;

    if (score < 60)
        cout << "Grade is F";
    else if (score < 70)
        cout << "Grade is D";
    else if (score < 80)
        cout << "Grade is C";
    else if (score < 90)
        cout << "Grade is B";
```

```
    else
        cout << "Grade is A";;
    cout << endl;
    return 0;
}
```

這是以小於的方式表示，不同於 grade.cpp 是以大於等於的方式為之。請自行比較看看。

3.12 (1) i=3，j=2 時，輸出結果如下：

```
Over
```

(2) i=3，j=4 時，輸出結果如下：

```
k is 7
over
```

(3) i=2，j=2 時，輸出結果如下：

```
i is 2
over
```

3.13 (1) i=2，j=3 時，輸出結果如下：

```
Over
```

(2) i=3，j=2 時，輸出結果如下：

```
i is 3
over
```

(3) i=3，j=3 時，輸出結果如下：

```
k is 6
over
```

3.14 (a)、(c)與(d)的寫法具有相同的意義。

3.15 輸入 7 5 9時，輸出結果如下：

```
Not sorted
```

輸入 3 6 9時，輸出結果如下：

```
Sorted
```

3.16 (a)

```
ticketPrice =  (age >= 65) ? 10 : 100;
```

```
(b)
(counter % 10 == 0) ? cout << counter << endl : cout << countet << " ";
```

3.17 (a)

```
if (x > 100) {
    score = scale * 5;
else {
    score = scale * 2;
}
```

```
(b)
if (income > 36000) {
    tax = income * 0.25;
}
else {
    tax = income * 1.6 + 1000;
}
```

```
(c)
if (num % 5 == 0) {
    cout << i << endl;
else {
    cout << j << endl;
 }
```

3.18

```
(true) && (3 > 4)
Ans:false

!(x > 0) && (x > 0)
Ans: false

(x > 0) || (x < 0)
Ans: true

(x != 0) || (x == 0)
Ans:true
```

```
(x >= 0) || (x < 0)
Ans:true

(x != 1) == !(x == 1)
Ans: true
```

3.19 (a) (x > 1) && (x < 100)

(b) ((x > 1) && (x < 100)) || (x < 0)

3.20 (a) -4.5 < x–6 && x–6 < 4.5

(b) x–6 > 4.5 or x–6 < -4.5

3.21 (b) 是正確的。

3.22 是的，兩者相同。

3.23 x 是 46 和 102 是 false，只有 68 是 true。

3.24 請輸入 x, y, z: 3 5 8

```
(x < y && y < z) is 1
(x < y || y < z) is 1
!(x + y) is 0
(x + y > z) is 0
(x + y < z) is 0
```

3.25 `age > 15 && age < 20`

3.26 `weight > 65 || height > 175`

3.27 `weight > 65 && height > 175`

3.28 `(weight > 65 || height > 175) && !(weight > 65 && height > 175)`

3.29 (1) switch 後面接的常數可以為字元和整數型態。

(2) 當 case 對應的敘述開始執行時，如果沒有使用關鍵字 break 時，會繼續執行以下 case 的敘述。

(3) switch 敘述一定可以轉成 if-else 敘述，但反過來 if-else 敘述不一定可以轉為 switch…case 敘述。

(4) switch…case 比 if…else 簡潔易懂，而且也較有效率。

3.30 y = 8

改以 if 敘述執行如下所示：

```
int x=1, y=6;
if (x+1) {
    y = 6;
}
y += 2;
cout << "y = " << y << endl;
```

3.31 x = 20

改以 switch...case 撰寫如下：

```
int x = 10, y = 2;
switch (y) {
    case 1: x += 5;
            break;
    case 2: x += 10;
            break;
    case 3: x += 15;
            break;
    case 4: x += 20;
            break;
}
cout << "x = " << x << endl;
```

switch...case 對應的流程圖，如圖 3-8：

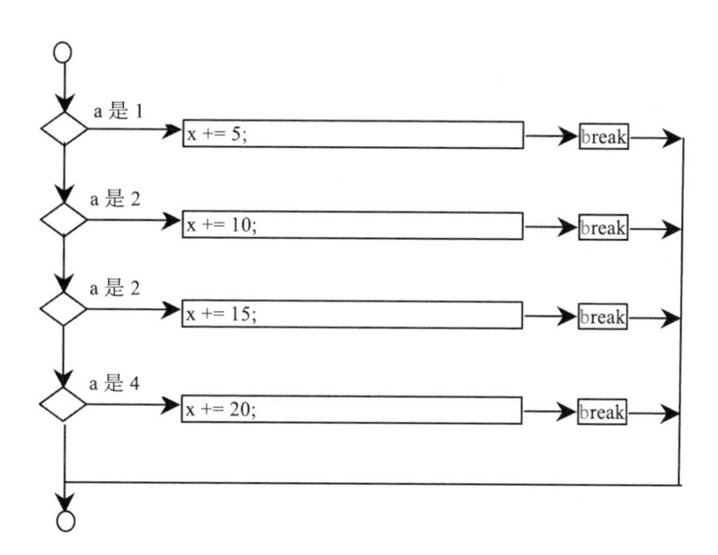

圖 3-8 switch...case 對應流程圖

3.32 (a) `true && false || true`

Ans: `true`

(b) `false && false || false`

Ans: `false`

(c) `true || false && true`

Ans: `true`

(d) `false || true && true`

Ans: `true`

3.33 是的，除了指定運算子是由右至左的結合性外，其餘皆為由左至右的結合性。

3.34 (a) `3 * 2 - 2 > 2 && 7 - 3 > 4`

Ans: `false`

(b) `3 * 2 - 2 > 2 || 7 - 3 > 4`

Ans: `true`

3.35 (a)，(b)，(c) 兩者之間的表示皆相同。

3-14 習題

1. 請改寫第小節的 bmi.cpp 範例程式，讓使用者輸入體重，是以磅（pounds）為單位、身高以英呎（feet）和英吋（inches）為單位。舉個例子，如果某人身高為 5 英呎 10 英吋，便可對 feet 輸入 5，對 inches 輸入 10。（註：1 英吋 = 2.54 公分；1 英呎 = 12 英吋；1 磅 = 0.4536 公斤）

   以下為範例輸出結果樣本：

```
請輸入你的身高（多少英呎與英吋）: 6
請輸入你的身高（多少英吋）: 1
請輸入你的體重（磅）: 180
你的 BMI: 23.7483
正常
```

```
請輸入你的身高（多少英呎與英吋）: 5
請輸入你的身高（多少英吋）: 1
請輸入你的體重（磅）: 190
你的 BMI: 35.9004
重度肥胖
```

2. 請撰寫一程式，提示使用者輸入三個整數，然後由小至大加以顯示之。

3. 二次方程式 $ax^2 + bx + c = 0$ 的兩個根可藉由以下公式取得：

$$r_1 = \frac{-b + \sqrt{b^2 - 4ac}}{2a} \quad \text{and} \quad r_2 = \frac{-b - \sqrt{b^2 - 4ac}}{2a}$$

   $b^2 - 4ac$ 稱為二次方程式的判別式（discriminant）。如果判別式為正數，則方程式會有兩個實根。如果判別式為零，則方程式只會有一個實根。如果判別式為負數，則方程式將沒有實根。

   請撰寫一程式，提示使用者分別輸入 a、b、c 數值，接著根據判別式來顯示結果。若判別式為大於 0，則顯示兩個實根。若判別式為 0，則顯示一個實根，上述皆不成立，則顯示 "此方程式沒有實根"。

   您可使用 pow(x, 0.5) 來計算 $\sqrt{x}$。以下為輸出結果樣本。

```
Enter a, b, c: 1 5 6
實根分別是 -2 與 -3
```

```
Enter a, b, c: 1 4 4
實根為 -2
```

```
Enter a, b, c: 1 2 3
此方程式無實根
```

4. 你可使用克拉瑪公式（Cramer's rule）對以下 2 × 2 線性方程式求解：

$$\begin{aligned} ax + by &= e \\ cx + dy &= f \end{aligned} \quad x = \frac{ed - bf}{ad - bc} \quad y = \frac{af - ec}{ad - bc}$$

請撰寫一程式，提示使用者輸入 a、b、c、d、e 及 f 數值，並顯示結果。如果 ad – bc 為 0，就印出 "此方程式無解"。以下是輸出結果樣本。

```
Enter a, b, c, d, e, f: 9 4 3 -5 -6 -21
x is -2 and y is 3
```

```
Enter a, b, c, d, e, f: 1 2 2 4 4 5
此方程式無解
```

5. 一家運輸公司使用下列表 3.9，使用包裹的重量（以磅為單位）來計算運輸成本。

表 3.9 重量對應的運輸成本

重量（w）	運輸成本
0 < w <= 2	3.6
2 < w <= 5	6.5
5 < w <= 11	8.8
11 < w <= 22	12.5

請撰寫一程式，提示使用者輸入包裹重量，然後顯示其運輸成本。若重量大於 22 磅，則顯示 "包裹無法運送的訊息"。

6. 請撰寫一程式，讀取三角形的三個邊，當輸入資訊有效時，則計算三角形的邊長；反之，則顯示輸入資訊無效。當任何兩邊和大於第三邊時，輸入資訊才是有效的。以下是輸出結果樣本：

```
請輸入三角形三邊長: 1 2 2
周長是 5
```

```
請輸入三角形三邊長: 1 2 3
輸入的三邊長無效
```

7. 請撰寫一程式，提示使用者輸入一個點座標(x, y)，接著檢視該點座標是否位於中心點為(0,0)，半徑為 10 的圓內。舉個例子，(4, 5) 即在圓內，而 (9, 9) 則在圓外，如圖 3-9 所示。

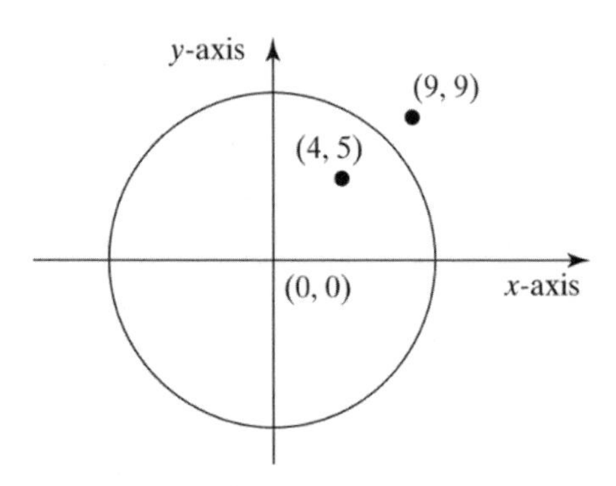

圖 3-9 圓心爲(0, 0)，半徑爲 10 的圓形

（提示：當點與圓心(0, 0)的距離小於或等於 10 時，則點會在圓內。計算距離的公式為$\sqrt{(x_2 - x_1)^2 + (y_2 - y_1)^2}$。請測試所撰寫的程式，以涵蓋所有情況。）以下為兩個範例輸出結果。

```
請輸入 x 與 y 座標點: 4 5
(4, 5) 此點在圓內
```

```
請輸入 x 與 y 座標點: 9 9
(9, 9) 此點不在圓內
```

8. 請撰寫一程式，提示使用者輸入點座標 (x, y)，接著檢視該點是否位於中心點於 (0, 0)，長為 10，寬為 5 的矩形內。比方說，(2, 2) 即位於矩形內，而 (6, 4) 則位於矩形外，如圖 3-10 所示。（提示：如果點座標與矩形中心點水平距離小於或等於 10/2，垂直距離小於或等於 5/2，該點即位於矩形內。請測試您所撰寫的程式，以確保涵蓋所有情況。）

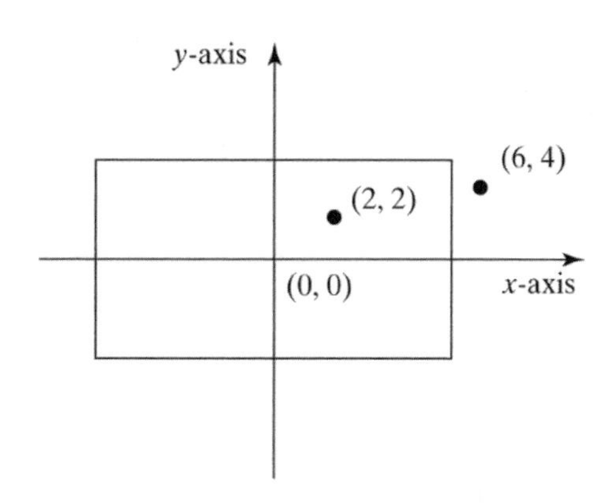

圖 3-10 中心點於 (0, 0)，長爲 10，寬爲 5 的矩形

以下為兩個範例輸出結果。

```
請輸入 x 與 y 座標: 2 2
(2, 2) 此點在矩形內
```

```
請輸入 x 與 y 座標: 6 4
(6, 4) 此點不在矩形內
```

9. ISBN-10（International Standard Book Number，國際標準書號）包含 10 個位數：d1d2d3d4d5d6d7d8d9d10。最後一位數 d10 為一個核對數值，其使用以下公式，從其他九位數推算出來：

   $(d_1 \times 1 + d_2 \times 2 + d_3 \times 3 + d_4 \times 4 + d_5 \times 5 + d_6 \times 6 + d_7 \times 7$

   $+ d_8 \times 8 + d_9 \times 9) \% 11$

   如果核對數值為 10，最後一位數則會根據 ISBN-10 的慣例，被標示為 X。請撰寫一程式提示使用者輸入前 9 個位數，程式會顯示 10 位數的 ISBN（包括前置 0）。此程式應讀取輸入資訊為一整數。以下為範例輸出結果：

```
請輸入 ISBN 前九個數字: 013601267
The ISBN number is 0136012671
```

```
請輸入 ISBN 前九個數字: 013031997
The ISBN number is 013031997X
```

10. 試撰寫一程式，讓你的朋友在紙上寫 1~100 之間的某一個數字，然後仿照個案討論的方式，設計一些數字集合表格，讓對方答是或不是，最後輸出他所寫的數字。

11. 有一早餐店的選單如下：

```
      好吃的早餐店
      ==========
餐點
1、雞肉三明治    NT$ 55
2、豬肉三明治    NT$ 50
3、蛋餅           NT$ 45

飲料
1、美式咖啡      NT$ 65
2、拿鐵          NT$ 90
3、卡布奇諾      NT$ 80
```

提示使用者依照選單選擇你要的餐點和飲料各一，然後計算其應付金額。

12. 承上題（第 11 題）若餐點可以複選，飲料只能單選，此時程式應如何修改？

CHAPTER 4

迴圈敘述

有時我們會將某些敘述重複執行多次，此時就需要迴圈敘述（loop statements）來輔助之。

撰寫迴圈最怕是進入無窮迴圈，不得不要加以小心，因此何時結束迴圈的執行很重要。C++ 的迴圈敘述計有 while、for、do...while，我們將一一的探討之。

有一程式如下：

範例程式：repeat.cpp

```
01  #include <iostream>
02  using namespace std;
03  int main()
04  {
05      cout << "Learning  C++ now!" << endl;
06      cout << "Learning  C++ now!" << endl;
07      cout << "Learning  C++ now!" << endl;
08      cout << "Learning  C++ now!" << endl;
09      cout << "Learning  C++ now!" << endl;
10
11      return 0;
12  }
```

```
Learning  C++ now!
Learning  C++ now!
Learning  C++ now!
Learning  C++ now!
Learning  C++ now!
```

程式中

```
cout << "Learning  C++ now!" << endl;
```

這一敘述共撰寫了五次。這樣的情形，在程式的撰寫上實在很冗長，若使用迴圈敘述來執行，則是最佳的選擇。現在就一一地來說明 C++ 所提供的迴圈敘述，就從 while 敘述開始吧！

4-1 while 迴圈敘述

while 迴圈敘述的語法如下：

```
初值設定運算式
while (條件運算式) {
    敘述 1;
    敘述 2;
    ...
    更新運算式
}
```

當 while 迴圈條件式為真（true）時，若執行的敘述只有一個，則左、右大括號是可以省略，倘若有兩個或兩個以上的敘述，稱之為複合敘述（compound statements），此時左、右大括號就不可以省略。我比較喜歡的是，不管是只有一個敘述或是為複合敘述，都加上左、右大括號，這好處是，往後在維護上就比較不會出錯。

while 迴圈敘述對應的流程圖如圖 4-1 所示：

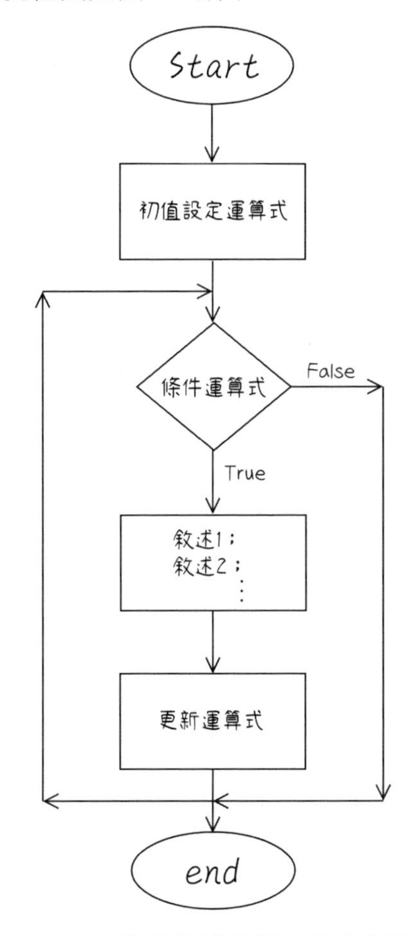

圖 4-1 while 迴圈敘述對應的流程圖

我們將上述的 repeat.cpp 程式改以 while 迴圈來執行，如下所示：

範例程式：while-1.cpp

```
01  #include <iostream>
02  using namespace std;
03  int main()
04  {
05      int i{1};
06      while (i <= 5) {
07          cout << "Learning C++ now!" << endl;
08          i++;
09      }
```

```
10
11      return 0;
12  }
```

此程式中有一計數器（counter）以變數 i 來表示，並將其初值設定為 1。當此計數器小於等於 5 時，此條件式若為真，則執行兩條敘述，如下：

1. 包含印出 Learning C++ now! 以及
2. 將變數 i 加 1 的敘述，將變數 i 加 1 此稱更新運算式。

再回到 while 的條件運算式，加以判斷條件運算式是否為真，若是，則加以執行上述的兩個敘述，重複這些動作，直到 while 的條件運算式 i 大於 5 為止，所以會印出五次的 Learning C++ now!。

一般在撰寫迴圈敘述時，它有三大要素分別是，一為初值設定運算式，二為迴圈終止的條件運算式，三為更新運算式。如範例程式 while-1.cpp，初值設定運算式就是將 1 指定給 i，終止的條件運算式式就是 i 小於等於 5，三為更新運算式就是將 i 加 1。只要三大要素改變，其輸出結果也會跟著改變。請參閱練習題 4.1 和 4.2。

注意，由於此程式的迴圈會執行兩個敘述，所以要以左、右大括號括起來，若沒有這樣做，則只會執行印出 Learning C++ now!這一個敘述而已，i++; 這個敘述就不會被執行了，因此將會造成無窮迴圈，原因是 i 沒有被更新，所以都是 1。

接下來，我們使用 while 迴圈敘述來計算 1 加到 100 的總和。

範例程式：while-2.cpp

```
01  #include <iostream>
02  using namespace std;
03  int main()
04  {
05      int i{1}, total{0};
06      while (i <= 100) {
07          total += i;
08          i++;
09      }
10      cout << "total = " << total << endl;
11      return 0;
12  }
```

```
total = 5050
```

此程式的初值運算式就是將 1 指定給 i，終止條件式就是 i 小於等於 100 其為真，更新運算式就是將 i 加 1。注意，當終止的條件運算式為真時，會執行將 i 加總到 total，然後再將 i 加 1，由於它執行兩個敘述，所以在此再次強調此迴圈要以左、右大括號括起來。

若你將上述範例程式迴圈主體所要執行的兩條敘述交換，則結果就不會是 5050，如下所示：

範例程式：while-3.cpp

```
01  #include <iostream>
02  using namespace std;
03  int main()
04  {
05      int i{1}, total{0};
06      while (i <= 100) {
07          i++;
08          total += i;
09      }
10      cout << "total = " << total << endl;
11      return 0;
12  }
```

```
total = 5150
```

因為此程式是從 2 加到 101，總和是 5051。試問若以此邏輯思維，是不是也可以印出 1 加到 100 的總和為 5050 呢？ 答案是肯定的，只要改變一些迴圈敘述的要素即可，如下所示：

範例程式：while-4.cpp

```
01  #include <iostream>
02  using namespace std;
03  int main()
04  {
05      int i{0}, total{0};
06      while (i < 100) {
07          i++;
08          total += i;
09      }
```

```
10       cout << "total = " << total << endl;
11       return 0;
12   }
```

```
total = 5050
```

只要將初始值改為 0，條件式改為小於 100 就可以了。這讓我們了解一個問題的解法是可以多種的。如計算 1 加到 100 的總和，可以 while-2.cpp 的先將 i 加總到 total，再將 i 加 1 或是 while-4.cpp 先將 i 加 I, 再將 i 加總到 total，這兩個程式的邏輯思維是不同的，但我們可以改變迴圈的要素，就可以達到計算 1 加到 100 的總和。

練習題

4.1 試問下一程式的輸出結果。

```
#include <iostream>
using namespace std;
int main()
{
    int i{1}, total{0};
    while (i <= 100) {
        total += i;
        i += 2;
    }
    cout << "total = " << total << endl;
    return 0;
}
```

4.2 試問下列程式的輸出結果為何？

```
#include <iostream>
using namespace std;
int main()
{
    int i{2}, total{0};
    while (i < 100) {
        total += i;
        i += 2;
    }
```

```
    cout << "total = " << total << endl;
    return 0;
}
```

4-2 for 迴圈敘述

接下來，我們來討論 C++ 的第二種迴圈敘述：for，其語法如下：

```
for (初值設定運算式; 終止條件運算式; 更新運算式) {
    敘述 1;
    敘述 2;
    ...
}
```

for 迴圈敘述的運作流程圖和 while 迴圈敘述是一樣的。只是 for 迴圈敘述語法較簡潔，它將迴圈敘述的三大要素全寫在一起，之間要以分號隔開，即使有某一個要素省略了。

若要輸出五次的

```
Learning C++ now!
```

以 for 迴圈敘述撰寫如下：

範例程式：for-1.cpp

```
01  #include <iostream>
02  using namespace std;
03  int main()
04  {
05      int i;
06      for (i=1; i<=5; i++) {
07          cout << "Learning C++ now!" << endl;
08      }
09
10      return 0;
11  }
```

輸出結果和 while-1.cpp 相同。再以計算 1 加到 100 為例，以 for 的迴圈敘述撰寫的程式如下：

範例程式：for-2.cpp

```
01  #include <iostream>
02  using namespace std;
03  int main()
04  {
05      int i, total{0};
06      for (i=1; i<=100; i++) {
07          total += i;
08      }
09      cout << "total = " << total << endl;
10      return 0;
11  }
```

```
total = 5050
```

有時會將初始值，在定義時就加以指定，如下所示：

範例程式：for-3.cpp

```
01  #include <iostream>
02  using namespace std;
03  int main()
04  {
05      int i{1}, total{0};
06      for ( ;i<=100; i++) {
07          total += i;
08      }
09      cout << "total = " << total << endl;
10      return 0;
11  }
```

```
total = 5050
```

因為已經在定義時指定了初始值，所以在 for 迴圈的第一個項目就可以省略，但後面的分號還是要寫出來。同樣的，也可以將更新運算式移到迴圈主體敘述中，如下所示：

範例程式：for-4.cpp

```
01  #include <iostream>
02  using namespace std;
03  int main()
04  {
05      int i{1}, total{0};
06      for ( ;i<=100; ) {
07          total += i;
08          i++;
09      }
10      cout << "total = " << total << endl;
11      return 0;
12  }
```

```
total = 5050
```

此時的程式有點像是 while 迴圈敘述了，所以較少人會以此表示之。你也許會問若省略了條件運算式，如 for (i=1; ;i++)，這會是如何？告訴你，它就會變成無窮迴圈，這時我們會在迴圈執行敘述中，利用 if 選擇敘述在某一條件下執行 break 敘述，以中斷迴圈的執行。我們會在 4-5 節加以說明。

練習題

4.3 試問下一程式的輸出結果。

```
#include <iostream>
using namespace std;
int main()
{
    int i, total{0};
    for (i=2; i<100; i++) {
        total += i;
    }
    cout << "total = " << total << endl;
    return 0;
}
```

4.4 試問下一程式的輸出結果。

```
#include <iostream>
using namespace std;
int main()
{
    int i, total{0};
    for (i=2; i<=102; i+=2) {
        total += i;
    }
    cout << "total = " << total << endl;
    return 0;
}
```

4.5 試問下一程式的輸出結果。

```
#include <iostream>
using namespace std;
int main()
{
    int i, total{0};
    for (i=1;  ; i++) {
        total += i;
    }
    cout << "total = " << total << endl;
    return 0;
}
```

4-3 do...while 迴圈敘述

do...while 是 C++ 的第三種迴圈敘述。和前面的 while 和 for 比較的話，它較不理性，因為它會不管三七二十一，做了一次再說，而 while 和 for 必須先判斷條件運算式是否為真再執行。do...while 迴圈敘述如下：

初值設定運算式

```
do {
    敘述 1;
    敘述 2;
    ...
    更新運算式
} while (條件運算式);
```

此敘述對應的流程圖，如圖 4-2 所示：

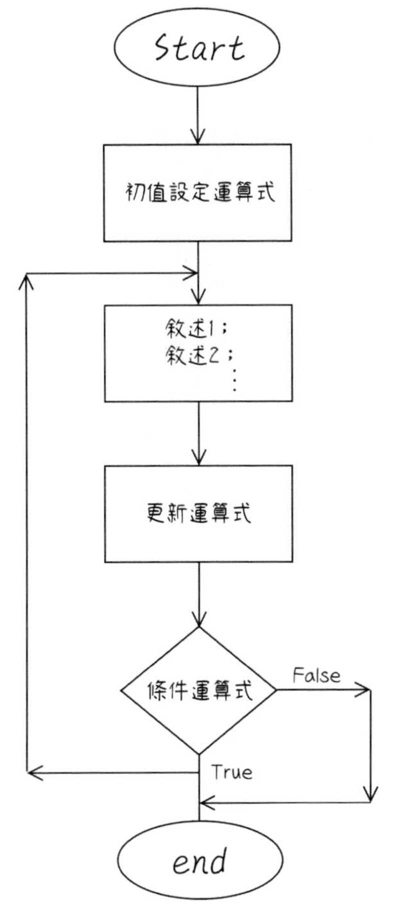

圖 4-2 do...while 迴圈敘述對應的流程圖

以上述計算 1 加到 100 的總和，現在我們利用 do...while 迴圈敘述撰寫之。程式如下：

範例程式：doWhile.cpp

```
01  #include <iostream>
02  using namespace std;
03  int main()
04  {
05      int i{1}, total{0};
06      do {
07          total += i;
08          i++;
09      } while (i<=100);
10
11      cout << "total = " << total << endl;
12      return 0;
13  }
```

```
total = 5050
```

你可以自行修改此程式在迴圈敘述中的三大要素值，看看其輸出結果為何？並對照一下此答案是否和你想的是一樣。

練習題

4.6 試問下一程式的輸出結果。

```
#include <iostream>
using namespace std;
int main()
{
    int i{1}, total{0};
    do {
        i++;
        total += i;
    } while (i<=100);

    cout << "total = " << total << endl;
    return 0;
}
```

4.7 試問下一程式的輸出結果。

```
#include <iostream>
using namespace std;
int main()
{
    int i{0}, total{0};
    do {
        i++;
        total += i;
    } while (i<100);

    cout << "total = " << total << endl;
    return 0;
}
```

4-4 產生亂數

至此，我們已討論了 while、for 以及 do...while 三個迴圈敘述，我們以 for 迴圈隨機產生 60 個介於 1~49 數字，輸出時每一列印 6 個。未撰寫此程式之前，先從如何產生隨機亂數（random number）開始，這要呼叫 rand()來完成，它會產生介於 0 到 RAND_MAX(2147483647) 之間的整數。如範例程式 randNum-1.cpp 所示：

範例程式：randNum-1.cpp

```
01  #include <iostream>
02  #include <iomanip>
03  using namespace std;
04  int main()
05  {
06      int randNum;
07      randNum = rand();
08      cout << randNum << endl;
09      randNum = rand() % 49 + 1;
10      cout << randNum << endl;
11      cout << endl;
12
13      return 0;
14  }
```

```
16807
1
```

程式執行多次，每次產生的數字都會是一樣的，不會變。還有你產生的亂數和我產生的會有所不同，因為它是亂數。若要每次執行皆會產生不同的數字，則可加入下一敘述

```
srand((unsigned) time(NULL));
```

以時間為參數，因為時間是隨時在變的。如下一範例程式所示：

範例程式：randNum-2.cpp

```
01  #include <iostream>
02  #include <iomanip>
03  using namespace std;
04  int main()
05  {
06      int randNum;
07      srand((unsigned) time(NULL));
08      randNum = rand();
09      cout << randNum << endl;
10      randNum = rand() % 49 + 1;
11      cout << randNum << endl;
12      cout << endl;
13
14      return 0;
15  }
```

```
1588224084
3
```

```
1663116076
40
```

```
1663637093
15
```

此程式執行了三次，從產生的輸出結果得知皆不相同。回歸正題，以 for 迴圈隨機產生 60 個介於 1~49，每一列印 6 個。程式如下所示：

範例程式：randNum-3.cpp

```
01  #include <iostream>
02  #include <iomanip>
03  using namespace std;
04  int main()
05  {
06      int randNum;
07      srand(100);  //以 100 當作 srand 的參數
08      for (int i=1; i<=60; i++) {
09          randNum = rand() % 49 + 1;
10          cout << setw(4) << randNum << " ";
11          if (i % 6 == 0) {
12              cout << endl;
13          }
14      }
15
16      return 0;
17  }
```

```
   1   30   21   24    9   20
  36   34   13    8   38   31
  44   31   45   15   15   23
  13   43    3   27   36   20
  38    4   46   17   23   33
   2    1   17   37    7   28
  29   47   14   22   31   29
  41   24   31   25   37   19
  35   32   20   27    6   46
  36   33    6   10   28    2
```

程式以常數 100 當作 srand 的參數，主要是讓你和我使用相同的參數值於 srand 函式，因此產生的亂數皆相同。

練習題

4.8 試將上述範例 randNum-3.cpp 改以 while 和 do...while 迴圈敘述執行之。

4-5 break 與 continue

break 的功能除了前一章用以結束 switch...case 外，還可以立馬結束迴圈，而 continue 則是忽略 continue 以下的敘述，回到迴圈的下一次運作，並加以判斷是否要繼續執行。注意，continue 只用於迴圈敘述。

範例程式：break.cpp

```
01  #include <iostream>
02  using namespace std;
03  int main()
04  {
05      int total = 0;
06      for (int i=1; i<=100; i++) {
07          if (i % 10 == 0) {
08              break;
09          }
10          total += i;
11      }
12      cout << "total = " << total << endl;
13      return 0;
14  }
```

```
total = 45
```

當 i 是 10 的倍數時，將執行 break，將會結束迴圈敘述的執行。此程式表示從 1 加到 9。

若將上述程式的 break 改為 continue，將會是如何？請看以下程式：

範例程式：continue.cpp

```
01  #include <iostream>
02  using namespace std;
03  int main()
04  {
05      int total = 0;
06      for (int i=1; i<=100; i++) {
07          if (i % 10 == 0) {
08              continue;
09          }
10          total += i;
11      }
```

```
12      cout << "total = " << total << endl;
13      return 0;
14  }
```

```
total = 4500
```

當 i 是 10 的倍數時，將執行 continue，亦即迴圈下一回，將 i 加 1，再判斷是否小於等於 100，若是，則繼續迴圈內的敘述。此程式表示從 1 加到 100，但去除 10 的倍數。我們來驗證一下，從 1 到 100 中，將 10 的倍數予以加總，如下程式所示：

範例程式：tenTimes.cpp

```
01  #include <iostream>
02  using namespace std;
03  int main()
04  {
05      int i{10}, total{0};
06      while (i<=100) {
07          total += i;
08          i += 10;
09      }
10
11      cout << "total = " << total << endl;
12      return 0;
13  }
```

```
total = 550
```

此程式是從 1 到 100 中 10 的倍數之總和，答案是 550，由於 1 加到 100 的總和是 5050，所以驗證了 continue.cpp 執行的結果是對的。

接下來，是一個 break 與 continue 的應用，印出你輸入幾行的字元。在 while 迴圈中輸入字元，當字元是 Q 時，則結束迴圈，若不是，才執行判斷是否為 \n，若不是，則執行 continue。若上述的條件皆為假時，會執行 line++; 的敘述。最後印出 line 變數值。

範例程式：breakAndContinue.cpp

```
01  #include <iostream>
02  using namespace std;
03  int main( )
04  {
```

```
05        char ch;
06        int line = 0;
07        while (cin.get(ch)) {
08            if (ch == 'Q') {
09                break;
10            }
11            if (ch != '\n') {
12                continue;
13            }
14            line++;
15        }
16        cout << "line = " << line << endl;
17        return 0;
18    }
```

```
aaaa
bbbb
cccc
dddd
Q
line = 4
```

若不用 break 和 continue 的話，是否也可以輸出上述的結果，答案是可以的，請參閱下一程式。

範例程式：noBreakAndContinue.cpp

```
01    #include <iostream>
02    using namespace std;
03    int main( )
04    {
05        char ch;
06        int line = 0;
07
08        while (cin.get(ch) && ch != 'Q') {
09            if (ch == '\n')
10                line++;
11        }
12        cout << "line = " << line;
13        return 0;
14    }
```

輸出結果同上。你可以自行執行看看。

練習題

4.9 試問下一程式的輸出結果。

```
#include <iostream>
using namespace std;
int main()
{
    int i{0}, total{0};
    while (i<30) {
        i += 1;
        total += i;
        if (total >= 200) {
            break;
        }
    }

    cout << "i is " << i << endl;
    cout << "total is " << total << endl;
    return 0;
}
```

4.10 試問下一程式的輸出結果。

```
#include <iostream>
using namespace std;
int main()
{
    int i{0}, total{0};
    while (i<100) {
        i += 1;
        if (i%2 != 0)
            continue;
        }
        total += i;
    }

    cout << "total is " << total << endl;
    return 0;
}
```

4-6 巢狀迴圈

巢狀迴圈（nest loop）又稱多重迴圈，顧名思義就是迴圈敘述內又有迴圈敘述，所以巢狀迴圈有內、外迴圈之分。我們以範例程式來解說之。

範例程式：nestLoop.cpp

```
01  #include <iostream>
02  using namespace std;
03
04  int main()
05  {
06      int i, j;
07      for (i=1; i<=5; i++) {
08          cout << "i = " << i << endl;
09          for (j=1; j<=3; j++) {
10              cout << "   j = " << j << endl;
11          }
12          cout << endl;
13      }
14
15      return 0;
16  }
```

```
i = 1
   j = 1
   j = 2
   j = 3

i = 2
   j = 1
   j = 2
   j = 3

i = 3
   j = 1
   j = 2
   j = 3

i = 4
   j = 1
   j = 2
   j = 3
```

```
i = 5
   j = 1
   j = 2
   j = 3
```

外迴圈的計數器是 i，內迴圈的計數器是 j，當外迴圈 i 為 1 時，內迴圈 j 會執行 1 到 3，之後再回到外迴圈，此時外迴圈的 i 加 1 後為 2，再執行內迴圈，j 又執行了 1 到 3。一直重複到 i 等於 6（大於 5）停止。

4-7 九九乘法表

我們利用巢狀迴圈來印出以下的圖形

```
   1   2   3   4   5   6   7   8   9
   2   4   6   8  10  12  14  16  18
   3   6   9  12  15  18  21  24  27
   4   8  12  16  20  24  28  32  36
   5  10  15  20  25  30  35  40  45
   6  12  18  24  30  36  42  48  54
   7  14  21  28  35  42  49  56  63
   8  16  24  32  40  48  56  64  72
   9  18  27  36  45  54  63  72  81
```

其對應的程式如下：

範例程式：multiply99-1.cpp

```
01  #include <iostream>
02  #include <iomanip>
03  using namespace std;
04  
05  int main()
06  {
07      int i, j;
08      for (i=1; i<=9; i++) {
09          for (j=1; j<=9; j++) {
10              cout << setw(4) << i*j;
11          }
```

```
12            cout << endl;
13        }
14
15        return 0;
16    }
```

接著來製作小時候墊板上的九九乘法表，如下所示：

```
1*1= 1  2*1= 2  3*1= 3  4*1= 4  5*1= 5  6*1= 6  7*1= 7  8*1= 8  9*1= 9
1*2= 2  2*2= 4  3*2= 6  4*2= 8  5*2=10  6*2=12  7*2=14  8*2=16  9*2=18
1*3= 3  2*3= 6  3*3= 9  4*3=12  5*3=15  6*3=18  7*3=21  8*3=24  9*3=27
1*4= 4  2*4= 8  3*4=12  4*4=16  5*4=20  6*4=24  7*4=28  8*4=32  9*4=36
1*5= 5  2*5=10  3*5=15  4*5=20  5*5=25  6*5=30  7*5=35  8*5=40  9*5=45
1*6= 6  2*6=12  3*6=18  4*6=24  5*6=30  6*6=36  7*6=42  8*6=48  9*6=54
1*7= 7  2*7=14  3*7=21  4*7=28  5*7=35  6*7=42  7*7=49  8*7=56  9*7=63
1*8= 8  2*8=16  3*8=24  4*8=32  5*8=40  6*8=48  7*8=56  8*8=64  9*8=72
1*9= 9  2*9=18  3*9=27  4*9=36  5*9=45  6*9=54  7*9=63  8*9=72  9*9=81
```

你覺得以下的對應程式對嗎？

範例程式：multiply99-2.cpp

```
01  #include <iostream>
02  #include <iomanip>
03  using namespace std;
04
05  int main()
06  {
07      int i, j;
08      for (i=1; i<=9; i++) {
09          for (j=1; j<=9; j++) {
10              cout << i << "*" << j << "=" << setw(2) << i*j << "  ";
11          }
12          cout << endl;
13      }
14
15      return 0;
16  }
```

先來看此程式的輸出結果，如下所示：

```
1*1= 1  1*2= 2  1*3= 3  1*4= 4  1*5= 5  1*6= 6  1*7= 7  1*8= 8  1*9= 9
2*1= 2  2*2= 4  2*3= 6  2*4= 8  2*5=10  2*6=12  2*7=14  2*8=16  2*9=18
3*1= 3  3*2= 6  3*3= 9  3*4=12  3*5=15  3*6=18  3*7=21  3*8=24  3*9=27
4*1= 4  4*2= 8  4*3=12  4*4=16  4*5=20  4*6=24  4*7=28  4*8=32  4*9=36
5*1= 5  5*2=10  5*3=15  5*4=20  5*5=25  5*6=30  5*7=35  5*8=40  5*9=45
6*1= 6  6*2=12  6*3=18  6*4=24  6*5=30  6*6=36  6*7=42  6*8=48  6*9=54
7*1= 7  7*2=14  7*3=21  7*4=28  7*5=35  7*6=42  7*7=49  7*8=56  7*9=63
8*1= 8  8*2=16  8*3=24  8*4=32  8*5=40  8*6=48  8*7=56  8*8=64  8*9=72
9*1= 9  9*2=18  9*3=27  9*4=36  9*5=45  9*6=54  9*7=63  9*8=72  9*9=81
```

輸出結果的第一列

```
1*1= 1  1*2= 2  1*3= 3  1*4= 4  1*5= 5  1*6= 6  1*7= 7  1*8= 8  1*9= 9
```

好像和下列正確答案的第一列不太一樣耶！

```
1*1= 1  2*1= 2  3*1= 3  4*1= 4  5*1= 5  6*1= 6  7*1= 7  8*1= 8  9*1= 9
```

我們發現第一個數字（被乘數）會變，而第二個數字（乘數）不會變，所以被乘數應該是內迴圈 j 才對，而乘數為外迴圈的 i，因為在巢狀迴圈的內迴圈執行結束，才會再回到外迴圈，經過分析後，只要將上一程式的內迴圈修改一下即可。

範例程式：multiply99-3.cpp

```
01  #include <iostream>
02  #include <iomanip>
03  using namespace std;
04
05  int main()
06  {
07      int i, j;
08      for (i=1; i<=9; i++) {
09          for (j=1; j<=9; j++) {
10              cout << j << "*" << i << "=" << setw(2) << i*j << "  ";
11          }
12          cout << endl;
13      }
14
15      return 0;
16  }
```

此時的輸出結果就正確了。

練習題

4.11 請將產生十組六個介於 1~49 數字的 randNum3-cpp 程式，修改為以巢狀迴圈的方式執行。

4.12 試利用巢狀迴圈，撰寫一程式輸出以下的下三角形圖形。

```
*
**
***
****
*****
******
*******
********
*********
```

4-8 應用範例

本節將前面所談的迴圈敘述，結合前一章的選擇敘述，來撰寫一些經典範例程式。

4-8-1 質數的判斷

凡是某數的因數只有 1 和其本身的數字，則稱此數字為質數（prime number）。

範例程式：primeNum-1.cpp

```
01  #include <iostream>
02  using namespace std;
03  int main()
04  {
05      int i{2}, num;
06      bool isPrime = true;
07      cout << "Enter a number: ";
08      cin >> num;
09      while (i < num) {
10          if (num % i == 0) {
```

```
11                isPrime = false;
12            }
13            i++;
14        }
15        if (isPrime) {
16            cout << num << " is a prime number" << endl;
17        }
18        else {
19            cout << num << " is not a prime number" << endl;
20        }
21
22        return 0;
23    }
```

```
Enter a number: 14
14 is not a prime number
```

```
Enter a number: 13
13 is a prime number
```

程式中的 while 迴圈一直執行到 i<num，其實可以更改為

```
while (i <= sqrt(num)) {
    if (num % i == 0) {
        isPrime = false;
    }
    i++;
}
```

這樣子其執行的速度會更快，因為它只要執行到 i 小於等於 num 的開根號，這是根據希臘數學家埃拉托斯特尼（Sieve of Eratosthenes）所提出的，「若 n 是因數，則必定至少有一因數小於等於 n 的開根號」。注意，使用 sqrt() 函式需要載入 cmath 標頭檔。

4-8-2 輸出 2 到 500 之間的質數

輸出 2 到 500 之間的質數，每一列印每十個質數。

範例程式：primeNum-2.cpp

```
01  #include <iostream>
02  #include <cmath>
```

```
03  #include <iomanip>
04  using namespace std;
05  int main()
06  {
07      int i, count{0};
08      bool isPrime;
09
10      for (int num=2; num<=500; num++) {
11          isPrime = true;
12          i = 2;
13          while (i <= sqrt(num)) {
14              if (num % i == 0) {
15                  isPrime = false;
16              }
17              i++;
18          }
19          if (isPrime) {
20              count++;
21              if (count % 10 == 0) {
22                  cout << setw(5) << num << endl;
23              }
24              else {
25                  cout << setw(5) << num;
26              }
27          }
28      }
29
30      cout << endl;
31      return 0;
32  }
```

```
    2    3    5    7   11   13   17   19   23   29
   31   37   41   43   47   53   59   61   67   71
   73   79   83   89   97  101  103  107  109  113
  127  131  137  139  149  151  157  163  167  173
  179  181  191  193  197  199  211  223  227  229
  233  239  241  251  257  263  269  271  277  281
  283  293  307  311  313  317  331  337  347  349
  353  359  367  373  379  383  389  397  401  409
  419  421  431  433  439  443  449  457  461  463
  467  479  487  491  499
```

程式在內迴圈中的 if 敘述加以判斷，當 count % 10 等於 0，亦即 count 可以被 10 整除，在輸出質數要換行，否則直接印出。

4-8-3 蒙地卡羅模擬

蒙地卡羅模擬（Monte Carlo simulation）是使用機率和亂數來解決問題。這個方法廣泛應用於數學、物理、化學以及財經上。本小節將介紹一個使用蒙特卡洛模擬方法來預估 π 的例子。

要使用蒙特卡羅方法預估 π，請繪製一個帶有邊界方框的圓形，如圖 4-3：

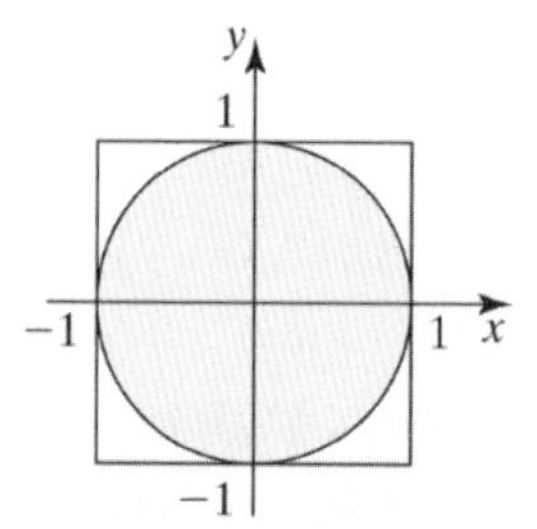

圖 4-3 帶有邊界半徑為 1 的圓形

假設圓半徑為 1，那麼圓面積就是 π，而邊界方框的面積會是 4。隨機在邊界方框內產生一個點，該點落於圓內的機率是圓面積(circleArea) / 邊界方框面積(squareArea) = π / 4。

請撰寫一程式，隨機產生邊界方框內的 1,500,000 個點，並以 numberOfHits 表示落於圓內的點個數。因此，numberOfHits 約為 1500000 * (π / 4)。π 也就約為 4 * numberOfHits / 1500000。完整程式如下所示。

範例程式：monteCarloSimulation.cpp

```
01  #include <iostream>
02  #include <ctime>
03  using namespace std;
04  int main()
05  {
06      const int NUMBER_OF_TRIALS = 1500000;
07      int numberOfHits = 0;
08      double x, y, pi;
09      srand((unsigned)time(NULL));
10
```

```
11      for (int i=1; i<NUMBER_OF_TRIALS; i++) {
12          x = 2.0 * rand() / RAND_MAX - 1;
13          y = 2.0 * rand() / RAND_MAX - 1;
14
15          if (x*x + y*y <= 1) {
16              numberOfHits++;
17          }
18      }
19      pi = 4.0*numberOfHits / NUMBER_OF_TRIALS;
20      cout << "PI is " << pi << endl;
21      return 0;
22  }
```

```
PI is 3.14149
```

此程式反覆產生邊界方框裡的隨機點(x, y)。RAND_MAX 是呼叫 rand() 函式可能回傳的最大值，所以 1.0 * rand() / RAND_MAX 是介於 0.0 到 1.0 之間的亂數。2.0 * rand() / RAND_MAX 將得到介於 0.0 到 2.0 之間的亂數，因此，2.0 * rand() / RAND_MAX - 1 將得到 -1.0 到 1.0 之間的亂數。

如果 x2 + y2 <= 1，該點便落於圓內，numberOfHits 會遞增 1，而 π 則約為 4*numberOfHits / NUMBER_OF_TRIALS 。

注意，此程式輸出結果 pi，每次產生皆不同，當然 NUMBER_OF_TRIALS 的個數不同也會有不一樣。

4-8-4 求出兩數的最大公因數

兩數的公因數表示此數可以整除此兩數，而最大公因數（Greatest Common Divisor，GCD）表示這兩數公因數中最大者。

範例程式：gcd.cpp

```
01  #include <iostream>
02  using namespace std;
03
04  int main()
05  {
06      int i, j;
07      cout << "Enter integer i: ";
08      cin >> i;
```

```
09      cout << "Enter integer j: ";
10      cin >> j;
11
12      int gcd{1}; //先設定 gcd 等於 1
13      int k{2};
14      //求出 i 和 j 的 gcd
15      while (k<=i && k<=j) {
16          //若 k 可以整除 i 和 j，則 k 即為其 gcd
17          if (i%k == 0 && j%k == 0) {
18              gcd = k;
19          }
20          k++;
21      }
22
23      cout << "gcd(" << i << ", " << j << ")" << " = " << gcd << endl;
24      return 0;
25  }
```

```
Enter integer i: 12
Enter integer j: 8
gcd(12, 8) = 4
```

公因數可應用於將兩個分數做四則運算後，以最簡的分數表示。下一程式是提示使用者輸入兩個分數，計算其總和，並將其以最簡的分數表示之。

範例程式：relationalAdd.cpp

```
01  #include <iostream>
02  using namespace std;
03
04  int main()
05  {
06      int i, j, x, y, numer, demor;
07      cout << "輸入第一個分數的分子 i: ";
08      cin >> i;
09      cout << "輸入第一個分數的分母 j: ";
10      cin >> j;
11
12      cout << "輸入第二個分數的分子 x: ";
13      cin >> x;
14      cout << "輸入第二個分數的分母 y: ";
15      cin >> y;
16
```

```
17          numer = i*y + j*x;
18          demor = j*y;
19
20          int gcd{1};
21          int k{2};
22          while (k<=numer && k<=demor) {
23              if (numer%k == 0 && demor%k == 0) {
24                  gcd = k;
25              }
26              k++;
27          }
28
29          cout << endl;
30          cout << i << "/" << j << "+" << x << "/" << y
31          << " = " << numer << "/" << demor << endl;
32          cout << "gcd(" << numer << ", " << demor << ")" << " = "
33               << gcd << endl;
34          cout << i << "/" << j << "+" << x << "/" << y
35          << " = " << (numer/gcd) << "/" << (demor/gcd) << endl;
36          return 0;
37      }
```

```
輸入第一個分數的分子 i: 1
輸入第一個分數的分母 j: 2
輸入第二個分數的分子 x: 1
輸入第二個分數的分母 y: 6

1/2+1/6 = 8/12
gcd(8, 12) = 4
1/2+1/6 = 2/3
```

從輸出結果得知 1/2+1/6 等於 8/12，再求 8 與 12 的 gcd，得知是 4，再將分子和分母除以 4，即可得到 2/3。

4-8-5 輸出西元 2000 到 2200 年間的閏年

以下程式是輸出西元 2000 到 2200 年間的閏年，每一列印十個閏年，程式如 leapYear-3.cpp 所示：

範例程式：leapYear-3.cpp

```
01  #include <iostream>
02  #include <iomanip>
03  using namespace std;
04  
05  int main()
06  {
07      bool cond1, cond2, cond3;
08      int count{0};
09      for (int year=2000; year<=2200; year++) {
10          cond1 = year % 400 == 0;
11          cond2 = year % 4 == 0;
12          cond3 = year % 100 != 0;
13          if (cond1 || (cond2 && cond3)) {
14              count += 1;
15              if (count % 10 == 0) {
16                  cout << setw(6) << year << endl;
17              }
18              else {
19                  cout << setw(6) << year;
20              }
21          }
22      }
23      return 0;
24  }
```

```
  2000  2004  2008  2012  2016  2020  2024  2028  2032  2036
  2040  2044  2048  2052  2056  2060  2064  2068  2072  2076
  2080  2084  2088  2092  2096  2104  2108  2112  2116  2120
  2124  2128  2132  2136  2140  2144  2148  2152  2156  2160
  2164  2168  2172  2176  2180  2184  2188  2192  2196
```

程式利用 count 來判斷是否被 10 整除，若是，則印出結果後會換行，如此就可以達到每一列印十個閏年。

4-9 清除緩衝區

看完了以上的範例後，我們又把焦點放在輸入資料上，因為輸入資料若是錯誤，不管程式撰寫得如何好，也會造成錯誤的，所以程式執行結果是否正確，輸入是個要件。cin 是屬於緩衝區的輸入（buffer input），表示輸入的資料會等待使用者，按下新行('\n')的字元才會結束。

範例程式：simpleInputOutput.cpp

```
01  #include <iostream>
02  using namespace std;
03  int main( )
04  {
05      char ch;
06      cout << "Enter a character: ";
07      cin >> ch;
08      cout << "ch: " << ch << endl;
09
10      cout << "Enter a character: ";
11      cin >> ch;
12      cout << "ch: " << ch << endl;
13      return 0;
14  }
```

```
Enter a character: a
ch: a
Enter a character: c
ch: c
```

```
Enter a character: asd
ch: a
Enter a character: ch: s
```

此程式 cin 是讀取一個字元，當讀取到白色空白字元（white spaces）時就停止。白色空白計有空白，跳行，tab 等字元。在第一個輸出結果，由於每一次輸入一個字元，所以是沒有問題的。

而第二個輸出結果有一點問題，因為在第一次輸入了多個字元，所以第二次的輸入沒有等使用者輸入，就利用緩衝區的資料當作輸入資料。因此，在下次讀取時必須將緩衝區的資料清除。如下所示：

範例程式：flushBuffer.cpp

```
01  #include <iostream>
02  using namespace std;
03  int main( )
04  {
05      char ch;
06      cout << "Enter a character: ";
07      cin >> ch;
08      cout << "ch: " << ch << endl;
09      //清除緩衝區的資料，直到\n 為止
10      while (cin.get() != '\n') {
11          continue;
12      }
13
14      cout << "Enter a character: ";
15      cin >> ch;
16      cout << "ch: " << ch << endl;
17      return 0;
18  }
```

```
Enter a character: a
ch: a
Enter a character: c
ch: c
```

```
Enter a character: asd
ch: a
Enter a character: c
ch: c
```

程式利用以下的迴圈敘述

```
while (cin.get() != '\n') {
    continue;
}
```

一直讀取資料，直到\n 為止，這是很常用來清除緩衝區資料的方法。有此步驟不管如何輸入資料為何，皆會得到正確的輸出結果。

練習題

4.13 承第一章的練習題 1.8 的題目，程式不變，若每一次輸入的字元可能不只一個字元時，以下是輸出結果樣本之一：

```
Enter #1 character: pq
ch: p
Enter #2 character: ch: q
Enter #3 character: ch:

Over
```

你應如何解決？

4-10 個案探討：多人使用猜生日

我們將上一章選擇敘述所討論的猜猜你的生日，加上迴圈敘述，使其可以用於多人，以下程式是可以輸入三人，如下所示：

範例程式：birthdayUsingLoop.cpp

```
01  #include <iostream>
02  using namespace std;
03  int main()
04  {
05      int day;
06      char ans;
07      string set1, set2, set3, set4, set5;
08      string name;
09      cout << "以下的五個集合可能有你生日的日期，請加以回答\n\n";
10      for (int i=1; i<=3; i++) {
11          cout << "#" << i << endl;
12          cout << "Enter your name: ";
13          cin >> name;
14          cout << endl;
15          day = 0;
16          set1 = "      set1     \n"
17                 " 1   3   5   7\n"
18                 " 9  11  13  15\n"
19                 "17  19  21  23\n"
20                 "25  27  29  31\n"
```

```
21                 "Enter y for yes, n for no: ";
22          cout << set1;
23          cin >> ans;
24
25          if (ans == 'y') {
26              day = day + 1;
27          }
28
29          cout << endl;
30          set2 = "      set 2    \n"
31                 " 2   3   6    7\n"
32                 "10  11  14   15\n"
33                 "18  19  22   23\n"
34                 "26  27  30   31\n"
35                 "Enter y for yes, n for no: ";
36          cout << set2;
37          cin >> ans;
38          if (ans == 'y') {
39              day = day + 2;
40          }
41
42          cout << endl;
43          set3 = "      set 3    \n"
44                 " 4   5   6    7\n"
45                 "12  13  14   15\n"
46                 "20  21  22   23\n"
47                 "28  29  30   31\n"
48                 "Enter y for yes, n for no: ";
49          cout << set3;
50          cin >> ans;
51          if (ans == 'y') {
52              day = day + 4;
53          }
54
55          cout << endl;
56          set4 = "      set 4    \n"
57                 " 8   9  10   11\n"
58                 "12  13  14   15\n"
59                 "24  25  26   27\n"
60                 "28  29  30   31\n"
61                 "Enter y for yes, n for no: ";
62          cout << set4;
63          cin >> ans;
```

```
64            if (ans == 'y') {
65                day = day + 8;
66            }
67
68            cout << endl;
69            set5 = "      set 5    \n"
70                   "16  17  18  19\n"
71                   "20  21  22  23\n"
72                   "24  25  26  27\n"
73                   "28  29  30  31\n"
74                   "Enter y for yes, n for no: ";
75            cout << set5;
76            cin >> ans;
77            if (ans == 'y') {
78                day = day + 16;
79            }
80            cout << endl;
81            cout << name << "'s birthday is: " <<  day << endl << endl;
82        }
83
84        return 0;
85    }
```

```
以下的五個集合可能有你生日的日期，請加以回答。
#1
Enter your name: Bright

     set1
 1   3   5   7
 9  11  13  15
17  19  21  23
25  27  29  31
Enter y for yes, n for no: y

     set 2
 2   3   6   7
10  11  14  15
18  19  22  23
26  27  30  31
Enter y for yes, n for no: n

     set 3
 4   5   6   7
12  13  14  15
```

```
20  21  22  23
28  29  30  31
Enter y for yes, n for no: y

     set 4
 8   9  10  11
12  13  14  15
24  25  26  27
28  29  30  31
Enter y for yes, n for no: y

     set 5
16  17  18  19
20  21  22  23
24  25  26  27
28  29  30  31
Enter y for yes, n for no: n

Bright's birthday is: 13

#2
Enter your name: Linda

     set1
 1   3   5   7
 9  11  13  15
17  19  21  23
25  27  29  31
Enter y for yes, n for no: y

     set 2
 2   3   6   7
10  11  14  15
18  19  22  23
26  27  30  31
Enter y for yes, n for no: y

     set 3
 4   5   6   7
12  13  14  15
20  21  22  23
28  29  30  31
Enter y for yes, n for no: y
```

```
     set 4
 8   9  10  11
12  13  14  15
24  25  26  27
28  29  30  31
Enter y for yes, n for no: n

     set 5
16  17  18  19
20  21  22  23
24  25  26  27
28  29  30  31
Enter y for yes, n for no: y

Linda's birthday is: 23

#3
Enter your name: Jennifer

     set1
 1   3   5   7
 9  11  13  15
17  19  21  23
25  27  29  31
Enter y for yes, n for no: n

     set 2
 2   3   6   7
10  11  14  15
18  19  22  23
26  27  30  31
Enter y for yes, n for no: y

     set 3
 4   5   6   7
12  13  14  15
20  21  22  23
28  29  30  31
Enter y for yes, n for no: y

     set 4
 8   9  10  11
12  13  14  15
24  25  26  27
```

```
28  29  30  31
Enter y for yes, n for no: n

     set 5
16  17  18  19
20  21  22  23
24  25  26  27
28  29  30  31
Enter y for yes, n for no: n

Jennifer's birthday is: 6
```

程式利用交談式的方法，先輸入有幾個人，再輸入姓名後，按照指示訊息回答問題就可得到此人的生日的日期。你不妨試著使用 while 和 do...while 迴圈敘述撰寫看看喔！

4-11 練習題解答

4.1 total = 2500

4.2 total = 2450

4.3 total = 4949

4.4 total = 2652

4.5 無窮迴圈

4.6 total = 5150

4.7 total = 5050

4.8 (a) 改以 while 迴圈敘述如下：

```
//practice4-8a.cpp
#include <iostream>
#include <iomanip>
using namespace std;

int main()
{
```

```
    int i=1, randNum;
    while (i<=60) {
        randNum = rand() % 49 + 1;
        cout << setw(4) << randNum << " ";
        if (i % 6 == 0) {
            cout << endl;
        }
        i++;
    }

    return 0;
}
```

(b) 改以 do…while 迴圈敘述如下：

```
//practice4-8b.cpp
#include <iostream>
#include <iomanip>
using namespace std;

int main()
{
    int i=0, randNum;
    do {
        randNum = rand() % 49 + 1;
        cout << setw(4) << randNum << " ";
        if ((i+1) % 6 == 0) {
            cout << endl;
        }
        i++;
    } while (i<60);

    return 0;
}
```

4.9 i is 20

total is 210

4.10 total = 2550

4.11
```
//practice4-11.cpp
#include <iostream>
#include <iomanip>
using namespace std;
int main()
{
    int randNum;
    srand((unsigned) time(NULL));
    for (int i=1; i<=10; i++) {
        for (int i=1; i<=6; i++) {
            randNum = rand() % 49 + 1;
            cout << setw(4) << randNum << " ";
        }
        cout << endl;
    }

    return 0;
}
```

4.12
```
//practice4-12.cpp
#include <iostream>
using namespace std;
int main()
{
    for (int i=1; i<=9; i++) {
        for (int j=1; j<=i; j++) {
            cout << "*";
        }
        cout << endl;
    }

    return 0;
}
```

此程式的內迴圈以 j=i 當作條件式。

4.13 我們發現第一次輸入的資料有 pq，第一次擷取 p，第二次的 cin.get(ch) 直接從緩衝區擷取 q，第三次 cin.get(ch) 擷取緩衝區的「Enter」，也就是換行的字元。修改後的程式如下：

```
#include <iostream>
using namespace std;

int main()
{
    char ch;
    cout << "Enter #1 character: ";
    cin.get(ch);
    while (cin.get() != '\n') {
        continue;
    }
    cout << "ch: " << ch << endl;

    cout << "Enter #2 character: ";
    cin.get(ch);

    while (cin.get() != '\n') {
        continue;
    }
    cout << "ch: " << ch << endl;

    cout << "Enter #3 character: ";
    cin.get(ch);
    while (cin.get() != '\n') {
        continue;
    }
    cout << "ch: " << ch << endl;
    cout << "over" << endl;

    return 0;
}
```

```
Enter #1 character: pqr
ch: p
Enter #2 character: st
ch: s
Enter #3 character: u
ch: u
over
```

為了將留在緩衝區的資料全部去除，如下所示：

```
    while (cin.get() != '\n') {
        continue;
    }
```

程式以 while 迴圈讀取之，直到讀到換行的字元為止。若不是換行字元，則執行 continue; 敘述，此表示繼續執行迴圈的意思這是很好的解決方式。

4-12 習題

1. 試問以下程式的輸出結果。

(a)

```
#include <iostream>
using namespace std;
int main()
{
    int i{2}, total{0};
    while (i <= 100) {
        total += i;
        i += 2;
    }
    cout << "total = " << total << endl;
    return 0;
}
```

(b)

```
#include <iostream>
using namespace std;
int main()
{
    int i{1}, total{0};
    while (i <= 100)
        total += i;
        i++;
    cout << "total = " << total << endl;
    return 0;
}
```

(c)

```
#include <iostream>
using namespace std;
int main()
{
    int i{1}, total{0};
    while (i <= 100) {
        total += i;
    }
    i++;

    cout << "total = " << total << endl;
    return 0;
}
```

(d)

```
#include <iostream>
using namespace std;
int main()
{
    int i, total{0};
    for (i=2; i<101; i++) {
        total += i;
    }
    cout << "total = " << total << endl;
    return 0;
}
```

(e)

```
#include <iostream>
using namespace std;
int main()
{
    int i, total{0};
    for (i=1; i<=101; i+=2) {
        total += i;
    }
    cout << "total = " << total << endl;
    return 0;
}
```

(f)

```
#include <iostream>
using namespace std;
int main()
{
    int i, total{0};
    for (i=1; i<=100; i++) {
        total += 1;
    }
    cout << "total = " << total << endl;
    return 0;
}
```

(g)

```
#include <iostream>
using namespace std;
int main()
{
    int i{1}, total{0};
    while (i <= 100) {
        i += 1;
        total += i;
    }
    cout << "total = " << total << endl;
    return 0;
}
```

(h)

```
#include <iostream>
using namespace std;
int main()
{
    int i{0}, total{0};
    while (i < 100) {
        i += 1;
        total += i;
    }
    cout << "total = " << total << endl;
    return 0;
}
```

(i)

```
#include <iostream>
using namespace std;
int main()
{
    int i, total=0;
    for (i=1; i<=100; i++) {
        total += 1;
    }
    cout << "total = " << total << endl;
    return 0;
}
```

(j)

```
#include <iostream>
using namespace std;
int main()
{
    int i{2}, total=0;
    do {
        total += i;
        i += 2;
    } while (i<100);

    cout << "total = " << total << endl;
    return 0;
}
```

(k)

```
#include <iostream>
using namespace std;
int main()
{
    int i{2}, total{0};
    while (i < 100) {
        total += i;
        i++;
    }
    cout << "total = " << total << endl;
    return 0;
}
```

(l)

```
#include <iostream>
using namespace std;
int main()
{
    int i{1}, total{0};
    while (i <= 101) {
        total += i;
        i += 2;
    }
    cout << "total = " << total << endl;
    return 0;
}
```

(m)

```
#include <iostream>
using namespace std;

int main()
{
    int i, total=0;
    for (i=1; i<=100; i+=2) {
        total += i;
    }
    cout << "total = " << total << endl;
    return 0;
}
```

2. 試撰寫一程式，從 2 開始輸出前 100 個質數，且每一列印 10 個質數。

3. 試撰寫輸出以下圖形所對應的程式。

(a)

```
*********
********
*******
******
*****
****
***
**
*
```

(b)

```
*********
!********
!!*******
!!!******
!!!!*****
!!!!!****
!!!!!!***
!!!!!!!**
!!!!!!!!*
```

(c)

```
Enter an integer(5~9): 9
* * * * * * * * 1
* * * * * * * 2 1
* * * * * * 3 2 1
* * * * * 4 3 2 1
* * * * 5 4 3 2 1
* * * 6 5 4 3 2 1
* * 7 6 5 4 3 2 1
* 8 7 6 5 4 3 2 1
9 8 7 6 5 4 3 2 1
```

(d)

```
Enter an integer(5~9): 9
                1
              2 1 2
            3 2 1 2 3
          4 3 2 1 2 3 4
        5 4 3 2 1 2 3 4 5
      6 5 4 3 2 1 2 3 4 5 6
    7 6 5 4 3 2 1 2 3 4 5 6 7
  8 7 6 5 4 3 2 1 2 3 4 5 6 7 8
9 8 7 6 5 4 3 2 1 2 3 4 5 6 7 8 9
```

(c)

```
1
1 2
1 2 3
1 2 3 4
1 2 3 4 5
1 2 3 4 5 6
1 2 3 4 5 6 7
1 2 3 4 5 6 7 8
1 2 3 4 5 6 7 8 9
```

(d)

```
1 2 3 4 5 6 7 8 9
1 2 3 4 5 6 7 8
1 2 3 4 5 6 7
1 2 3 4 5 6
1 2 3 4 5
1 2 3 4
1 2 3
1 2
1
```

4. 承第 3 章選擇敘述的習題第 5 題，加上迴圈敘述，使其可以給三個朋友寫出 1~100 之間的數字，請撰寫一程式來驗證電腦可以完成此項任務。以三個人測試之，分別是 Bright 選的數字是 100，Linda 選的數字是 95，Jennifer 選的數字是 99，以這些數字測試之。

5. 請撰寫一程式，對以下的序列做加總：

$$\frac{1}{3}+\frac{3}{5}+\frac{5}{7}+\frac{7}{9}+\frac{9}{11}+\frac{11}{13}+\cdots+\frac{95}{97}+\frac{97}{99}$$

6. 您可以使用下列的數列計算 π 值：

$$\pi=4\left(1-\frac{1}{3}+\frac{1}{5}-\frac{1}{7}+\frac{1}{9}-\frac{1}{11}+\cdots+\frac{(-1)^{i+1}}{2i-1}\right)$$

請撰寫一程式，當 i = 10000、20000、…以及 100000 時，其π 值為何。

7. 假設您每個月在戶頭裡存$10000，銀行年利率為 8%。也就是說，月利率為 0.08 / 12 = 0.006667。一個月過後，戶頭裡的存款會是：

```
10000 * (1 + 0.00667) = 10066.667
```

兩個月過後，戶頭裡的存款會變成：

```
(10000 + 10066.70) * (1 + 0.00667) = 20200.444
```

三個月過後，戶頭裡的存款則變成：

```
(10000 + 20200.54) * (1 + 0.00667) = 30401.781
```

依此類推。

此題目與第 2 章運算子的習題第 4 題相同，但請利用迴圈敘述撰寫之，先提示使用者輸入要存幾個月，年利率是多少，輸入每個月存入的款項，然後顯示每個月後戶頭裡的總金額。輸出結果如下：

```
輸入存多少個月: 12
輸入年利率百分比: 8
月利率: 0.00666667
輸入每月存多少金額: 10000

 1 個月後的金額: 10066.667
```

```
 2 個月後的金額: 20200.444
 3 個月後的金額: 30401.781
 4 個月後的金額: 40671.126
 5 個月後的金額: 51008.933
 6 個月後的金額: 61415.660
 7 個月後的金額: 71891.764
 8 個月後的金額: 82437.709
 9 個月後的金額: 93053.961
10 個月後的金額: 103740.987
11 個月後的金額: 114499.260
12 個月後的金額: 125329.255
```

8. 請撰寫一程式，計算以下式子的總和。

$$\frac{1}{1+\sqrt{2}}+\frac{1}{\sqrt{2}+\sqrt{3}}+\frac{1}{\sqrt{3}+\sqrt{4}}+\ \ldots\ +\frac{1}{\sqrt{624}+\sqrt{625}}$$

9. 請撰寫程式，讀取一連串的整數，找出其最大值，並計算該值出現的次數。假設輸入資訊以 0 做結尾。舉個例子，假設使用者依序輸入 5 7 4 7 7 3 0；程式便會找出最大值為 7，而 7 出現的次數則為 3。

   （提示：維護兩個變數 max 與 count。max 用來儲存目前的最大值，count 則用儲存出現次數。一開始，先將第一個數字指定給 max，count 則初始化為 1。接著將後續各數字與 max 做比較。如果該數字大於 max，便將其指定給 max，並將 count 重新設定回 1。如果該數字等於 max，便將 count 遞增 1。）

10. 一些網站對密碼有一些規則，假設規則如下：

    - 密碼必須至少要有 8 個位元。
    - 密碼必須只含字元和數字。
    - 密碼必須至少有二位數字。

    撰寫一程式，提示使用者輸入一密碼，若符合上述的規則，則顯示 valid password，否則顯示 invalid password。

11. 試撰寫一程式，判斷你所輸入的字串是否為迴文（palindrome）。迴文的定義是，如果某字串從前面讀取與從後面讀取的結果相同，則該字串便是迴文。比方說，"mom"、"dad"、"noon" 皆為迴文，而 "moon" 不是迴文。

CHAPTER 5

函式

函式（function）是一片段程式，用以解決某一問題的有限步驟。函式將程式加以模組化（modularize），因而可降低系統的維護成本。函式好像積木一般，你可利用現成的一些積木堆積成你要的形狀。每塊積木好比是函式，將可利用一些函式完成你要執行的任務。

5-1 定義函式

函式定義是由函式的資料型態、函式名稱、參數、以及函式主體敘述所組成。

定義函式的語法如下：

```
函式的資料型態　函式名稱（參數）
{
    函式主體敘述;
}
```

讓我們來看判斷兩數中哪一個數較小。這函式被取名為 min，它帶有二個 int 參數，其為 x 和 y，函式的回傳型態是 int。以下是此函式的定義區段。

```
int min(int num1, int num2)
{
    int result;

    if (num1 < num2)
        result = num1;
```

```
    else
        result = num2;

    return result;
}
```

int min(int num1, int num2) 為函式標頭（function header），描述了回傳值型態（return value type）、函式名稱（function name），以及需要的參數（parameters）。函式的資料型態為回傳值的型態。有些函式執行指定運算後，並不會回傳值。在這種情況下會以關鍵字 void 表示。

如果函式有回傳值，則稱為有回傳值函式（value returning function），其回傳值的資料型態必須要與函式的資料型態一致。

函式名稱括號裡面的變數被稱作形式參數（formal parameters）或簡稱參數（parameters）。當函式被呼叫時，我們會將值傳遞給函式參數。這些值又被稱作實際參數（actual parameter）或引數（argument）。

參數列表（parameter list）指出函式參數的型態、順序，以及個數。函式的參數列表組成了函式簽名（function signature）。函式的參數可有可無；也就是說，函式不一定要帶有參數。

函式主體敘述是實作函式的敘述。上述的 min 函式的主體內容，是使用 if 敘述判斷哪一個數字較小，若 num1 小於 num2，則輸出 num1，否則，輸出 num2。

為了讓有回傳值的函式回傳結果，得使用帶有關鍵字 return 的回傳敘述。函式會在 return 敘述被執行時終止。

5-2 呼叫函式

呼叫函式（calling a function）會執行該函式定義的程式碼。在函式定義裡，我們定義該函式的功能。要執行函式，就得呼叫（call 或 invoke）該函式，只要寫出函式名稱和其實際參數（可有可無）即可。

以下為一完整程式，其中 min 函式用來判斷輸入的兩個數值哪一個較小。

範例程式：evenOrOdd-1.cpp

```
01  #include <iostream>
02  using namespace std;
03  int min(int, int); //函式原型
04  
05  int main()
06  {
07      int x = 8;
08      int y = 6;
09      int z = min(x, y);
10  
11      cout << "The minimum between "
12          << x << " and " << y <<" is "
13          << z;
14      return 0;
15  }
16  
17  //函式定義
18  int min(int num1, int num2)
19  {
20      int result;
21  
22      if (num1 < num2)
23          result = num1;
24      else
25          result = num2;
26  
27      return result;
28  }
```

```
The minimum between 8 and 6 is 6
```

在 main() 函式裡的

```
int z = min(x, y);
```

這一敘述，表示呼叫 min(x, y)，並將回傳值指定給變數 z。此程式有 main() 函式與 min() 函式。main() 函式就跟其他函式一樣，差別僅在於 main() 函式是程式的起始點，而其他函式必須經由函式呼叫才能執行。

在上述程式中，我們將 min() 函式的定義置於 main() 函式的後面，此時必須加上函式原型（prototype），亦即是函式的宣告，如下所示：

```
int min(int, int);
```

因為 main() 函式碼遇到 min(x, y) 敘述時，表示呼叫 min(x, y)函式，但此時還未知道 min(x, y)函式是啥？所以要有函式原型，以告知確實有此函式。在函式原型宣告中，參數只要寫出其資料型態即可，參數名稱可以省略。

當 main() 函式呼叫 min(x, y)函式時，程式的控制權將會轉移給 min(int num1, it num2) 函式定義的地方，此時變數 x 和 y 的值，將會傳給此函式定義的參數，也就是 num1 和 num2，然後加以執行，當它執行到 return 敘述或是右大括號時，min(int num1, it num2)函式便將控制權還給呼叫它的敘述。以上流程請參閱圖 5-1。

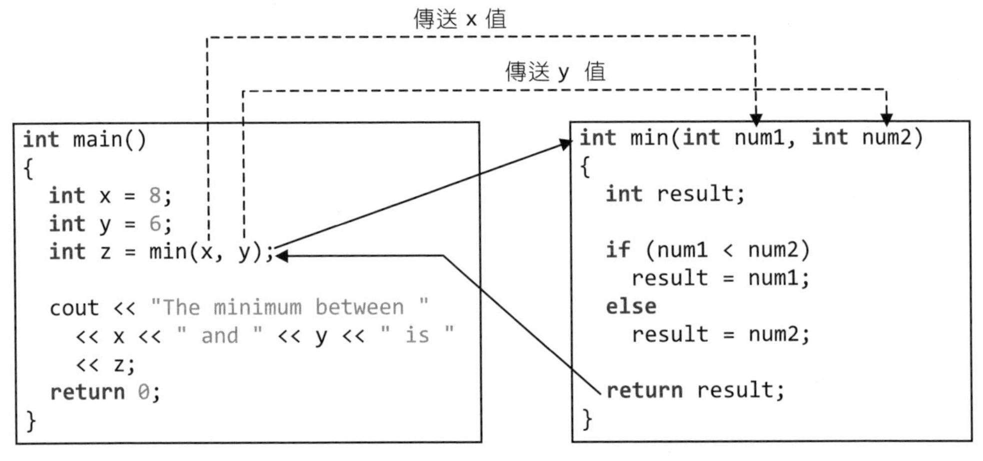

圖 5-1 當呼叫 min(x, y) 函式，程式控制便會轉移給 min 函式定義的地方。一旦 min 函式執行結束，便會將控制還給呼叫者

如果你將函式定義區段置放於 main() 函式前，此時的函式原型是可以省略的，因為在 main() 呼叫此函式，已知道它是什麼事項了，如下程式所示：

範例程式：evenOrOdd-2.cpp

```
01  #include <iostream>
02  using namespace std;
03
04  //函式定義
05  int min(int num1, int num2)
06  {
```

```
07        int result;
08
09        if (num1 < num2)
10            result = num1;
11        else
12            result = num2;
13
14        return result;
15    }
16
17    int main()
18    {
19        int x = 8;
20        int y = 6;
21        int z = min(x, y);
22
23        cout << "The minimum between "
24            << x << " and " << y <<" is "
25            << z;
26        return 0;
27    }
```

此時函式原型就可以省略之。輸出結果與範例程式 evenOrOdd-1.cpp 相同。

練習題

5.1 main() 函式的 return 敘述是什麼？

5.2 (a) 在一有回傳值的函式，若沒有撰寫 return 敘述將會發生什麼錯誤？

(b) 可否在 void 式中有 return 敘述？

(c) 以下這個函式的 return 敘述是否會導致語法錯誤？

```
void fun(double x, double y)
{
    cout << x << ", " << y << endl;
    return x-y;
}
```

5.3 試修正以下片段程式碼。

```
int fun1(int a)
{
    cout << a << endl;
```

```
}

func2(int i, j)
{
    i += j;
    fun1(100);
}
```

5-3 四種函式的呼叫方式

函式的呼叫方式有以下四種情形，我們以從 1 加總到 100 的範例來解說，如下所示：

5-3-1 無參數列，也無回傳值

函式沒有參數，也就是呼叫此函式時，不必傳送參數，這好比你去朋友家坐客，「沒有帶伴手禮」。同時函式定義也沒有回傳值，所以函式的資料型態為 void，好比你的朋友「沒有回禮給你帶回家」。

範例程式：functionCall-1.cpp

```
01  //type 1: no pass argument, no return value
02  #include <iostream>
03  using namespace std;
04  void sum1to100();
05
06  int main()
07  {
08      sum1to100();
09      return 0;
10  }
11
12  void sum1to100()
13  {
14      int total = 0;
15      for (int i=1; i<=100; i++) {
16          total += i;
17      }
18      cout << "1 加到 100 是 " << total << endl;
19  }
```

```
1 加到 100 是 5050
```

此程式在 main() 函式中呼叫 sum1to100() 函式後就結束了。接下來，在 sum1to100() 函式內完成 1 加到 100 的計算。

5-3-2 無參數列，但有回傳值

函式沒有參數列，但有回傳值，這好比你去朋友家坐客，「沒有帶伴手禮」。但你的朋友有「回禮給你帶回家」。利用 return 敘述來回傳值，因此，函式定義必須要有回傳值的型態，而不是 void 了。注意，回傳值的資料型態必須和函式的資料型態相同。

範例程式：functionCall-2.cpp

```
01  //type 2: no pass argument, has a return value
02  #include <iostream>
03  using namespace std;
04  int sum1to100();
05
06  int main()
07  {
08      int tot = sum1to100();
09      cout << "1 加到 100 是 " << tot << endl;
10      return 0;
11  }
12
13  int sum1to100()
14  {
15      int total = 0;
16      for (int i=1; i<=100; i++) {
17          total += i;
18      }
19      return total;
20  }
```

```
1 加到 100 是 5050
```

程式在 sum1to100() 函式中，利用 return total; 回傳 total 給 main() 函式的 tot 變數。因為 total 是 int，所以 sum1to100()函式的型態也會是 int。

5-3-3 有參數列，但無回傳值

函式有參數列，也就是呼叫此函式時，有傳送參數的意思，這好比你去朋友家坐客，「有帶伴手禮」。但函式沒有回傳值，所以函式的資料型態為void，這好比你的朋友「沒有回禮給你帶回家」。

範例程式：functionCall-3.cpp

```
01  //type 3: has pass argument, no return value
02  #include <iostream>
03  using namespace std;
04  void sum1to100(int);
05
06  int main()
07  {
08      sum1to100(100);
09      return 0;
10  }
11
12  void sum1to100(int x)
13  {
14      int total = 0;
15      for (int i=1; i<=x; i++) {
16          total += i;
17      }
18      cout << "1 加到 100 是 " << total << endl;
19  }
```

```
1 加到 100 是 5050
```

程式在 sum1to100(int x) 函式接收由 main() 函式傳送的實際參數 100。並在 sum1to100(int x) 輸出結果。

5-3-4 有參數列，也有回傳值

函式有參數列，也就是呼叫此函式時，有傳送參數的意思，這好比你去朋友家坐客，「有帶伴手禮」。同時函式也有回傳值，好比你的朋友「有回禮給你帶回家」。

範例程式：functionCall-4.cpp

```
01  //type 4: has pass argument, has a return value
02  #include <iostream>
03  using namespace std;
04  int sum1to100(int);
05  
06  int main()
07  {
08      int tot = sum1to100(100);
09      cout << "1 加到 100 是 " << tot << endl;
10      return 0;
11  }
12  
13  int sum1to100(int x)
14  {
15      int total = 0;
16      for (int i=1; i<=x; i++) {
17          total += i;
18      }
19      return total;
20  }
```

```
1 加到 100 是 5050
```

程式在 sum1to100(int x) 函式接收由 main() 函式傳送的實際參數 100。並在 sum1to100(int x) 利用 return total; 敘述，回傳結果（放在 total 變數）給 main() 函式的 tot 變數。記得要檢視函式的資料型態要和回傳值的資料型態相同。

練習題

5.4 試修改以下的程式。

```
#include <iostream>
using namespace std;
void printMessage(String message, int number)
{
    for (int n=1; n<=number; n++) {
        cout << message << endl;
    }
}
```

```
int main()
{
    printMessage(5, "Hello, world");
    return 0;
}
```

5.5 試撰一程式，在 main() 函式中提示輸入一整數 n，然後呼叫 multiply(n)，此函式的原型如下：

```
void multiply(int);
```

將此整數 n 傳送給它，並印出 n*n 的簡易九九乘法表，如下所示：

```
Enter an integer(5~20): 9

   1   2   3   4   5   6   7   8   9
   2   4   6   8  10  12  14  16  18
   3   6   9  12  15  18  21  24  27
   4   8  12  16  20  24  28  32  36
   5  10  15  20  25  30  35  40  45
   6  12  18  24  30  36  42  48  54
   7  14  21  28  35  42  49  56  63
   8  16  24  32  40  48  56  64  72
  18  27  36  45  54  63  72  81
```

5-4 以函式撰寫的好處

使用函式有下列幾項優點：

1. 避免重複做相同的事情。
2. 將程式加以模組化，易於閱讀。
3. 易於維護，降低維護成本。

我們以撰寫 1 加到 100 總和，2 加到 99 總和，以及 1 到 100 的偶數和之程式來說明。在未用及函式時，寫法如下：

範例程式：functionBenifit-1.cpp

```
01  #include <iostream>
02  using namespace std;
03  
04  int main()
05  {
06      int i, total{0};
07      for (i=1; i<=100; i++) {
08          total += i;
09      }
10      cout << "1 加到 100 是 " << total << endl;
11  
12      total = 0;
13      for (i=2; i<=99; i++) {
14          total += i;
15      }
16      cout << "2 加到 99 是 " << total << endl;
17  
18      total = 0;
19      for (i=2; i<=100; i+=2) {
20          total += i;
21      }
22      cout << "1 加到 100 的偶數和是 " << total << endl;
23      return 0;
24  }
```

```
1 加到 100 是 5050
2 加到 99 是 4949
1 加到 100 的偶數和是 2550
```

上述程式以相似的迴圈敘述，將要求的數字加總，雖然答案正確，但是重複性高，且較冗長。現改以函式的方式撰寫之。

範例程式：functionBenifit-2.cpp

```
01  #include <iostream>
02  using namespace std;
03  int sum(int init, int end, int step); //function prototype
04  
05  int main()
```

```
06  {
07      int i, tot;
08      tot = sum(1, 100, 1); //call function
09      cout << "1 加到 100 是 " << tot << endl;
10
11      tot = sum(2, 99, 1); //call function
12      cout << "2 加到 99 是 " << tot << endl;
13
14      tot = sum(2, 100, 2); //call function
15      cout << "1 加到 100 的偶數和是 " << tot << endl;
16      return 0;
17  }
18
19  //function definition
20  int sum(int init, int end, int step)
21  {
22      int total = 0;
23      for (int i=init; i<=end; i+=step) {
24          total += i;
25      }
26      return total;
27  }
```

```
1 加到 100 是 5050
2 加到 99 是 4949
1 加到 100 的偶數和是 2550
```

加總的核心以 sum() 函式完成，亦即將它模組化，所以往後的維護也較容易。此函式有三個參數，分別為(1)從哪個數字開始，(2)到哪個數字結束，(3)每次更新多少。因為將加總的部分以函式表示。這種寫法你是否有感覺比較好呢？

5-5 傳值呼叫與傳參考呼叫

函式呼叫時會傳遞引數，給被呼叫函式的參數，引數與參數之間傳遞的方式計有三種，一為傳值呼叫（call by value），二為傳址呼叫（call by address），三為傳參考呼叫（call by reference）。其中傳址呼叫將在第 9 章指標與動態記憶體空間再來討論。

我們以兩數對調來解說，首先從傳值呼叫開始。顧名思義，傳值呼叫就是傳送值給被呼叫的參數，如下程式所示：

範例程式：callByValue.cpp

```
01  #include <iostream>
02  using namespace std;
03  
04  void swap(int, int);
05  int main( )
06  {
07      int x{100}, y{200};
08      cout << "Before swapping..." << endl;
09      cout << "x = " << x << ", y = " << y << endl;
10      cout << "\nUsing call by value" << endl;
11      swap(x, y);
12      cout << "After swapped..." << endl;
13      cout << "x = " << x << ", y = " << y << endl;
14  
15      return 0;
16  }
17  
18  void swap(int a, int b)
19  {
20      int temp;
21      temp = a;
22      a = b;
23      b = temp;
24  }
```

```
Before swapping...
x = 100, y = 200

Using call by value
After swapped...
x = 100, y = 200
```

從輸出結果得知，兩數對調是無法以傳值呼叫來完成的。接著來討論傳參考呼叫。在未談論此主題前，我們先來看何謂參考型態（reference type）？以範例程式來說明之。

範例程式：referenceType.cpp

```
01  #include <iostream>
02  using namespace std;
03  
04  int main( )
05  {
06      int x{100};
07      int &x2 = x;
08      cout << "x = " << x << endl;
09      cout << "x2 = " << x2 << endl;
10  
11      x2 = 200;
12      cout << "x = " << x << endl;
13      cout << "x2 = " << x2 << endl;
14      return 0;
15  }
```

```
x = 100
x2 = 100
x = 200
x2 = 200
```

程式中的

```
int &x2 = x;
```

表示 x2 是參考型態，其與 x 佔同一記憶體，也可以說 x2 是 x 的別名。由於佔同一記憶體，因此，當 x2 改變為 200 後，其 x 也跟著改變了。了解其意義後，接下來看看以傳參考方式來呼叫的話，是否可以將兩數對調。

範例程式：callByReference.cpp

```
01  #include <iostream>
02  using namespace std;
03  
04  void swap(int &, int &);
05  int main()
06  {
07      int x{100}, y{200};
08      cout << "Before swapping..." << endl;
09      cout << "x = " << x << ", y = " << y << endl;
10      cout << "\nUsing call by reference" << endl;
11      swap(x, y);
12      cout << "After swapped..." << endl;
```

```
13        cout << "x = " << x << ", y = " << y << endl;
14
15        return 0;
16    }
17
18    void swap(int &a, int &b)
19    {
20        int temp;
21        temp = a;
22        a = b;
23        b = temp;
24    }
```

```
Before swapping...
x = 100, y = 200

Using call by reference
After swapped...
x = 200, y = 100
```

從輸出結果得知，傳參考呼叫是可以將兩數加以對調的。

練習題

5.6 試問下列程式的輸出結果為何？

```
#include <iostream>
using namespace std;
void max(int, int, int);

int main()
{
    int maxValue = 0;
    max(100, 200, maxValue);
    cout << "maximum value is " << maxValue << endl;
}

void max(int x1, int x2, int max)
{
    if (x1 > x2) {
        max = x1;
    }
```

```
    else {
        max = x2;
    }
}
```

5.7 試問下列程式的輸出結果為何？

```
#include <iostream>
using namespace std;
void max(int, int, int&);

int main()
{
    int maxValue = 0;
    max(100, 200, maxValue);
    cout << "maximum value is " << maxValue << endl;
}

void max(int x1, int x2, int& max)
{
    if (x1 > x2) {
        max = x1;
    }
    else {
        max = x2;
    }
}
```

5-6 再論 const

在標準的輸出與輸入這一章有談到 const 的修飾詞用於一般的變數，表示此變數經過設定後就不可以更改。在函式的參數若加上 const 修飾詞，則表示此參數不可以更改，其表示唯讀，不可以覆寫。如以下範例程式所示：

範例程式：constParameter.cpp

```
01 #include <iostream>
02 using namespace std;
03 int sum(const int, const int);
```

```
04
05  int main( )
06  {
07      int x{100}, y{200};
08      int tot;
09      tot = sum(x, y);
10      cout << "x + y = " << tot << endl;
11
12      return 0;
13  }
14
15  int sum(const int a, const int b)
16  {
17      int total;
18      total = a + b;
19      return total;
20  }
```

```
x + y = 300
```

不可以在 sum 函式中更改參數 a 和 b 的值，因為它們皆為 const 的屬性，所以只能唯讀而已。如以下的 sum() 函式會發生錯誤的訊息。

```
int sum(const int a, const int b)
{
    int total;
    a = 300;  //錯誤，不可以重設 a 值
    b = 400;  //錯誤，不可以重設 b 值
    total = a + b;
    return total;
}
```

若將 const 修飾詞放在函式的型態前面，這表示函式的回傳值不可以更改，如下一範例程式所示：

範例程式：constReturnType.cpp

```
01  #include <iostream>
02  using namespace std;
03  const char* result();
04  int main()
05  {
```

```
06      const char *res = result();
07      cout << res << endl;
08  }
09
10  const char* result()
11  {
12      char *name = new char[20];
13      strcpy(name, "Bright");
14
15      return name;
16  }
```

```
Bright
```

注意！在 main() 函式中，呼叫 result() 函式後的回傳值要指定給 const 的變數方可。否則會產生錯誤的訊息，如將下一敘述

```
const char *res = result();
```

的 const 去掉，則是不行的。因為 result() 函式型態前有加上 const。

練習題

5.8 試問下一程式有無錯誤之處？若有，請修正之。

```
#include <iostream>
using namespace std;
const int total(int, int);

int main()
{
    int a = 100, b = 200;
    int& tot = total(a, b);
    cout << a << " + " << b << " = " << tot << endl;
}

const int total(int x, int y)
{
    int sum{0};
    sum = x + y;
    return sum;
}
```

5-7 行內函式

當你呼叫行內函式（inline function）時，行內函式的敘述將取代呼叫行內函式的敘述。

範例程式：inline function

```
01  #include <iostream>
02  using namespace std;
03  inline void square(int a)
04  {
05      cout << a * a;
06  }
07
08  int main()
09  {
10      cout << "ans = ";
11      square(10);
12      cout << endl;
13
14      cout << "ans = ";
15      square(8+2);
16      cout << endl;
17
18      return 0;
19  }
```

```
ans = 100
ans = 100
```

其實在

```
square(10);
```

相當於

```
cout << 10 * 10;
```

square(10) 被 cout << 10*10; 取代之，而

```
ans = square(8+2);
```

和上述相同。會將 8+2 等於 10，再將 10 當作參數。

這個和 #define 的巨集指令（macro directive）不太一樣，我們以範例來解說

範例程式：macroDirective.cpp

```
01  #include <iostream>
02  using namespace std;
03  #define SQUARE(X) X*X
04  int main()
05  {
06      int ans;
07      ans =  SQUARE(10);
08      cout << "ans = " << ans << endl;
09
10      ans =  SQUARE(8+2);
11      cout << "ans = " << ans << endl;
12
13      return 0;
14  }
```

```
ans = 100
ans = 26
```

其中

```
SQUARE(8+2)
```

表示

```
8+2*8+2
```

結果 26，與我們想要的答案 100 是不一樣的。這在行內函式是不會發生的，因為會先將 8+2 變為 10 後再傳給內嵌函式。解決方式是加括號，如下所示：

```
#define SQUARE(X) (X)*(X)
```

這樣就不會發生問題了。

5-8 預設參數值

當你呼叫函式時，若給予的實際參數的個數與形式參數的個數不符合時，將會產生錯誤的訊息。此時可以使用預設參數值（default parameter value）來補救。請參閱下一範例程式。

範例程式：defaultArgument.cpp

```
01  #include <iostream>
02  using namespace std;
03
04  int sum(int a, int b=1, int c=1);
05  int main()
06  {
07      int total;
08      total = sum(100); //第二個參數和第三個參數使用預設參數值
09      cout << "total = " << total << endl;
10
11      total = sum(100, 200); //第三個參數使用預設參數值
12      cout << "total = " << total << endl;
13
14      total = sum(100, 200, 300); //不使用預設參數值
15      cout << "total = " << total << endl;
16
17      return 0;
18  }
19
20  int sum(int x, int y, int z)
21  {
22      return x+y+z;
23  }
```

```
total = 3
total = 102
total = 301
total = 600
```

函式 sum 的原型將 b 和 c 定義為預設參數值，其值皆為 1。當呼叫 sum 函式時，若有給予實際參數，則會以實際參數值為主，若沒有，則會以預設參數值代替。此程式因為有兩個預設參數值，所以至少要有一個實際參數才可。如

```
total = sum();
```

將會產生錯誤訊息。

要注意的是，預設參數值是由右往左設定的，不可以右邊的參數沒有預設參數值，而其左邊有預設參數值，如下的函式宣告是錯的

(1) int sum(int a=1, int b, int c=1);

(2) int sum(int a, int b=1, int c);

在(1)敘述中，因為 b 變數沒有預設參數值，所以 a 變數不可有預設參數值。在(2)敘述中，因為 c 變數沒有預設參數值，所以 b 變數不可有預設參數值。

練習題

5.9 下列函式的宣告哪些是合法的？

(a) void f1(int a, int b=1, int c);

(b) void f2(int a=1, int b=1, int c);

(c) void f3(int a, int b=1, int c=1);

(d) void f4(int a=1, int b, int c=1);

(e) void f5(int a, int b, int c=1);

(f) void f6(int a=1, int b=1, int c=1);

5-9 多載函式

在一程式中，可以有多個函式名稱相同，但其簽名（signature）必須不同，此稱為多載函式（overloading function）。簽名是指函式的參數的個數與其資料型態。請參閱下一範例程式。

範例程式：overloadingFunction.cpp

```
01  #include <iostream>
02  using namespace std;
03  int sum(int, int);
04  double sum(double, double);
05  double sum(int, double);
06
```

```
07  int main()
08  {
09      int total;
10      total = sum(100, 200);
11      cout << "total = " << total << endl;
12  
13      double total2;
14      total2 = sum(10.12, 20.23);
15      cout << "total2 = " << total2 << endl;
16  
17      double total3;
18      total3 = sum(100, 20.23);
19      cout << "total3 = " << total3 << endl;
20      return 0;
21  }
22  
23  int sum(int x, int y)
24  {
25      cout << "call sum(int, int) function\n";
26      return (x + y);
27  }
28  
29  double sum(double x, double y)
30  {
31      cout << "\ncall sum(double, double) function\n";
32      return (x + y);
33  }
34  
35  double sum(int x, double y)
36  {
37      cout << "\ncall sum(int, double) function\n";
38      return (x + y);
39  }
```

```
call sum(int, int) function
total = 300

call sum(double, double) function
total2 = 30.35

call sum(int, double) function
total3 = 120.23
```

程式中有三次呼叫 sum()函式，其中

```
total = sum(100, 200);
```

接收兩個整數，所以呼叫

```
int sum(int, int);
```

而

```
total2 = sum(10.12, 20.23);
```

是呼叫

```
double sum(double, double);
```

最後一個

```
total3 = sum(100, 20.23);
```

則是呼叫

```
int sum(int, double);
```

注意，不是看 sum 函式回傳值的型態 double 喔！

練習題

5.10 試問以下的程式錯在哪裡？

```
void fun(int x)
{
    cout << x << endl;
}

void fun(int y)
{
    cout << y << endl;
}
```

5.11 給予兩個函式的宣告

```
double f(int x, double y);
double f(double x, double y);
```

請回答下列問題：

(a) 下一函式會呼叫上述哪一個函式定義。

```
double ans = f(10, 20)
```

(b) 下一函式會呼叫上述哪一個函式定義。

```
double ans = f(10, 20.8)
```

(c) 下一函式會呼叫上述哪一個函式定義。

```
double ans = f(10.2, 20.8)
```

5-10 樣板函式

當運作的原理一樣，只是資料型態不同而已，此時樣板函法（template function）是最佳的選擇。我們以一個兩數對調的範例來說明，如下所示：

範例程式：swapIntAndDouble.cpp

```
01  #include <iostream>
02  using namespace std;
03  
04  void swappingInt(int &x, int &y);
05  void swappingDouble(double &x, double &y);
06  
07  int main()
08  {
09      int a{100}, b{200};
10      cout << "Before swapping int..." << endl;
11      cout << "a = " << a << ", b = " << b << endl;
12      swappingInt(a, b);
13      cout << "After swapped ..." << endl;
14      cout << "a = " << a << ", b = " << b << endl;
15  
16      double s{1.23}, t{5.67};
17      cout << "\nBefore swapping double..." << endl;
18      cout << "s = " << s << ", t = " << t << endl;
19      swappingDouble(s, t);
20      cout << "After swapped ..." << endl;
21      cout << "s = " << s << ", t = " << t << endl;
22  
23      return 0;
```

```
24  }
25
26  void swappingInt(int &x, int &y)
27  {
28      int temp;
29      temp = x;
30      x = y;
31      y = temp;
32  }
33
34  void swappingDouble(double &x, double &y)
35  {
36      double temp;
37      temp = x;
38      x = y;
39      y = temp;
40  }
```

```
Before swapping int...
a = 100, b = 200
After swapped ...
a = 200, b = 100

Before swapping double...
s = 1.23, t = 5.67
After swapped ...
s = 5.67, t = 1.23
```

以上的程式，其實對調兩個數值的運作是一樣的，但卻撰寫了兩個函式來分別處理 int 和 double 的資料型態數值的對調，這是沒有必要的，因此，我們以樣板函式為之。請參閱如下範例程式所示：

範例程式：templatefunction.cpp

```
01  #include <iostream>
02  using namespace std;
03
04  //template function prototype
05  template <typename AnyType>
06  void Swapping(AnyType &x, AnyType &y);
07
08  int main()
09  {
10      int a{100}, b{200};
```

```
11        cout << "Before swapping int..." << endl;
12        cout << "a = " << a << ", b = " << b << endl;
13        Swapping(a, b);
14        cout << "After swapped ..." << endl;
15        cout << "a = " << a << ", b = " << b << endl;
16
17        double s{1.23}, t{5.67};
18        cout << "\nBefore swapping double..." << endl;
19        cout << "s = " << s << ", t = " << t << endl;
20        Swapping(s, t);
21        cout << "After swapped ..." << endl;
22        cout << "s = " << s << ", t = " << t << endl;
23
24        return 0;
25    }
26
27    //template function definition
28    template <typename AnyType>
29    void Swapping(AnyType &x, AnyType &y)
30    {
31        AnyType temp;
32        temp = x;
33        x = y;
34        y = temp;
35    }
```

```
Before swapping int...
a = 100, b = 200
After swapped ...
a = 200, b = 100

Before swapping double...
s = 1.23, t = 5.67
After swapped ...
s = 5.67, t = 1.23
```

程式的樣板函式的原型為

```
template <typename AnyType>
void Swapping(AnyType &x, AnyType &y);
```

以 template 關鍵字開頭，表示此為樣板函式，接下來是 <typename AnyType> 以角括號括住。其中 typename 是關鍵字，AnyType 是資料型態的意思，當程式呼叫

```
Swapping(a, b);
```

由於 a 與 b 皆為 int，所以樣板函式中的 AnyType 會被 int 取代之。同理呼叫

```
Swapping(s, t);
```

由於 s 與 t 皆為 double，所以樣板函式中的 AnyType 會被 double 取代之。

也可以將程式中的 typename 以 class 取代之，將 TypeName 以 T 表示之。如

```
template <class T>
void Swapping(T &x, T &y);
```

你有沒有覺得更簡潔呢？此時在定義樣板函式時，也要跟著改喔！

練習題

5.12 試撰寫一程式，以樣板函式的方式用以找出陣列中的最大者。陣列的型態可能有 int、double 和字串，如下所示：

```
int data_i[] = {12, 3, 6, 9, 1, 11, 18, 10};
double data_f[] = {1.2, 0.5, 4.5, 6.7, 3.4, 9.2, 8.1, 3.2};
string data_s[] = {"kiwi", "pineapple", "apple", "orange", "papaya"};
```

5-11 多載樣板函式

樣板函式也是可以多載的，如下一範例程式所示：

範例程式：templateOverloading.cpp

```
01  #include <iostream>
02  using namespace std;
03
04  template <typename AnyType>
05  void Swapping(AnyType &x, AnyType &y);
06
07  template <typename AnyType>
08  void Swapping(AnyType x[], AnyType y[], int n);
```

```
09
10  int main()
11  {
12      int a{100}, b{200};
13      cout << "Before swapping ..." << endl;
14      cout << "a = " << a << ", b = " << b << endl;
15      Swapping(a, b);
16      cout << "After swapped ..." << endl;
17      cout << "a = " << a << ", b = " << b << endl;
18
19      char name[] = "Bright Tsai";
20      char name2[] = "Velina Chen";
21
22      cout << "Before swapping ..." << endl;
23      cout << "\nname = " << name << ", name2 = " << name2 << endl;
24      Swapping(name, name2, 11);
25      cout << "After swapped ..." << endl;
26      cout << "name = " << name << ", name2 = " << name2 << endl;
27
28      return 0;
29  }
30
31  template <typename AnyType>
32  void Swapping(AnyType &x, AnyType &y)
33  {
34      AnyType temp;
35      temp = x;
36      x = y;
37      y = temp;
38  }
39
40  template <typename AnyType>
41  void Swapping(AnyType x[], AnyType y[], int n)
42  {
43      AnyType temp;
44      for (int i=0; i<n; i++) {
45          temp = x[i];
46          x[i] = y[i];
47          y[i] = temp;
48      }
49  }
```

```
Before swapping ...
a = 100, b = 200
After swapped ...
a = 200, b = 100
Before swapping ...

name = Bright Tsai, name2 = Velina Chen
After swapped ...
name = Velina Chen, name2 = Bright Tsai
```

現在有兩個樣板函式，而且名稱相同，皆為 Swapping，但簽名不同，有一個函式的參數是兩個，另一個是三個。因此可用參數的個數來判別是呼叫哪一個 Swapping 樣板函式。

5-12 特定化的樣板函式

樣板函式也可以特定化（specialization），顧名思義就是將某一個函式的樣板特定化，只有處理它而已。以下範例程式 templateSpecialization.cpp 是有一特定化的樣板函式專門處理結構 Student，將兩個 Student 結構內的 course 和 score 兩個欄位加以對調。

範例程式：templateSpecialization.cpp

```
01  #include <iostream>
02  using namespace std;
03
04  struct  Student {
05      char name[20];
06      char course[20];
07      double score;
08  };
09
10  template <typename T>
11  void Swapping(T &x, T &y);
12
13  template <>
14  void Swapping<Student>(Student &x, Student &y);
15
16  int main() {
```

```
17      int a{100}, b{200};
18      cout << "Before swapping ..." << endl;
19      cout << "a = " << a << ", b = " << b << endl;
20      //generates void Swapping(int &, int &)
21      Swapping(a, b);
22      cout << "After swapped ..." << endl;
23      cout << "a = " << a << ", b = " << b << endl;
24
25      Student s1 = {"Bright Tsai", "C++", 90.8};
26      Student s2 = {"Amy Tsai", "C", 88.6};
27      cout << "\nBefore swapping ..." << endl;
28      cout << "name = " << s1.name << ", course = " << s1.course
29           << ", score = " << s1.score << endl;
30      cout << "name = " << s2.name << ", course = " << s2.course
31           << ", score = " << s2.score << endl;
32      Swapping(s1, s2);
33      cout << "After swapped ..." << endl;
34      cout << "name = " << s1.name << ", course = " << s1.course
35           << ", score = " << s1.score << endl;
36      cout << "name = " << s2.name << ", course = " << s2.course
37           << ", score = " << s2.score << endl;
38
39      return 0;
40  }
41
42  template <typename AnyType>
43  void Swapping(AnyType &x, AnyType &y)
44  {
45      AnyType temp;
46      temp = x;
47      x = y;
48      y = temp;
49  }
50
51  template <>
52  void Swapping<Student>(Student &x1, Student &x2)
53  {
54      char course[20];
55      double score;
56      strcpy(course, x1.course);
57      strcpy(x2.course, x1.course);
58      strcpy(x1.course, course);
59
```

```
60        score = x1.score;
61        x1.score = x2.score;
62        x2.score = score;
63    }
```

```
Before swapping ...
a = 100, b = 200
After swapped ...
a = 200, b = 100

Before swapping ...
name = Bright Tsai, course = C++, score = 90.8
name = Amy Tsai, course = C, score = 88.6
After swapped ...
name = Bright Tsai, course = C++, score = 88.6
name = Amy Tsai, course = C++, score = 90.8
```

練習題

5.13 試問下一程式的輸出結果。

```
#include <iostream>
using namespace std;

template <class T1, class T2>
T1 max(T1 value1, T2 value2)
{
    if (value1 > value2) {
        return value1;
    }
    else {
        return value2;
    }
}

int main()
{
    cout << max(3, 5.8) << endl;
    cout << max(6.6, 8.8) << endl;
    cout << max(5.8, 9) << endl;
    return 0;
}
```

5.14 試問下一程式有錯誤嗎？若有，請修正之。

```
#include <iostream>
using namespace std;

template <class T>
T larger(T value1, T value2)
{
    int result;
    if (value1 > value2) {
        result = value1;
    }
    else {
        result = value2;
    }
    return result;
}

int main()
{
    cout << "larger(3, 5) is " << larger(3, 5) << endl;
    cout << "larger(3.2, 5.8) is " << larger(3.2, 5.8) << endl;
    cout << "larger(\"Bright\", \"Linda\") is " << larger("Bright",
        "Linda") << endl;
    return 0;
}
```

5-13 全域變數與區域變數

若變數定義於函式外部時，此變數稱之為全域變數（global variable），而變數定義於函式內部，則稱此變數稱之為區域變數（local variable）。一個函式若有定義區域變數，則用此區域變數，若沒有定義區域變數時，才會使用全域變數。如下範例程式所示：

範例程式：globalLocalVar.cpp

```
01  #include <iostream>
02  using namespace std;
03
04  int i = 200;
05  int main()
06  {
07      int i = 100;
08      cout << "i = " << i << endl;
09      return 0;
10  }
```

```
i = 100
```

因為 main() 函式有定義區域變數 i，所以存取 i 時，以區域變數為主。再來看下一範例程式。

範例程式：globalVar.cpp

```
01  #include <iostream>
02  using namespace std;
03  int i = 200;
04  int main()
05  {
06      //int i = 100;
07      cout << "i = " << i << endl;
08      return 0;
09  }
```

```
i = 200
```

因為程式沒有定義區域變數，所以找全域變數。若程式中沒有定義區域變數，也沒有全域變數，此時將會產生錯誤的訊息。

一般我們定義變數時，會給予初始值，若沒有給予會如何? 全域變數沒有給予變數將會自動設為 0，而區域變數會是殘留在記憶體的值，但靜態區域變數（static local variable）也會預設為 0，如下程式所示：

範例程式：staticLocal-1.cpp

```
01  #include <iostream>
02  using namespace std;
03
```

```
04  int global_i;
05  int main()
06  {
07      int local_i;
08      static int local_si;   //靜態區域變數
09      cout << "local_i = " << local_i << endl;
10      cout << "local_si = " << local_si << endl;
11      cout << "global_i = " << global_i << endl;
12      return 0;
13  }
```

```
local_i = 12524
local_si = 0
global_i = 0
```

其中區域變數 local_si 前面加上 static，表示它是靜態區域變數。local_i 是區域變數，而且沒有給予初始值，輸出結果可想而知是記憶體的殘留值。而靜態的區域變數 local_si 則和全域變數 global_i 一樣，雖然沒有給予初始值時，但會預設為 0。

一般而言，區域變數當函式的控制權結束時，將會被回收，但靜態的區域變數是不會被回收的，其配置的記憶體還在，因此會繼續使用此記憶體與其存放的值，請參閱以下範例程式。

範例程式：staticLocal-2.cpp

```
01  #include <iostream>
02  using namespace std;
03  void fun();
04  
05  int main()
06  {
07      for (int i=1; i<=3; i++) {
08          cout << "#" << i << ":" << endl;
09          fun();
10          cout << endl;
11      }
12      return 0;
13  }
14  
15  void fun()
16  {
17      int x=0;
```

```
18          static int sx=0;
19          x++;
20          sx++;
21          cout << "x = " << x << endl;
22          cout << "sx = " << sx << endl;
23      }
```

```
#1:
x = 1
sx = 1

#2:
x = 1
sx = 2

#3:
x = 1
sx = 3
```

5-14 個案討論：以函式方式撰寫猜猜生日

將第 4 章迴圈敘述的個案討論猜猜生日，以函式的方式表示之，程式如下：

範例程式：birthdayUsingFunction.cpp

```
01  #include <iostream>
02  using namespace std;
03  int birthday();
04
05  int main()
06  {
07      string name;
08      int day2;
09      cout << "以下的五個集合可能有你生日的日期，請加以回答\n\n";
10      for (int i=1; i<=3; i++) {
11          cout << "#" << i << endl;
12          cout << "Enter your name: ";
13          cin >> name;
14          cout << endl;
15          day2 = birthday();
16          cout << endl;
17          cout << name << "'s birthday is " << day2 << endl << endl;
```

```
18         }
19 
20         return 0;
21     }
22 
23     int birthday()
24     {
25         char ans;
26         string set1, set2, set3, set4, set5;
27         int day{0};
28         set1 = "      set1     \n"
29                " 1    3    5    7\n"
30                " 9   11   13   15\n"
31                "17   19   21   23\n"
32                "25   27   29   31\n"
33                "Enter y for yes, n for no: ";
34         cout << set1;
35         cin >> ans;
36 
37         if (ans == 'y') {
38             day = day + 1;
39         }
40 
41         cout << endl;
42         set2 = "      set 2    \n"
43                " 2    3    6    7\n"
44                "10   11   14   15\n"
45                "18   19   22   23\n"
46                "26   27   30   31\n"
47                "Enter y for yes, n for no: ";
48         cout << set2;
49         cin >> ans;
50         if (ans == 'y') {
51             day = day + 2;
52         }
53 
54         cout << endl;
55         set3 = "      set 3    \n"
56                " 4    5    6    7\n"
57                "12   13   14   15\n"
58                "20   21   22   23\n"
59                "28   29   30   31\n"
60                "Enter y for yes, n for no: ";
61         cout << set3;
```

```
62      cin >> ans;
63      if (ans == 'y') {
64          day = day + 4;
65      }
66
67      cout << endl;
68      set4 = "      set 4    \n"
69             " 8    9   10   11\n"
70             "12   13   14   15\n"
71             "24   25   26   27\n"
72             "28   29   30   31\n"
73             "Enter y for yes, n for no: ";
74      cout << set4;
75      cin >> ans;
76      if (ans == 'y') {
77          day = day + 8;
78      }
79
80      cout << endl;
81      set5 = "      set 5    \n"
82             "16   17   18   19\n"
83             "20   21   22   23\n"
84             "24   25   26   27\n"
85             "28   29   30   31\n"
86             "Enter y for yes, n for no: ";
87      cout << set5;
88      cin >> ans;
89      if (ans == 'y') {
90          day = day + 16;
91      }
92
93      return day;
94  }
```

```
以下的五個集合可能有你生日的日期，請加以回答

#1
Enter your name: Bright
```

```
      set1
 1   3   5   7
 9  11  13  15
17  19  21  23
25  27  29  31
Enter y for yes, n for no: y

      set 2
 2   3   6   7
10  11  14  15
18  19  22  23
26  27  30  31
Enter y for yes, n for no: n

      set 3
 4   5   6   7
12  13  14  15
20  21  22  23
28  29  30  31
Enter y for yes, n for no: y

      set 4
 8   9  10  11
12  13  14  15
24  25  26  27
28  29  30  31
Enter y for yes, n for no: y

      set 5
16  17  18  19
20  21  22  23
24  25  26  27
28  29  30  31
Enter y for yes, n for no: n

Bright's birthday is 13

#2
Enter your name: Linda

      set1
 1   3   5   7
 9  11  13  15
17  19  21  23
25  27  29  31
Enter y for yes, n for no: y
```

```
     set 2
 2   3   6   7
10  11  14  15
18  19  22  23
26  27  30  31
Enter y for yes, n for no: y

     set 3
 4   5   6   7
12  13  14  15
20  21  22  23
28  29  30  31
Enter y for yes, n for no: y

     set 4
 8   9  10  11
12  13  14  15
24  25  26  27
28  29  30  31
Enter y for yes, n for no: n

     set 5
16  17  18  19
20  21  22  23
24  25  26  27
28  29  30  31
Enter y for yes, n for no: y

Linda's birthday is 23

#3
Enter your name: Jennifer

     set1
 1   3   5   7
 9  11  13  15
17  19  21  23
25  27  29  31
Enter y for yes, n for no: n

     set 2
 2   3   6   7
10  11  14  15
18  19  22  23
26  27  30  31
Enter y for yes, n for no: y
```

```
     set 3
 4   5   6   7
12  13  14  15
20  21  22  23
28  29  30  31
Enter y for yes, n for no: y

     set 4
 8   9  10  11
12  13  14  15
24  25  26  27
28  29  30  31
Enter y for yes, n for no: n

     set 5
16  17  18  19
20  21  22  23
24  25  26  27
28  29  30  31
Enter y for yes, n for no: n

Jennifer's birthday is 6
```

此程式將生日的日期放在 birthday()函式中，所以在 main()函式中呼叫此函式。你也可以視狀況再加以細分，將生日日期分成五個函式，分別是 set1()、set2()、set3()、set4()、set5()，如下程式所示：

範例程式：birthdayUsingFunction2.cpp

```
01  #include <iostream>
02  using namespace std;
03  int set1();
04  int set2();
05  int set3();
06  int set4();
07  int set5();
08
09  int main()
10  {
11      string name;
12      int day;
13      cout << "以下的五個集合可能有你生日的日期，請加以回答\n\n";
14      for (int i=1; i<=3; i++) {
15          day = 0;
```

```
16            cout << "#" << i << endl;
17            cout << "Enter your name: ";
18            cin >> name;
19            cout << endl;
20
21            day += set1();
22            day += set2();
23            day += set3();
24            day += set4();
25            day += set5();
26
27            cout << endl;
28            cout << name << "'s birthday is " << day << endl << endl;
29        }
30
31        return 0;
32    }
33
34    int set1()
35    {
36        char ans;
37        string set1 = "     set1     \n"
38                      " 1   3   5   7\n"
39                      " 9  11  13  15\n"
40                      "17  19  21  23\n"
41                      "25  27  29  31\n"
42                      "Enter y for yes, n for no: ";
43        cout << set1;
44        cin >> ans;
45
46        if (ans == 'y') {
47            return 1;
48        }
49        else {
50            return 0;
51        }
52    }
53
54    int set2()
55    {
56        char ans;
57        cout << endl;
58        string set2 = "     set2     \n"
```

```
59                      " 2   3   6   7\n"
60                      "10  11  14  15\n"
61                      "18  19  22  23\n"
62                      "26  27  30  31\n"
63                      "Enter y for yes, n for no: ";
64      cout << set2;
65      cin >> ans;
66      if (ans == 'y') {
67          return 2;
68      }
69      else {
70          return 0;
71      }
72  }
73
74  int set3()
75  {
76      char ans;
77      cout << endl;
78      string set3 = "     set3     \n"
79                      " 4   5   6   7\n"
80                      "12  13  14  15\n"
81                      "20  21  22  23\n"
82                      "28  29  30  31\n"
83                      "Enter y for yes, n for no: ";
84      cout << set3;
85      cin >> ans;
86      if (ans == 'y') {
87          return 4;
88      }
89      else {
90          return 0;
91      }
92  }
93
94  int set4()
95  {
96      char ans;
97      cout << endl;
98      string set4 = "     set4     \n"
99                      " 8   9  10  11\n"
100                     "12  13  14  15\n"
101                     "24  25  26  27\n"
```

```
102                     "28  29  30  31\n"
103                     "Enter y for yes, n for no: ";
104       cout << set4;
105       cin >> ans;
106       if (ans == 'y') {
107           return 8;
108       }
109       else {
110           return 0;
111       }
112   }
113
114   int set5()
115   {
116       char ans;
117       cout << endl;
118       string set5 = "     set5     \n"
119                     "16  17  18  19\n"
120                     "20  21  22  23\n"
121                     "24  25  26  27\n"
122                     "28  29  30  31\n"
123                     "Enter y for yes, n for no: ";
124       cout << set5;
125       cin >> ans;
126       if (ans == 'y') {
127           return 16;
128       }
129       else {
130           return 0;
131       }
132   }
```

此程式的輸出結果同上。請你自行執行之。

5-15 練習題解答

5.1 int 型態

5.2 (a) 在一有回傳值的函式，若沒有撰寫 return 敘述將會發生語法錯誤（syntax error）。

(b) 在 void 式中可以只寫 return; 這一敘述，後面不接任何值。

(c) 在 void 的函式型態不可以有 return x-y; 敘述。

5.3 fun1 的函式型態是 void，在 fun2 函式參數中的 j 要給予 int 型態，而且要給予此函式的型態。如下所示：

```
void fun1(int a)
{
    cout << a << endl;
}

void func2(int i, int j)
{
     i += j;
     fun1(100);
}
```

5.4

```
#include <iostream>
using namespace std;
void printMessage(string message, int number)
{
    for (int n=1; n<=number; n++) {
        cout << message << endl;
    }
}

int main()
{
    printMessage("Hello, world", 5);
    return 0;
}
```

5.5
```
#include <iostream>
#include <iomanip>
using namespace std;
void multiply(int n); //function prototype
int main()
{
    int num;
    cout << "Enter an integer(5~20): ";
    cin >> num;
    cout << endl;
    multiply(num); //call function

    return 0;
}

//function definition
void multiply(int n)
{
    for (int i=1; i<=n; i++) {
        for (int j=1; j<=n; j++) {
            cout << setw(4) << i*j;
        }
        cout << endl;
    }
}
```

5.6
```
maximum value is 0
```

5.7
```
maximum value is 200
```

5.8
```
#include <iostream>
using namespace std;
const int total(int, int);

int main()
{
    int a = 100, b = 200;
    const int& tot = total(a, b);
    cout << a << " + " << b << " = " << tot << endl;
}
```

```
const int total(int x, int y)
{
    int sum{0};
    sum = x + y;
    return sum;
}
```

因為 sum 的函式型態前有 const 修飾詞，而且在 main() 函式中以參考型態接收 sum 函式的回傳值，所以要加上 const 修飾詞。

5.9 (c)、(e)、(f)是合法的，其餘不合法。

5.10 錯，因為這兩個函式的簽名完全一樣。

5.11 (a) double ans = f(10, 20) 會呼叫 double f(int x, double y);

(b) double ans = f(10, 20.8) 會呼叫 double f(int x, double y);

(c) double ans = f(10.2, 20.8) 會呼叫 double f(double x, double y);

5.12

```
#include <iostream>
#include <cstring>
using namespace std;
template <typename T>
T findMax(T [], int);

int main()
{
    int data_i[] = {12, 3, 6, 9, 1, 11, 18, 10};
    double data_f[] = {1.2, 0.5, 4.5, 6.7, 3.4, 9.2, 8.1, 3.2};
    string data_s[] = {"kiwi", "pineapple", "apple", "orange", "papaya"};

    int size;
    size = sizeof(data_i)/sizeof(int);
    cout << "目前的資料如下：" << endl;
    for (int k=0; k<size; k++) {
        cout << data_i[k] << " ";
    }
    //call template function
    int max_i = findMax(data_i, size);
    cout << "\n 陣列中最大的元素是：" << max_i << endl;
```

```
    size = sizeof(data_f)/sizeof(double);
    cout << "\n 目前的資料如下：" << endl;
    for (int k=0; k<size; k++) {
        cout << data_f[k] << " ";
    }

    //call template function
    double max_d = findMax(data_f, size);
    cout << "\n 陣列中最大的元素是：" << max_d << endl;

    cout << "\n 目前的資料如下：" << endl;
    for (int x=0; x<5; x++) {
        cout << data_s[x] << " ";
    }

    //call template function
    string max_s = findMax(data_s, 5);
    cout << "\n 陣列中最大的元素是：" << max_s << endl;
    cout << endl;
    return 0;
}

template <typename T>
T findMax(T data2[], int n)
{
    T max;
    max = data2[0];
    for (int i=1; i<n; i++) {
        if (data2[i] > max) {
            max = data2[i];
        }
    }
    return max;
}
```

```
目前的資料如下：
12 3 6 9 1 11 18 10
陣列中最大的元素是：18

目前的資料如下：
1.2 0.5 4.5 6.7 3.4 9.2 8.1 3.2
陣列中最大的元素是：9.2

目前的資料如下：
kiwi pineapple apple orange papaya
陣列中最大的元素是：pineapple
```

5.13
```
5
8.8
9
```

5.14
```
#include <iostream>
using namespace std;

template <class T>
T larger(T value1, T value2)
{
    T result;
    if (value1 > value2) {
        result = value1;
    }
    else {
        result = value2;
    }
    return result;
}

int main()
{
    cout << "larger(3, 5) is " << larger(3, 5) << endl;
    cout << "larger(3.2, 5.8) is " << larger(3.2, 5.8) << endl;
    cout << "larger(\"Bright\", \"Linda\") is "
         << larger("Bright", "Linda") << endl;
    return 0;
}
```

5-16 習題

1. 試以非函式呼叫的方式撰寫一程式，選項如下：

```
1. 華氏轉攝氏
2. 攝氏轉華氏
請選擇項目：
```

   然後給使用者選擇哪一選項，並以適當的提示訊息，讓使用者輸入某一項的溫度後，再加以轉換，如選擇第 1 項，則要輸入華氏溫度，反之，第 2 項，則要輸入攝氏溫度。

2. 將第 1 題改以函式的形式加以呼叫，如 FahToCel() 函式表示將華氏溫度轉為攝氏溫度，CelToFah() 函式表示將攝氏溫度轉為華氏溫度。

3. 承第 2 題，加上不定數迴圈，讓使用者決定要不要繼續執行此程式。若輸入 "no" 表示不再繼續，此時會結束迴圈。

4. 請以傳址呼叫（call by address）撰寫一程式，在 main() 函式呼叫 sum(int *) 函式，此函式接收一陣列的資料當作參數，資料如下：

```
int arr[] = { 1, 2, 3, 4, 5, 6}
```

   然後將陣列的每個資料乘以 10，最後在 main() 加以印出。

5. 試撰寫一程式，提示使用者輸入一整數，然後呼叫 isPrime() 函式，判斷它是否為質數，若是，則回傳 True，否則，回傳 False。

6. 試撰寫一程式，以多載函式的方式找出陣列中的最大者。陣列的型態可能有 int、double 和字串。

7. 試設計一函式 print()，它有四個參數，分別是 from，to，size 以及 skip。from 和 to 表示產生亂數的開始數值和終止數值，size 表示產生亂數的個數，而 skip 表示每次印這些亂數數值時是多少行為一列。其中 size 參數預設值為 10，而 skip 的參數預設值是 5。

8. 將第 4 章迴圈敘述的習題第 4 題，猜猜 1~100 數字以函式的方式撰寫之。以三個人測試之，分別是(1)Bright 選的數字是 100，(2)Linda 選的數字是 95，(3)Jennifer 選的數字是 99，以這些數字測試之。

9. 一個方形被切分成如(a)所示的四個小區塊。假設您向此方形投擲飛鏢 1,000,000 次，飛鏢落於奇數標號區塊的機率為何？請撰寫程式模擬此過程，並顯示其結果，以型態為 bool 的 isInRegion3 函式判斷它是否在區塊 3 裡。（提示：將方形中心置於座標系統的中心點，如(b)所示。隨機於方形內產生點，計算落於奇數標號區塊的次數。）

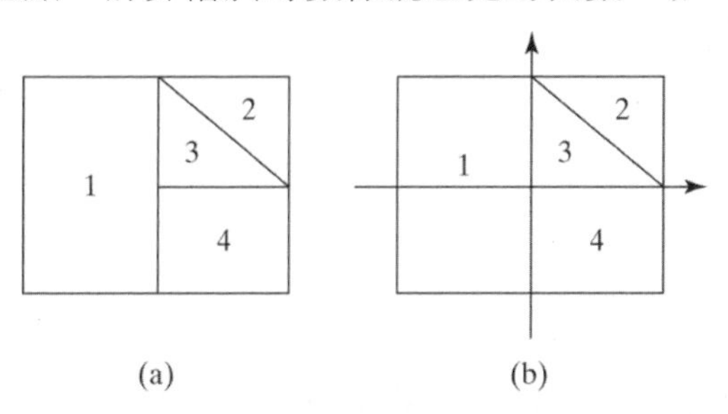

(a)　　　　(b)

在第 4-8-3 節迴圈敘述計算 pi 是以蒙地卡羅模擬求出的，其實此題目也是蒙地卡羅模擬。

10. 信用卡號碼遵循特定形式。信用卡號碼必須含有 13 到 16 位數。起始位數必須是：

- 4 代表 Visa cards
- 5 代表 MasterCard cards
- 37 代表 American Express cards
- 6 代表 Discover cards

1954 年 1 月，IBM 的 Hans Peter Luhn（漢斯．彼得．盧恩），提出一個驗證信用卡號碼的演算法（簡稱盧恩演算法）。此演算法用在判斷輸入的卡號是否正確，或信用卡是否正確被掃描是很有用的。信用卡號遵循此有效驗證而產生，一般稱為 Luhn 驗證或 mod 10 驗證，說明如下（為了解釋，這裡以卡號 4388576018402626 為例）：

(1) 由右到左，將偶數位數的數字加倍。若該位數的加倍數字為兩位數，則將此兩位數相加，以取單一位數字。

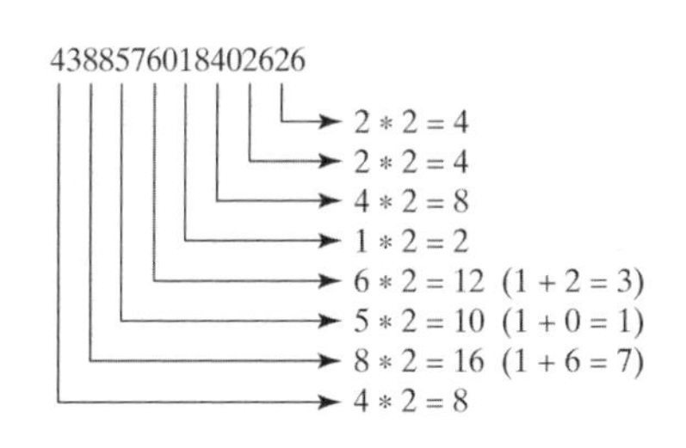

(2) 接著將步驟(1)所有單位數的數字相加。

4 + 4 + 8 + 2 + 3 + 1 + 7 + 8 = 37

(3) 再由右到左，將出現於卡號奇數位置的所有位數相加。

6 + 6 + 0 + 8 + 0 + 7 + 8 + 3 = 38

將步驟(2)與步驟(3)的結果相加。

37 + 38 = 75

(4) 如果步驟(3)的結果能被 10 整除，那麼卡號便是有效的；反之，即是無效。比方說，卡號 4388576018402626 是無效的，但卡號 4388576018410707 是有效的。

(5) 卡號前置號碼，4 表示 VISA Card，51~55 表示 Master Card，62 表示中國銀聯卡，34、37 表示美國運通卡，3528~3589 表示 JCB 卡。

請撰寫一程式，提示使用者輸入信用卡號為一字串。顯示該號碼是否有效。請使用以下函式設計程式：

```
/* 回傳單一數字，否則將兩位數相加得到單一數字，再將它回傳*/
int getDigit(int number);

/* 回傳奇數位數數字的和 */
int sumOfOddPlace(const string& cardNumber);

/* 將偶數位數的數字乘以 2 後，呼叫 getDigit() 函式 */

int sumOfDoubleEvenPlace(const string& cardNumber);

/* 回傳卡號的前置碼是否有效 */
bool startsWith(const string& cardNumber, const string& substr);

/* 回傳此卡號是否有效 */
bool isValid(const string& cardNumber);
```

11. 迴文質數（palindromic prime）為一質數，且是個迴文。比方說，131 為一個質數，也是個迴文，313 與 757 也都是迴文質數。請撰寫一程式，顯示前 100 個迴文質數。一行顯示 10 個數字，各數字間以空白隔開。

CHAPTER

6

陣列

比方說，我們要讀取 50 位同學 C++ 的分數，計算其平均值，找出大於平均值個數。我們必須宣告 50 個變數表示這 50 位同學，再輸入 50 個分數給它們，計算其平均值，之後，將每一個變數的分數與平均值做比較，計算大於平均值的變數有幾個。為了完成此程式，所有分數必須儲存於變數內。重複撰寫幾乎相同的程式碼達 50 次。這種程式撰寫方式是不切實際的。要如何解決這個問題呢？

我們需要一個更有效率，更有組織的方法。C++ 以及多數其他高階語言皆提供陣列（array）這個資料結構，來儲存固定大小，相同資料型態的連續元素集合。在目前這個例子裡，可將 50 個同學的分數全部儲存於陣列，透過一維陣列變數對這些分數做存取。為了簡單起見我們以 6 位同學的成績來撰寫，如下一範例程式所示：

範例程式：array6-cpp

```
01  #include <iostream>
02  #include <iomanip>
03  using namespace std;
04  
05  int main()
06  {
07      const int SIZE = 6;
08      double scores[SIZE];
09      double total = 0.0;
10      int count = 0;
11  
12      cout << "請輸入 6 位同學的分數\n";
13      for (int i=0; i<SIZE; i++) {
```

```
14            cout << "#" << setw(2) << i+1 << ": ";
15            cin >> scores[i];
16            total += scores[i];
17        }
18
19        double average = total / SIZE;
20        cout << "平均值為 " << average << endl;
21
22        for (int i=0; i<SIZE; i++) {
23            if (scores[i] > average) {
24                count++;
25            }
26        }
27
28        cout << "有 " << count << " 個大於平均值 " << endl;
29        return 0;
30    }
```

```
請輸入 6 位同學的分數
# 1: 89.6
# 2: 78.8
# 3: 68.3
# 4: 72.5
# 5: 91.2
# 6: 80.6
平均值為 80.1667
有 3 個大於平均值
```

6-1 宣告陣列

要在程式裡使用陣列，必須使用以下的語法指定該陣列的元素型態（element type）及大小。

```
itemType arrayName[arraySize];
```

itemType 可以是任何資料型態，arrayName 是陣列名稱。陣列裡所有元素的資料型態皆相同。arraySize 表示陣列的大小，它必須是一大於 0 的常數運算式。例如下一敘述宣告一含有 6 個 double 型態元素的陣列。

```
double scores[6];
```

編譯器將為含有 6 個 double 型態元素配置記憶體空間。當宣告一陣列時，其元素將會有任意值。若要指定某一特定值，則可利用下述語法完成之：

```
arrayName[index] = value;
```

例如，下列的程式碼為指定陣列元素的值：

```
scores[0] = 89.6
scores[1] = 78.8
scores[2] = 68.3
scores[3] = 72.5
scores[4] = 91.2
scores[5] = 80.6
```

此陣列的示意圖，如圖 6-1 所示。

索引	0	1	2	3	4	5
元素	scores[0]	scores[0]	scores[0]	scores[0]	scores[0]	scores[0]
值	89.6	78.8	68.3	72.5	91.2	80.6

圖 6-1 陣列 scores 含有 6 個 double 型態的元素，整數索引從 0 到 5

6-2 存取陣列元素

陣列元素可透過索引來存取。陣列索引（array index）是以 0 為開始；也就是說其範圍介於 0 到 arraySize-1 之間。圖 6-1 陣列 scores 儲存 6 個 double 值，索引範圍從 0 到 5。

陣列裡各元素以下述語法表示：

```
arrayName[index];
```

比方說，scores[5] 表示陣列 scores 的最後一個元素。注意，陣列大小的宣告式是用來指明陣列的元素個數。陣列的索引是用來存取指定的元素。

當以陣列的索引存取元素時，其與一般變數的用法是相同的。例如下列敘述是將 scores[0] 與 scores[1] 加起來指定給 scores[2]。

```
scores[2] = scores[0] + scores[1];
```

下一敘述是將 scores[0] 遞增 1。

```
scores[0]++;
```

下列的迴圈敘述是將 scores[i]加上一常數 2.0。

```
for (int i=0; i<6; i++) {
    scores[i] += 2.0;
}
```

注意：使用索引存取陣列元素時，若不是其範圍（如 scores[-1]與 scores[5]）都會發生超出範圍的錯誤。此錯誤是相當嚴重的。不幸的是，C++ 不會告知，因此，要非常小心確認索引在有效的範圍內。

6-3 陣列初始器

C++ 有一稱為陣列初始器（array initializer），可在單一敘述使用下述的語法來宣告及初始化陣列：

```
itemType arrayName[arraySize] = {value0, value1, value2, …, valuen};
```

比方說，以下

```
double scores[6] = {89.6, 78.8, 68.3, 72.5, 91.2, 80.6};
```

此敘述宣告並初始陣列 scores，它與下述敘述相同：

```
double scores[6];
scores[0] = 89.6
scores[1] = 78.8
scores[2] = 68.3
scores[3] = 72.5
scores[4] = 91.2;
scores[5] = 80.6;
```

注意，使用陣列初始器，必須在同一行敘述進行宣告與初始的動作。將其分開會導致語法錯誤。比方說，以下這段敘述是錯的：

```
double scores[6];
scores = {89.6, 78.8, 68.3, 72.5, 91.2, 80.6};
```

當使用陣列初始器來宣告與初始化時，C++ 允許您省略陣列大小。例如以下的敘述是對的：

```
double scores[] = {89.6, 78.8, 68.3, 72.5, 91.2, 80.6};
```

編譯器將依照初始值自動計算陣列有多少個元素。

C++允許您初始部分陣列的元素值。下一敘述指定 89.6、78.8 以及 68.3 給陣列的前三個元素。而其他的三個元素之初始值將為 0。

```
double scores[6] = {89.6, 78.8, 68.3};
```

注意，若陣列只有宣告，但沒有初始化，則陣列的元素值將會是垃圾值，有如區域變數的初始值。如

```
double scores[6];
```

若給予初始值的個數比陣列的個數來得多時，將會產生錯誤訊息，如下所示：

```
double scores[6] = {89.6, 78.8, 68.3, 72.5, 91.2, 80.6, 90.2};
```

此敘述是錯的，因為陣列的大小只有 6 個，但有 7 個初始值。

6-4 有關陣列的一些運作

在處理陣列元素時，通常會使用 for 迴圈有兩個原因：

- 由於陣列裡所有元素型態皆相同，所以使用迴圈不斷以相同的方式進行處理。
- 因為陣列大小皆為已知，所以很自然地便可使用 for 迴圈。

假設陣列宣告如下：

```
const int arraySize = 20;
double myArray[arraySize];
```

以下是處理陣列時常用的運作。

1. 使用輸入數值初始化陣列：以下是利用迴將使用者輸入的資訊，對陣列 myArray 進行初始化動作。

```
cout << "Enter " << arraySize << " values:" << endl;
for (int i=0; i<arraySize; i++) {
    cout << "#" << i+1 << ": ";
    cin >> myArray[i];
}
```

2. 使用隨機數值初始化陣列：以下迴圈利用 0 到 99 的隨機數值，對陣列 myArray 進行初始化動作。

```
for (int i=0; i<arraySize; i++) {
    myArray[i] = rand() % 100;
}
```

3. 印出陣列：要印出陣列，必須使用如下迴圈來印出陣列裡各元素：

```
for (int i=0; i<arraySize; i++) {
    cout << "myArray[" << i << "] = " << myArray[i] << endl;
}
```

4. 拷貝陣列：假設您有兩個陣列，分別是 lindaArray 和 myArray，是否可以使用下列的語法，將 myArray 陣列拷貝到 lindaArray?

```
lindaArray = myArray
```

在 C++ 是不允許的。您必須將一個陣列的每一元素拷貝到另一陣列的對應元素。如下所示：

```
for (int i=0; i<arraySize; i++) {
    lindaArray[i] = myArray[i];
}
```

5. 加總陣列的所有元素：使用名為 total 的變數儲存總和。一開始 total 為 0。使用以下迴圈，將陣列裡各元素加到 total：

```
double total = 0.0;
for (int i=0; i<arraySize; i++) {
    total += myArray[i];
}
```

6. 找出最大元素：使用名為 max 的變數儲存最大元素。max 一開始為 myArray[0]。要找出陣列 myArray 裡最大元素，必須將每一元素與 max 比較，若此元素比 max 來得大，則更新 max。

```
double max = myArray[0];
for (int i=1; i<arraySize; i++) {
    if (myArray[i] > max) {
        max = myArray[i];
    }
}
```

7. 找出最大元素的最小索引：常常我們會需要找出陣列裡最大元素的位置。若陣列多個相同的最大元素，則找出該元素最小的索引。假設陣列 myArray2 為{1, 2, 9, 8, 7, 9, 6}。最大元素為 9，此元素的最小索引值為 2。使用名為 max 的變數儲存最大元素，並使用名為 index 的變數表示最大元素的索引。一開始 max 為 myArray2[0]，index 為 0。將 myArray2 從第索引 1 開始元素與 max 做比較，如果該元素大於 max，便更新 max 與 index 值。

```
int myArray2[] = {1, 2, 9, 8, 7, 9, 6};
int max = myArray2[0];
cout << max << endl;
int index = 0;
for (int i=1; i<6; i++) {
    if (myArray2[i] > max) {
        max = myArray2[i];
        index = i;
    }
}
cout << index;
```

此程式輸出結果是 2，試問若 (myArray2[i] > max) 改為 (myArray2[i] >= max)?，試問結果會是如何？答案是 5。

8. 隨機洗牌：在很多應用程式中，必須將陣列裡的元素隨機安排，此稱為洗牌（shuffling）。要達成此目標，對各元素 myArray[i]，隨機產生一個索引值 j，接著將 myArray[i] 與 myArray[j] 對調，如下所示：

```
//以隨機亂數產生 0~99 之間的數值給予陣列元素
for (int i=0; i<arraySize; i++) {
    myArray[i] = rand() % 100;
}

//以下是隨機洗牌的片段程式
for (int i=0; i<arraySize; i++) {
    int j = rand() % (i+1);
    double temp;
    temp = myArray[i];
    myArray[i] = myArray[j];
    myArray[j] = temp;
}

//列印隨機洗牌後的陣列元素
cout << "\nAfter shuffling" << endl;
for (int i=0; i<arraySize; i++) {
    cout << "myArray[" << i << "] = " << myArray[i] << endl;
}
```

9. 移動元素：有時候必須將元素往左或往右做移動。例如，將各元素往左移一位，並將第一個元素填入最後一個元素：

```
//列印以隨機亂數產生 0~99 之間的數值給予陣列元素
for (int i=0; i<arraySize; i++) {
    myArray[i] = rand() % 100;
}

//以下是移動元素的片段程式
double temp = myArray[0];
for (int i=1; i<arraySize; i++) {
    myArray[i-1] = myArray[i];
}
myArray[arraySize-1] = temp;
```

```
//列印移動元素後的陣列元素
cout << "\nAfter shifting" << endl;
for (int i=0; i<arraySize; i++) {
    cout << "myArray[" << i << "] = " << myArray[i] << endl;
}
```

10. 簡化程式碼：陣列在某些工作上可用來簡化程式。比方說，我們想藉由數字取得某指定月份的英文名稱。若月份名稱儲存於陣列中，則指定月份的名稱便可透過索引簡單做存取。以下片段程式碼是提示使用者輸入四季數字，然後顯示其相對應的四季的名稱：

```
int number;
string seasons[] = {"Spring", "Summer", "Autumn", "Winter"};
cout << "Enter a seasons number (1~12): ";
cin >> number;
cout << "The season is " << seasons[number-1] << endl;
```

如果不使用 months 陣列，則必須使用如下冗長的多向 if-else 敘述來判斷月份名稱：

```
int number;
cout << "Enter a season number (1~4): ";
cin >> number;
if (number == 1) {
    cout << "The season is Spring" << endl;
}
else if (number == 2) {
    cout << "The season is Summer" << endl;
}
else if (number == 3) {
    cout << "The season is Autumn" << endl;
}
else if (number == 4) {
    cout << "The season is Winter" << endl;
}
else {
    cout << "Wrong number" << endl;
}
```

11. 要再特別注意的是，程式設計師常誤用索引 1 來存取陣列第一個元素，但應該要使用索引值 0。 迴圈裡另一個常見的錯誤是，在該使用 < 的地方卻使用 <= 。舉個例子，以下迴圈是錯誤的。

    ```
    for (int x=0; i<=SIZE; i++) {
        cout << arr[i] << " ";
    ```

    <= 應該換成 < 。

練習題

6.1 若 x 與 y 是一陣列，您可以使用 y = x 來將 x 拷貝給 y 嗎？

6.2 當宣告一陣列時，記憶體空間就會被配置嗎？陣列元素有預設的初始值嗎？試問執行下列程式碼會發生什麼現象？

```
int arr[20];
cout << arr[0] << endl;
cout << arr[19] << endl;
cout << arr[20] << endl;
```

6.3 以下哪些為有效的陣列宣告敘述？

```
double data[20];
char[20] ch;
int i_data[] = (1, 2, 3, 4, 5);
float f_data[] = {1.1, 2.2, 3.3, 4.4, 5.5};
```

6.4 陣列索引型態是什麼？最小的索引是什麼？名為 arr 陣列的第 2 個元素該如何表示？

6.5 請撰寫進行以下動作的 C++ 敘述（連續動作）：

a. 宣告一個可容納 20 個 double 值的 arr2 陣列。

b. 將數值 10.5 指定給 arr2 陣列的最後一個元素。

c. 顯示 arr2 陣列前兩個元素的總和。

d. 撰寫一個迴圈，計算 arr2 陣列裡所有元素的總和。

e. 撰寫一個迴圈，找出 arr2 陣列裡的最小的元素。

f. 隨機產生一索引，然後顯示此索引的 arr2 陣列元素值。

g. 使用陣列初始器宣告另一陣列 arr3，其初始值為 3、4、5 及 6。

6.6 請更正以下程式碼：

```
1: int main()
2: {
3:     double[20] x;
4:     for (int i=0; i<=20; i++);
5:         x(i) = rand() % 49 + 1;
6:     return 0;
7: }
```

6.7 以下程式碼的輸出結果為何？

```
int arr5[] = {10, 20, 30, 40, 50, 60};
for (int i=1; i<6; i+=2) {
    arr5[i] = arr5[i-1];
}

for (int i=0; i<6; i++) {
    cout << arr5[i] << " ";
}
```

6-5 傳送的參數是陣列

一般我們在呼叫函式，要傳送的參數是陣列時，不是一個元素一個元素傳，只要傳送陣列的名稱即可，而陣列名稱就是此陣列在記憶體的位址，所以是傳址的呼叫。如以下範例所示：

範例程式：arrayAsParameter.cpp

```
01  #include <iostream>
02  #include <iomanip>
03  using namespace std;
04
05  void newArray(int arr2[], int n);
06  int main()
07  {
08      int arr[] = {1, 3, 5, 7, 9};
09      int size = sizeof(arr)/sizeof(int);
10      for (int i=0; i<size; i++) {
11          cout << setw(4) << arr[i];
12      }
```

```
13      cout << endl;
14
15      newArray(arr, size);
16      for (int i=0; i<size; i++) {
17          cout << setw(4) << arr[i];
18      }
19      cout << endl;
20      return 0;
21  }
22
23  void newArray(int arr2[], int n)
24  {
25      for (int i=0; i<n; i++) {
26          arr2[i] = arr2[i]*2 + 1;
27      }
28  }
```

```
   1   3   5   7   9
   3   7  11  15  19
```

程式中 newArray() 函式的第一個參數是 arr2，它是一陣列，它接收實際參數 arr。其實 arr 和 arr2 指向同一個陣列的位址。

練習題

6.8 請撰寫一名為 greatest 函式，如下所示：

```
int greatest(int arr2[], int n);
```

此函式會傳兩個參數，一為陣列，二為整數，回傳 arr2 陣列的最大值。在 main() 函式中呼叫 greatest() 函式，在 main() 函式中有一條敘述如下：

```
int arr[] = {11, 23, 15, 47, 39};
```

將 arr 陣列和此陣列的大小傳送給 greatest() 函式的第一個參數 arr2 和第二個參數 n。請以一程式測試之。

6-6 防止更改函式的陣列參數

傳遞陣列只是傳遞陣列在記憶體的起始位址。陣列的元素不會被複製。這可節省記憶體空間。然而使用陣列參數，若在函式中意外的改變陣列的元素，將會導致錯誤的結果。為了防止這項錯誤的發生，您可以在陣列參數前加上關鍵字 const，告訴編譯器此陣列不可以更改。若在函式中試圖要更改陣列的元素，編譯器將會有錯誤訊息發生。

在範例程式 arrayAsParameter.cpp 中，若將下一敘述中

```
void newArray(int arr2[], int n);
```

的參數改為

```
void newArray(const int arr2[], int n);
```

多加了 const 的話，表示 arr2 陣列元素不可更改，而在 newArray() 函式中有更改 arr2 陣列元素的值，因此會產生錯誤的訊息，

6-7 從函式回傳陣列

當函式回傳陣列時，回傳的是陣列的位址。您可以宣告一函式回傳基本型態值或是物件。例如：

```
int total(const int arr[], int size);
```

您能使用相同的語法，從函式回傳一陣列嗎？如嘗試要宣告一函式，用以回傳一新陣列，此新陣列是另一陣列的反轉，如下所示：

```
int[] transpose(const int arr[], int size);
```

這在 C++ 是不允許的。然而您可以在函式中，傳送兩個陣列當作引數克服此問題：

```
void reverse(const int arr[], int reverseArr[], int size);
```

請參閱下一範例程式：

範例程式：reverseArray.cpp

```
01  #include <iostream>
02  #include <iomanip>
03  using namespace std;
04
05  void reverse(const int arr[], int reverseArr[], int size);
06  int main()
07  {
08      int arr[] = {1, 3, 5, 7, 9};
09      int size = sizeof(arr)/sizeof(int);
10      int reverseArr[size];
11
12      for (int i=0; i<size; i++) {
13          cout << setw(4) << arr[i];
14      }
15      cout << endl;
16
17      reverse(arr, reverseArr, size);
18      for (int i=0; i<size; i++) {
19          cout << setw(4) << reverseArr[i];
20      }
21      cout << endl;
22      return 0;
23  }
24
25  void reverse(const int arr[], int arr2[], int size)
26  {
27      for (int i=0; i<size; i++) {
28          arr2[size-i-1] = arr[i];
29      }
30  }
```

```
   1   3   5   7   9
   9   7   5   3   1
```

6-8 陣列元素的排序

此小節將以隨機亂數產生大樂透號碼，然後再以氣泡排序法由小至大排序之。

6-8-1 大樂透號碼

以下是利用隨機亂數產生六個介於 1 到 49 之間的數字，這也就是大樂透號碼。程式如下所示：

範例程式：lottoNum-1.cpp

```
01  #include <iostream>
02  #include <iomanip>
03  using namespace std;
04
05  int main()
06  {
07      int lotto[6];
08      srand((unsigned)time(NULL));
09      for (int i=0; i<6; i++) {
10          lotto[i] = rand() % 49 + 1;
11          cout << setw(3) << lotto[i];
12      }
13      cout << endl;
14      return 0;
15  }
```

```
 4 49 36 47 18 33
```

```
 4 18  9 47 29 18
```

因為此程式利用時間來做隨機。在第二個輸出結果，我們發現有重複的數字 18。為了不出現重複的數字，可以先檢視產生的樂透號碼是否先前已產生過，若此號碼已經產生，則不予以採用，然後再重新產生一個號碼，如範例程式 lottoNum-2.cpp 所示：

範例程式：lottoNum-2.cpp

```
01  #include <iostream>
02  #include <iomanip>
03  using namespace std;
04  
05  int main()
06  {
07      int lotto[6];
08      srand((unsigned)time(NULL));
09      lotto[0] = rand() % 49 + 1;
10      int i=1, flag=0;
11      while (i<6) {
12          int lottoNum = rand() % 49 + 1;
13          for (int j=0; j<i; j++) {
14              if (lotto[j] == lottoNum) {
15                  flag = 1;
16                  break;
17              }
18          }
19          if (flag == 0) {
20              lotto[i] = lottoNum;
21              i++;
22          }
23          else {
24              flag = 0;
25          }
26      }
27  
28      for (int k=0; k<6; k++) {
29          cout << setw(3) << lotto[k];
30      }
31      cout << endl;
32      return 0;
33  }
```

```
 4 34 24 37 16 25
```

6-8-2 氣泡排序

了解上述傳址呼叫後，將上述的大樂透號碼加以由小至大加以排序，以下程式是以氣泡排序（bubble sort）將資料由小至大排序之，如範例程式 lottoNum-3.cpp 所示：

範例程式：lottoNum-3.cpp

```
01  #include <iostream>
02  #include <iomanip>
03  using namespace std;
04  void bubbleSort(int sorted[], int);
05  
06  int main()
07  {
08      int lotto[6];
09      srand((unsigned)time(NULL));
10      lotto[0] = rand() % 49 + 1;
11      int i=1, flag=0;
12      while (i<6) {
13          int lottoNum = rand() % 49 + 1;
14          //將產生的 lottoNum 與陣列已有的元素比較，檢視是否與之相同
15          for (int j=0; j<i; j++) {
16              if (lotto[j] == lottoNum) {
17                  flag = 1;
18                  break;
19              }
20          }
21          //flag 等於 0，表示陣列沒有與之相同的元素，
22          //因此將它加入於陣列中，i 也加 1
23          if (flag == 0) {
24              lotto[i] = lottoNum;
25              i++;
26          }
27          else {
28              flag = 0;
29          }
30      }
31      for (int k=0; k<6; k++) {
32          cout << setw(3) << lotto[k];
33      }
34  
35      //呼叫氣泡排序將資料由小至大排序之
36      bubbleSort(lotto, 6);
```

```
37      cout << "\n\nsorted array:" << endl;
38      for (int k=0; k<6; k++) {
39          cout << setw(3) << lotto[k];
40      }
41      cout << endl;
42      return 0;
43  }
44
45  //使用氣泡排序由小至大排序之
46  void bubbleSort(int sorted[], int n)
47  {
48      int temp, flag;
49      //會有 n-1 個步驟
50      for (int i=0; i<n-1; i++) {
51          flag = 0;
52          //第 i 個步驟會有 n-i-i 個比較
53          for (int j=0; j<n-i-1; j++) {
54              if (sorted[j] > sorted[j+1]) {
55                  flag = 1;
56                  //若第 j 個元素比第 j+1 個元素來得大，則將 flag 設為 1
57                  //以下是處理兩數對調的三個敘述
58                  temp = sorted[j];
59                  sorted[j] = sorted[j+1];
60                  sorted[j+1] = temp;
61              }
62          }
63          //若 flag 不等於 1，表示沒有對調的情形產生，這表示資料已排序好了
64          if (flag != 1) {
65              break;
66          }
67       }
68  }
```

```
  4 40 44 28 31 12

sorted array:
  4 12 28 31 40 44
```

這是隨機產生的大樂透號碼，再重申一次，你和我產生的會不一樣，因為沒有使用同樣的隨機種子，此程式的隨機種子是依照時間而定的。你只要了解如何將你產生的大樂透號碼利用氣泡排序由小至大排序就可。

6-9 陣列元素的搜尋

陣列元素的搜尋計有兩種，一為循序搜尋（sequential search），二為二元搜尋（binary search）。搜尋陣列的某一元素會有兩種狀況，一為有找到，二為沒找到。讓我們先來看看循序搜尋法。

6-9-1 循序搜尋

循序搜尋又稱為暴力搜尋，也就是從第一筆開始搜尋比較，直到最後一筆結束。

範例程式：sequentialSearch.cpp

```
01  #include <iostream>
02  #include <iomanip>
03  using namespace std;
04  
05  int linearSearch(const int [], int, int);
06  int main()
07  {
08      int data[] = {8, 9, 6, 1, -2, 7, 10, 3, 5, 4, 2};
09      int size = sizeof(data)/sizeof(int);
10      int key, index;
11      cout << "data: " << endl;
12      for (int x=0; x<size; x++) {
13          cout << setw(3) << data[x];
14      }
15      cout << endl;
16  
17      cout << "\nWhat number do you want to search: ";
18      cin >> key;
19      index = linearSearch(data, key, size);
20      if (index != -1) {
21          cout << key << " is at the index of " << index << endl;
22      }4
23      else {
24          cout << key << " is not found" << endl;
25      }
26      return 0;
27  }
28  
```

```
29  int linearSearch(const int data2[], int key, int n)
30  {
31      for (int i=0; i<n; i++) {
32          if (data2[i] == key) {
33              return i;
34          }
35      }
36      return -1;
37  }
```

```
data:
  8  9  6  1 -2  7 10  3  5  4  2

What number do you want to search: 4
4 is at the index of 9
```

```
data:
  8  9  6  1 -2  7 10  3  5  4  2

What number do you want to search: -1
-1 is not found
```

循序搜尋法將欲搜尋的元素 key 與陣列裡各元素做比較。陣列元素順序不限。平均來說，如果欲搜尋的元素 key 存在的話，搜尋次數平均是（n/2）。由於循序搜尋的次數會跟著陣列元素個數增加而線性成長，因此，循序搜尋對於較大的陣列來說較沒有效率。必須使用以下的二元搜尋。

6-9-2 二元搜尋

二分搜尋是搜尋一系列數值常見的方法。要使用二分搜尋，陣列裡的元素必須要已經由小至大排序過了。二分搜尋先將欲搜尋的元素 key 與陣列裡正中間的元素做比較，此時會有以下三種情況：

- 如果 key 小於中間元素，接下來只需要對陣列前半段的元素做搜尋。
- 如果 key 等於中間元素，代表已找到相符結果，搜尋即結束。
- 如果 key 大於中間元素，接下來只需要對陣列後半段的元素做搜尋。

很明顯地，二分搜尋會在每一次比較之後，有時候可排除一半的元素，有時候可排除一半加一個元素。假設陣列裡有 n 個元素。為了方便起見，這裡讓 n 為 2 的某次方。第一次比較之後，剩下 n/2 個元素得做進一步搜尋；第二次比較之後，則剩下 (n/2)/2 個元素。第 k^{th} 次比較之後，剩下 $n/2^k$ 個元素得做進一步搜尋，假設只剩下一個元素，則 $n/2^k = 1$。兩邊取 $\log_2$，可得 $k = \log_2 n$。因此，想找尋已排序陣列裡的元素，使用二分搜尋最差的情況，需要 $\log_2 n$ 次比較。以 1024（2^{10}）個元素來說，使用二分搜尋最差的情況只需要 10 次比較，如果使用循序搜尋，則需要 1024 次比較。

每經過一次比較，剩下要被搜尋的陣列內容便會縮減一半。這裡讓 low 與 high 分別表示目前要被搜尋的陣列的第一個與最後一個索引。一開始 low 為 0，high 為 SIZE-1。讓 mid 表示中間元素的索引，也就是(low + high)/2。圖 6-2 說明使用二分搜尋於 {3, 6, 10, 14, 16, 51, 57, 67, 69, 76, 80, 82, 92} 陣列中找尋 key 16。

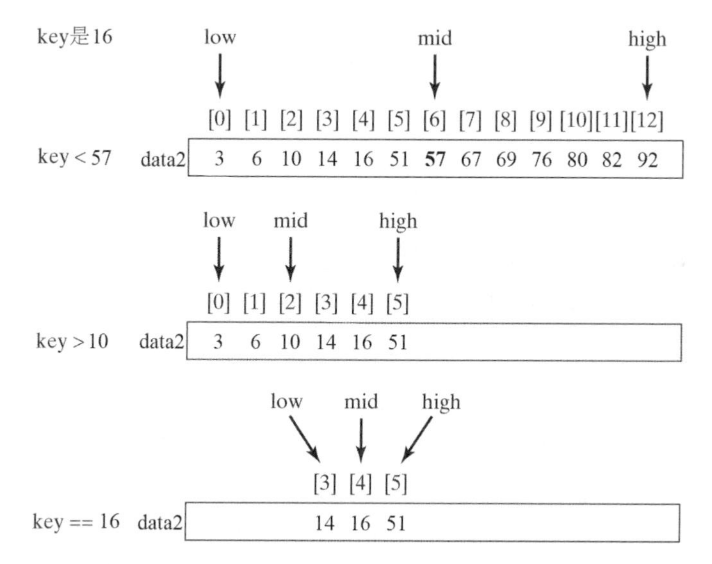

圖 6-2 二分搜尋法進行每一次比較之後，便可排除一半的搜尋內容

現在我們知道二分搜尋的運作方式了。接下來實作此搜尋法。不要急於撰寫一個完整的實作內容。請循序漸進，一個一個來。可以先從搜尋的第一個迭代開始，如圖 6-3(a)所示。先將 key 與 low 索引為 0 和 high 索引為 SIZE - 1 的中間元素做比較。如果 key > data2[mid]，則將 low 索引設定為 mid + 1；如果 key == data2[mid]，表示已找到相符結果，即可回傳 mid；如果 key < data2[mid]，便將 high 索引設定為 mid - 1

<pre>int binarySearch(const int data2[],
          int key, int arrSize)
{
    int low = 0;
    int high = arrSize-1;
 	
        int mid = (low+high)/2;
        if (key > data2[mid]) {
            low = mid + 1;
        }
        else if (key == data2[mid]) {
            return mid;
        }
        else {
            high = mid - 1;
        }
 	
}</pre>
	<pre>int binarySearch(const int data2[],
	          int key, int arrSize)
	{
	    int low = 0;
	    int high = arrSize-1;
	    while (low <= high) {
	        int mid = (low+high)/2;
	        if (key > data2[mid]) {
	            low = mid + 1;
	        }
	        else if (key == data2[mid]) {
	            return mid;
	        }
	        else {
	            high = mid - 1;
	        }
	    }
	    return -1;
	}</pre>

(a)	(b)

圖 6-3 循序漸進實作二分搜尋法

接下來，開始思考如何藉由迴圈，實作可重複進行搜尋的函式，如圖 6-3(b)所示。當 key 被找到，或尚未找到，但 low > high 時，搜尋即停止。

當欲搜尋的元素 key 沒有被搜尋到時，low 即是 key 的插入點，以維護陣列順序。回傳插入點比回傳 -1 來得更有用。函式必須回傳負值來表示 key 不在陣列裡。是否可簡單回傳 - low？答案是不行的。如果 key 小於 data2[0]，low 便會是 0。- 0 即是 0。這表示 key 與 data2[0]相符。較好的作法是當 key 不在陣列裡時，讓函式回傳 - low - 1。回傳 - low - 1 不只代表該 key 不在陣列裡，亦告知該 key 的插入點位置。

以下為完整的二元搜尋程式內容。

```
01  int binarySearch(const int data2[], int key, int arrSize)
02  {
03      int low = 0;
04      int high = arrSize-1;
05      while (high >= low) {
```

```
06            int mid = (low+high)/2;
07            if (key > data2[mid]) {
08                low = mid + 1;
09            }
10            else if (key == data2[mid]) {
11                return mid;
12            }
13            else {
14                high = mid - 1;
15            }
16        }
17        return -low-1;
18    }
```

如果陣列裡包含欲搜尋的元素 key 元素，二分搜尋法便會回傳該 key 的索引（第 11 行）。反之，則回傳 - low - 1（第 17 行）。如果將第 5 行的 (high >= low) 換成 (high > low)，會如何呢？搜尋過程可能會遺漏一個可能相符的元素。試想一個只帶有單一元素的陣列。在這個情況下，搜尋便會錯過該元素。如果陣列裡帶有重複的元素，此函式是否仍舊可行？答案是可行的，只要元素是由小到大做排序即可。如果陣列包含欲搜尋的元素 key 元素，那麼函式便會回傳其中一個相符合元素的索引。

為了更清楚了解此函式，可使用以下敘述做追蹤，當函式回傳時，判別 low 與 high 值。

以下表格列出當離開函式時的 low 與 high 數值，以及函式呼叫後所回傳的值。

函式	low	high	回傳值
binarySearch(dataArr, 3, 13)	0	1	0
binarySearch(dataArr, 16, 13)	3	5	4
binarySearch(dataArr, 17, 13)	5	4	-6
binarySearch(dataArr, 1, 13)	0	-1	-1
binarySearch(dataArr, 5, 13)	1	0	-2

以下是完整且可執行的二元搜尋程式 binarySearch.cpp。

範例程式：binarySearch.cpp

```
01  #include <iostream>
02  #include <iomanip>
03  using namespace std;
04
05  int binarySearch(const int [], int, int);
06  int main()
07  {
08      int dataArr[] = {3, 6, 10, 14, 16, 51, 57, 67, 69, 76, 80, 82, 92};
09      int size = sizeof(dataArr)/sizeof(int);
10      int key, index;
11      cout << "Data array: " << endl;
12      for (int x=0; x<size; x++) {
13          cout << setw(3) << dataArr[x];
14      }
15      cout << "\n\ndataArr size is " << size << endl;
16      cout << "\nWhat number do you want to search: ";
17      cin >> key;
18      index = binarySearch(dataArr, key, size);
19      cout << "return value is " << index << endl;
20
21      return 0;
22  }
23
24  int binarySearch(const int data2[], int key, int arrSize)
25  {
26      int low = 0;
27      int high = arrSize-1;
28      while (high >= low) {
29          int mid = (low+high)/2;
30          if (key > data2[mid]) {
31              low = mid + 1;
32          }
33          else if (key == data2[mid]) {
34              return mid;
35          }
36          else {
37              high = mid - 1;
38          }
39      }
40      return -low-1;
41  }
```

6-10 再論輸入的動作

下一範例說明當你輸入資料於陣列時，若輸入資料的型態不正確，將會導致錯誤的發生應如何處理。

範例程式：scoresUsingArray.cpp

```
01  #include <iostream>
02  #include <iomanip>
03  using namespace std;
04  int main()
05  {
06      int scores[5];
07      cout << "Please enter your C++ scores.\n";
08      for (int i=0; i<5; i++) {
09          cout << "#" << i+1 << ": ";
10          while (!(cin >> scores[i])) {
11              cin.clear();  // reset input
12
13              //flush buffer
14              while (cin.get() != '\n') {
15                  continue;
16              }
17              cout << "Error input\nPlease enter the score again: ";
18          }
19      }
20
21      cout << "\nThe scores are: " << endl;
22      for (int i=0; i<5; i++) {
23          cout << "scores[" << i << "]" << setw(4) << scores[i]
            << endl;
24      }
25
26      return 0;
27  }
```

```
Please enter your C++ scores.
#1: 92
#2: 90
#3: pp
Error input
Please enter the score again: 98
```

```
#4: 88
#5: 100

The scores are:
scores[0]  92
scores[1]  90
scores[2]  98
scores[3]  88
scores[4] 100
```

程式設計讓使用者輸入五筆分數資料，它是利用

```
cin >> scores[i]
```

來完成陣列的每一筆分數的。若你輸入分數的資料不是數值，而是英文字母等等，此時會回傳 false，由於我們在迴圈的條件式加上 ! 的邏輯運算子，所以得到是 true，因而執行迴圈內的敘述。首先敘述是

```
cin.clear()
```

它將輸入的錯誤狀態更改為有效型態，這一點很重要的，少了它是不可的。接下來，再執行 while 迴圈，將緩衝區內的資料加以讀取

```
while (cin.get() != '\n') {
     continue;
}
```

由於沒有指定給任何變數，表示將它移除，直到 \n 字元（它是換行的字元），其實就是 enter 鍵。

我們在第 2 章的輸出與輸入章節中，談到 cin.get() 讀取字串，這裡要看的是，當輸入的資料個數超過陣列所設定大小時，將會如何呢？我們以下一程式來說明之。

範例程式：inputName.cpp

```
01  #include <iostream>
02  using namespace std;
03  int main()
04  {
05      char first_name[20];
06      char last_name[20];
07
```

```
08        cout << "Enter first name: ";
09        cin.get(first_name, 20);
10        cout << "Enter last_name: ";
11        cin.get(last_name, 20);
12        cout << "Your name is " << first_name << ", "
13                                << last_name << endl;
14
15        return 0;
16    }
```

```
Enter first name: Bright789012345678901234
Enter last_name: Your name is Bright7890123456789, 1234
```

程式中定義 first_name 與 last_name 這兩個陣列的長度是 20 個字元，cin.get(first_name, 20) 只讀取 19 個字元，因為字串的最後一個字元會充填空字元。其餘過長的輸入資料，將會再被第二個 cin.get(last_name, 20) 敘述所讀取。解決方式可以使用迴圈讀取留在緩衝區的殘餘字元，如範例程式 flushBuffer.cpp 所示：

範例程式：flushBuffer.cpp

```
01  #include <iostream>
02  using namespace std;
03
04  int main()
05  {
06      char first_name[20];
07      char last_name[20];
08
09      cout << "Enter first name: ";
10      cin.get(first_name, 20);
11
12      //flush buffer
13      while (cin.get() != '\n') {
14          continue;
15      }
16      cout << "Enter last_name: ";
17      cin.get(last_name, 20);
18      cout << "Your name is " << first_name << ", "
19                                << last_name << endl;
20
21      return 0;
22  }
```

```
Enter first name: Bright789012345678901234
Enter last_name: Tsai
Your name is Bright7890123456789, Tsai
```

以上是以 cin.get() 讀取字串。接著來看以 cin.getline() 讀取字串，若輸入的資料大於字元長度時，會發生什麼事呢？請看以下範例程式

範例程式：getlineInput.cpp

```
01  #include <iostream>
02  using namespace std;
03
04  int main()
05  {
06      char first_name[20];
07      char last_name[20];
08
09      cout << "Enter first name: ";
10      cin.getline(first_name, 20);
11      cout << "Enter last_name: ";
12      cin.getline(last_name, 20);
13      cout << "Your name is " << first_name << ", "
14                              << last_name << endl;
15
16      return 0;
17  }
```

```
Enter first name: Bright78901234567890abcde
Enter last_name: Your name is Bright7890123456789,
```

從輸出結果得知，你輸入的資料太長了，大於 20，此時只會讀取 19 個字元，而且不會等你輸入 last_name，所以輸出結果不太正確。由於讀取已失敗，因此必須呼叫下一敘述

```
cin.clear()
```

來重設讀取的狀態。接下來利用 while 迴圈，以 cin.get() 加以讀取，直到遇到 '\n' 為止，這是讀取緩衝區的資料並加以丟棄。如下範例程式所示：

範例程式：clearAndFlush.cpp

```
01  #include <iostream>
02  using namespace std;
```

```
03  int main()
04  {
05      char first_name[20];
06      char last_name[20];
07
08      cout << "Enter first name: ";
09      cin.getline(first_name, 20);
10
11      cin.clear();
12      while (cin.get() != '\n') {
13          continue;
14      }
15      cout << "Enter last_name: ";
16      cin.getline(last_name, 20);
17      cout << "Your name is " << first_name << ", "
18                                  << last_name << endl;
19
20      return 0;
21  }
```

```
Enter first name: Bright78901234567890abcde
Enter last_name: Tsai
Your name is Bright7890123456789, Tsai
```

注意，若此程式沒有 cin.clear() 敘述，將不會產生正確的結果，這是 cin.getline(first_name, 20) 和 cin.get(first_name, 20) 敘述不同之處。接下來我們來談 cin.eof() 與 cin.fail() 方法。

範例程式：eofFunction.cpp

```
01  #include <iostream>
02  using namespace std;
03
04  int main()
05  {
06      char ch;
07      int count{0};
08      cout << "input some characters: ";
09      cin.get(ch);
10      while (!cin.eof()) {
11          cout << ch;
12          ++count;
13          cin.get(ch);
14      }
```

```
15
16      cout << endl << count << " characters read\n";
17      return 0;
18  }
```

```
input some characters: Bright Tsai
Bright Tsai

12 characters read
```

cin.eof() 表示輸入資料結束點，在 Mac 下 C++ 的 Xcode 編譯系統是以 CTRL+D 模擬輸入資料結束點，而 Windows 下的 C++ 編譯系統是以 CTRL+Z 模擬之。

上一程式也可使用 cin.fail()方式撰寫之，若有讀取到資料，則回傳 true，否則將回傳 false，請參閱下一程式：

範例程式：failFunction.cpp

```
01  #include <iostream>
02  using namespace std;
03  int main()
04  {
05      char ch;
06      int count{0};
07      cout << "input some characters: ";
08      cin.get(ch);
09      while (cin.fail() == false) {
10          cout << ch;
11          ++count;
12          cin.get(ch);
13      }
14
15      cout << endl << count << " characters read\n";
16      return 0;
17  }
```

此程式的輸出結果同上。上述的輸入函式以及會發生的問題，我們要加以注意，因為這些是常常被人忽視的，而且不太容易找出原因，有了這些輸入資料的正確觀念，就不會發生垃圾進，垃圾出（garbage in garbage out，GIGO）的現象，進而可以執行下一個動作了。

6-11 個案研究

以下是我們將舉幾個有關陣列的個案探討。

6-11-1 隨機選取六張撲克牌

撰寫一程式，隨機從一副 52 張撲克牌中選取 6 張牌。所有牌皆可使用名為 poker 陣列，初始值為 0 到 51，如下所示：

```
const int NUMBER_OF_CARDS = 52;
int poker[NUMBER_OF_CARDS];

//初始 poker 的值，由 0 開始，直到 51
for (int i=0; i<NUMBER_OF_CARDS; i++) {
     poker[i] = i;
}
```

牌號 0 到 12、13 到 25、26 到 38，以及 39 到 51 分別代表 13 張黑桃（Spades）、13 張紅心（Hearts）、13 張方塊（Diamonds），以及 13 張梅花（Clubs）等四種花色，如圖 6-4 所示。cardNumber / 13 用來判斷花色，cardNumber % 13 則用來判斷紙牌上的排列，cardNumber 表示牌號，如圖 6-5 所示。將陣列 poker 進行洗牌動作後，從 poker 中選取頭 4 張牌。

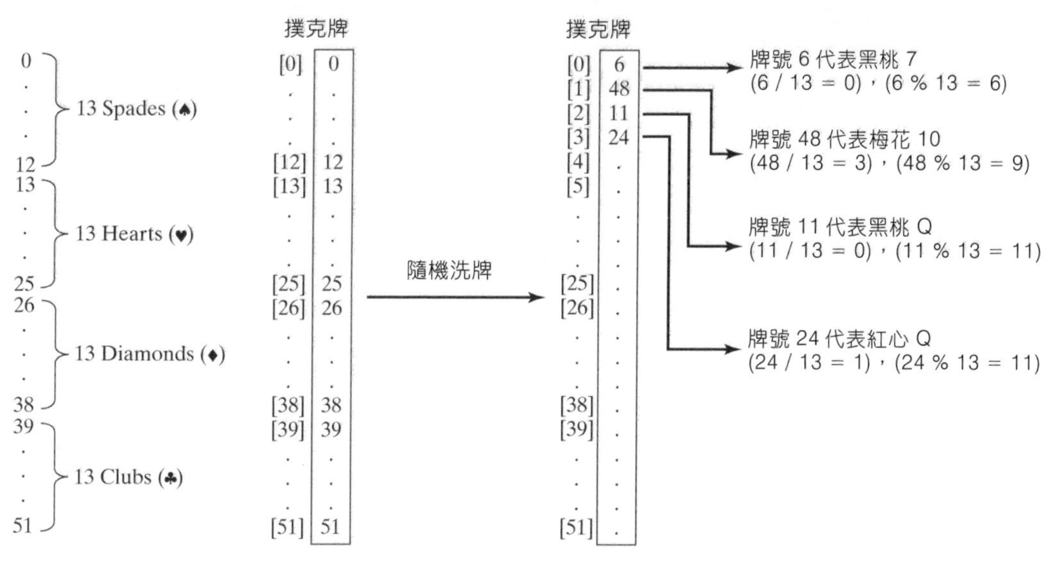

圖 6-4 52 張撲克牌儲存於名爲 poker 的陣列裡

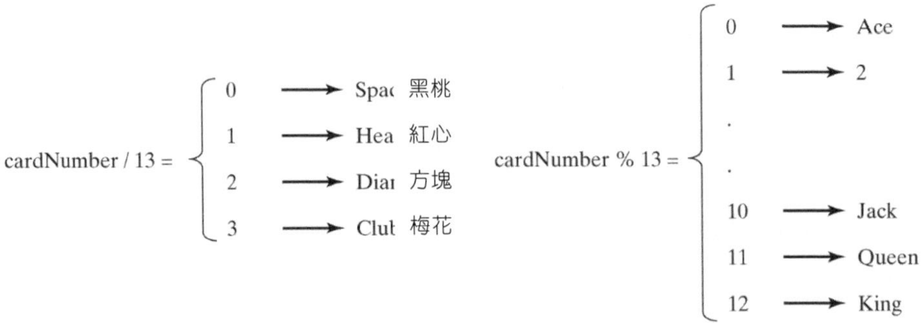

cardNumber / 13 =
0 → Spac 黑桃
1 → Hea 紅心
2 → Diai 方塊
3 → Clut 梅花

cardNumber % 13 =
0 → Ace
1 → 2
.
.
10 → Jack
11 → Queen
12 → King

圖 6-5 cardNumber 如何判別花色與牌序的名稱

範例程式 pokerUsingArray.cpp 提供了問題的解法。

範例程式：pokerUsingArray.cpp

```
01  #include <iostream>
02  using namespace std;
03  
04  const int NUMBER_OF_CARDS = 52;   //共 52 張牌
05  string suits[4] = {"Spades", "Hearts", "Diamonds", "Clubs"};//4 種花色
06  string ranks[13] = {"Ace", "2", "3", "4", "5", "6", "7", "8", "9",
07                      "10", "Jack", "Queen", "King"};  //13 張牌的名稱
08  
09  int main()
10  {
11      int poker[NUMBER_OF_CARDS];
12  
13      //初始 poker 的值，由 0 開始，直到 51
14      for (int i=0; i<NUMBER_OF_CARDS; i++) {
15          poker[i] = i;
16      }
17  
18      //洗牌
19      srand(unsigned(time(NULL)));
20      for (int i = 0; i < NUMBER_OF_CARDS; i++) {
21          //產生隨機的索引
22          int index = rand() % NUMBER_OF_CARDS;
23          int temp = poker[i];
24          poker[i] = poker[index];
25          poker[index] = temp;
26      }
27  
28      //顯示前六張牌
29      for (int i=0; i<=5; i++) {
```

```
30            cout << ranks[poker[i] % 13] << " of " <<
31                    suits[poker[i] / 13] << endl;
32        }
33
34        return 0;
35    }
```

```
8 of Spades
7 of Diamonds
3 of Spades
Queen of Clubs
4 of Spades
Queen of Spades
```

此程式定義一陣列 poker 有 52 張牌（第 4 行）。poker 陣列於第 14-16 行，以數值 0 到 51 對 poker 進行初始化。poker 值 0 代表黑桃 A，1 代表黑桃 2，13 代表紅心 A，14 代表紅心 2。第 20-26 行隨意洗牌。洗牌之後，poker [i] 將帶有一任意值。poker [i] / 13 為 0、1、2 或 3，用來判斷花色（第 31 行）。poker [i] % 13 為 0 到 12 之間的數值，用來判斷牌上排序號碼對應的名稱（第 30 行）。

如果 suits 陣列未定義，則必須使用以下冗長的多向 if-else 敘述來判斷花色：

```
//顯示前六張牌
for (int i=0; i<=5; i++) {
    cout << ranks[poker[i] % 13] << " of ";
    if (poker[i] / 13 == 0) {
        cout << "Spades" << endl;
    }
    else if (poker[i] / 13 == 1) {
        cout << "Hearts" << endl;
    }
    else if (poker[i] / 13 == 2) {
        cout << "Diamonds" << endl;
    }
    else if (poker[i] / 13 == 3) {
        cout << "Clubs" << endl;
    }
}
```

有了 suits = {"Spades", "Hearts", "Diamonds", "Clubs"}，那麼 suits[poker[i] / 13] 即可取得 poker[i] 的花色。使用陣列能大大簡化程式的解法。

6-11-2 猜猜你的生日

在未論及猜猜你的生日前，我們來看一些基本的知識。輸入 1~31 的某一整數，產生其對應的二進位數字。

範例程式：binaryNum-1.cpp

```
01  #include <iostream>
02  using namespace std;
03  
04  int main( ) {
05      int arr[5]{0};
06  
07      int num{};
08      int i{0};
09      cout << "Enter a number: ";
10      cin >> num;
11      int reminder = num % 2;  //取其餘數
12      int qua = int(num / 2);  //取其商
13      arr[4] = reminder;  //將它指定給陣列的第 5 個元素
14  
15      while (qua >= 2) {  //商若大於 2，則繼續，直到商小於 2
16          i++;
17          reminder = qua % 2;
18          qua = int(qua / 2);
19          arr[4-i] = reminder;  //將餘數指定給陣列第 4-i+1 個元素
20      }
21      i++;
22      arr[4-i] = qua; //將商指定給陣列第 4-i+1 個元素
23  
24      for (int i=0; i<5; i++) {
25          cout << arr[i];
26      }
27      cout << endl;
28  
29      return 0;
30  }
```

```
Enter a number: 9
01001
```

```
Enter a number: 31
11111
```

了解上述的程式後，我們可以撰寫一程式來自動產生 1~31 二進位數字，如下程式所示：

範例程式：binaryNum-2.cpp

```
01  #include <iostream>
02  #include <iomanip>
03  using namespace std;
04  
05  int main()
06  {
07      int i{};
08      int reminder, qua;
09      for (int num=1; num<=31; num++) {
10          i = 0;
11          int arr[5]{0};
12          reminder = num % 2;
13          qua = int(num / 2);
14          arr[4] = reminder;
15  
16          while (qua >= 2) {
17              i++;
18              reminder = qua % 2;
19              qua = int(qua / 2);
20              arr[4-i] = reminder;
21          }
22          i++;
23          arr[4-i] = qua;
24  
25          if (num % 5 != 0) {
26              cout << setw(2) << num << ": ";
27              for (int j=0; j<5; j++) {
28                  cout << arr[j];
29              }
30              cout << " ";
31          }
32          else {
```

```
33                cout << setw(2) << num << ": ";
34                for (int j=0; j<5; j++) {
35                    cout << arr[j];
36                }
37                cout << endl;
38            }
39        }
40
41        cout << endl;
42        return 0;
43    }
```

```
 1: 00001  2: 00010  3: 00011  4: 00100  5: 00101
 6: 00110  7: 00111  8: 01000  9: 01001 10: 01010
11: 01011 12: 01100 13: 01101 14: 01110 15: 01111
16: 10000 17: 10001 18: 10010 19: 10011 20: 10100
21: 10101 22: 10110 23: 10111 24: 11000 25: 11001
26: 11010 27: 11011 28: 11100 29: 11101 30: 11110
31: 11111
```

接下來，將 1~31 所產生的二進位數值，逐一分配給 5 張表格，如下所示：

範例程式：binaryNum-3.cpp

```
01    #include <iostream>
02    #include <iomanip>
03    using namespace std;
04
05    int main( )
06    {
07        int i{0};
08        int reminder, qua;
09        int set1[20], set2[20], set3[20], set4[20], set5[20];
10        int i1{0}, i2{0}, i3{0}, i4{0}, i5{0};
11
12        for (int num=1; num<=31; num++) {
13            i = 0;
14            int arr[5]{0};
15            reminder = num % 2;
16            qua = int(num / 2);
17            arr[4] = reminder;
18
19            while (qua >= 2) {
20                i++;
21                reminder = qua % 2;
```

```
22                qua = int(qua / 2);
23                arr[4-i] = reminder;
24            }
25            i++;
26            arr[4-i] = qua;
27
28            //assign num to table
29            for (int j=0; j<5; j++) {
30                if (arr[j] == 1) {
31                    switch (j) {
32                        case 0: set5[i5] = num;
33                                i5++;
34                                break;
35                        case 1: set4[i4] = num;
36                                i4++;
37                                break;
38                        case 2: set3[i3] = num;
39                                i3++;
40                                break;
41                        case 3: set2[i2] = num;
42                                i2++;
43                                break;
44                        case 4: set1[i1] = num;
45                                i1++;
46                                break;
47                    }
48                }
49            }
50        }
51
52        //印出每一張表格
53        cout << "       set1    " << endl;
54        for (int i=0; i<i1; i++) {
55            cout << setw(4) << set1[i];
56            //每一列印 5 個
57            if ((i+1) % 4 == 0) {
58               cout << endl;
59            }
60        }
61        cout << endl;
62
63        cout << "       set2    " << endl;
64        for (int i=0; i<i2; i++) {
65            cout << setw(4) << set2[i];
```

```
66              if ((i+1) % 4 == 0) {
67                  cout << endl;
68              }
69          }
70          cout << endl;
71
72          cout << "       set3    " << endl;
73          for (int i=0; i<i3; i++) {
74              cout << setw(4) << set3[i];
75              if ((i+1) % 4 == 0) {
76                  cout << endl;
77              }
78          }
79          cout << endl;
80
81          cout << "       set4    " << endl;
82          for (int i=0; i<i4; i++) {
83              cout << setw(4) << set4[i];
84              if ((i+1) % 4 == 0) {
85                  cout << endl;
86              }
87          }
88          cout << endl;
89
90          cout << "       set5    " << endl;
91          for (int i=0; i<i5; i++) {
92              cout << setw(4) << set5[i];
93              if ((i+1) % 4 == 0) {
94                  cout << endl;
95              }
96          }
97          cout << endl;
98      return 0;
99      }
```

```
       set1
   1   3   5   7
   9  11  13  15
  17  19  21  23
  25  27  29  31
```

```
     set2
  2   3   6   7
 10  11  14  15
 18  19  22  23
 26  27  30  31

     set3
  4   5   6   7
 12  13  14  15
 20  21  22  23
 28  29  30  31

     set4
  8   9  10  11
 12  13  14  15
 24  25  26  27
 28  29  30  31

     set5
 16  17  18  19
 20  21  22  23
 24  25  26  27
 28  29  30  31
```

接下來就可以利用這 5 張表格來猜生日了。

範例程式：guessBirthdayUsingArray.cpp

```
01  #include <iostream>
02  #include <iomanip>
03  using namespace std;
04
05  int main( )
06  {
07      int i{0};
08      int reminder, qua;
09      int set1[20], set2[20], set3[20], set4[20], set5[20];
10      int i1{0}, i2{0}, i3{0}, i4{0}, i5{0};
11
12      for (int num=1; num<=31; num++) {
13          i = 0;
14          int arr[5]{0};
15          reminder = num % 2;
16          qua = int(num / 2);
```

```
17          arr[4] = reminder;
18
19          while (qua >= 2) {
20              i++;
21              reminder = qua % 2;
22              qua = int(qua / 2);
23              arr[4-i] = reminder;
24          }
25          i++;
26          arr[4-i] = qua;
27
28          //assign num to table
29          for (int j=0; j<5; j++) {
30              if (arr[j] == 1) {
31                  switch (j) {
32                      case 0: set5[i5] = num;
33                              i5++;
34                              break;
35                      case 1: set4[i4] = num;
36                              i4++;
37                              break;
38                      case 2: set3[i3] = num;
39                              i3++;
40                              break;
41                      case 3: set2[i2] = num;
42                              i2++;
43                              break;
44                      case 4: set1[i1] = num;
45                              i1++;
46                              break;
47                  }
48              }
49          }
50      }
51
52      char ans;
53      int birthday = 0;
54      //印出每一張表格
55      cout << "       set1    " << endl;
56      for (int i=0; i<i1; i++) {
57          cout << setw(4) << set1[i];
58          //每一列印 5 個
59          if ((i+1) % 4 == 0) {
60             cout << endl;
```

```
61             }
62         }
63         cout << "你的生日有在這張表格嗎(y for yes, n for no)? ";
64         cin >> ans;
65         if (ans == 'y') {
66             birthday += 1;
67         }
68         cout << endl;
69 
70         cout << "       set2    " << endl;
71         for (int i=0; i<i2; i++) {
72             cout << setw(4) << set2[i];
73             if ((i+1) % 4 == 0) {
74                 cout << endl;
75             }
76         }
77         cout << "你的生日有在這張表格嗎(y for yes, n for no)? ";
78         cin >> ans;
79         if (ans == 'y') {
80             birthday += 2;
81         }
82         cout << endl;
83 
84         cout << "       set3    " << endl;
85         for (int i=0; i<i3; i++) {
86             cout << setw(4) << set3[i];
87             if ((i+1) % 4 == 0) {
88                 cout << endl;
89             }
90         }
91         cout << "你的生日有在這張表格嗎(y for yes, n for no)? ";
92         cin >> ans;
93         if (ans == 'y') {
94             birthday += 4;
95         }
96         cout << endl;
97 
98         cout << "       set4    " << endl;
99         for (int i=0; i<i4; i++) {
100            cout << setw(4) << set4[i];
101            if ((i+1) % 4 == 0) {
102                cout << endl;
103            }
104        }
```

```
105        cout << "你的生日有在這張表格嗎(y for yes, n for no)? ";
106        cin >> ans;
107        if (ans == 'y') {
108            birthday += 8;
109        }
110        cout << endl;
111
112        cout << "      set5    " << endl;
113        for (int i=0; i<i5; i++) {
114            cout << setw(4) << set5[i];
115            if ((i+1) % 4 == 0) {
116                cout << endl;
117            }
118        }
119        cout << "你的生日有在這張表格嗎(y for yes, n for no)? ";
120        cin >> ans;
121        if (ans == 'y') {
122            birthday += 16;
123        }
124        cout << endl;
125        cout << "你的生日是 " << birthday << " 號" << endl;
126        return 0;
127    }
```

```
      set1
   1   3   5   7
   9  11  13  15
  17  19  21  23
  25  27  29  31
你的生日有在這張表格嗎(y for yes, n for no)? y

      set2
   2   3   6   7
  10  11  14  15
  18  19  22  23
  26  27  30  31
你的生日有在這張表格嗎(y for yes, n for no)? n

      set3
   4   5   6   7
  12  13  14  15
  20  21  22  23
  29  30  31
```

```
你的生日有在這張表格嗎(y for yes, n for no)? y

      set4
   8   9  10  11
  12  13  14  15
  24  25  26  27
  28  29  30  31
你的生日有在這張表格嗎(y for yes, n for no)? y

      set5
  16  17  18  19
  20  21  22  23
  24  25  26  27
  28  29  30  31
你的生日有在這張表格嗎(y for yes, n for no)? n

你的生日是 13 號
```

6-12 練習題解答

6.1 不可以，這樣只是將 a 陣列的位址拷貝給 b，所以這兩個陣列是指向同一個位址。

6.2 一開始宣告陣列時，記憶體就被配置了，此程式共配置 20 個 bytes(4*20)，但因為 arr 陣列只有宣告，並沒給予初始值，所以程式印出 data[0] 和 data[19] 將會是記憶體內的殘餘值。還有 data[20] 已超出配置的記憶體範圍。

若陣列的宣告前加上 static 成為靜態的陣列、或是此陣列是全域性的陣列。亦即此陣列宣告在函式的外面，這兩種陣列會有預設的初始值 0。

6.3

```
double data[20]; //正確
char[20] ch; //錯誤
int i_data[] = (1, 2, 3, 4, 5); //錯誤
float f_data[] = {1.1, 2.2, 3.3, 4.4, 5.5}; //正確
```

6.4 陣列索引型態是整數型態，最小的索引值是 0，arr 陣列的第 2 個元素是 arr[1]。

6.5 (a) `double arr2[20]`

(b) `arr2[19] = 10.5;`

(c) `cout << (arr2[0] + arr2[1]) << endl;`

(d)
```
double sum = 0;
for (int i = 0; i < 10; i++) {
    sum += arr2[i];
}
```

(e)
```
double max = arr2[0];
for (int i = 1; i < 10; i++) {
    if (arr2[i] > max) {
        max = list[i];
    }
}
```

(f)
```
int i = rand() % 20;
cout << arr2[i] << endl;
```

(g) `int arr3[] = {3, 4, 5, 6};`

6.6 第 3 行應為 double **x[20]**; 第 4 行的 i<=20 要改為 i<20，以及後面的分號去掉，第 5 行 x(i) 應為 **X[i]**;

正確的程式如下：（粗體的部分表示修正過的）

```
1: int main()
2: {
3:     double x[20];
4:     for (int i=0; i<20; i++)
5:         x[i] = rand() % 49 + 1;
6:     return 0;
7: }
```

6.7 `10 10 30 30 50 50`

6.8
```
#include <iostream>
#include <iomanip>
using namespace std;

int greatest(int arr2[], int n);
```

```
int main()
{
    int arr[] = {11, 23, 15, 47, 39};
    int size = sizeof(arr)/sizeof(int);
    for (int i=0; i<size; i++) {
        cout << setw(4) << arr[i];
    }
    cout << endl;

    int big = greatest(arr, size);
    cout << "最大值是 " << big << endl;
    return 0;
}

int greatest(int arr2[], int n)
{
    int max = arr2[0];
    for (int i=1; i<n; i++) {
        if (arr2[i] > max) {
            max = arr2[i];
        }
    }
    return max;
}
```

6-13 習題

1. 請撰寫一程式，讀取 10 個浮點數，接著以相反的順序顯示其所讀取的數字。

2. 請撰寫一程式，讀取學生分數（score），找到最高分（highest），接著根據以下規則給予成績等級：

   若 scores 大於等於 highest – 10，則等級（Grade）為 A

   若 scores 大於等於 highest – 20，則等級（Grade）為 B

   若 scores 大於等於 highest – 30，則等級（Grade）為 C

   若 scores 大於等於 highest – 40，則等級（Grade）為 D

其他，等級為 F

此程式提示使用者輸入學生人數，接著輸入所有分數，最後顯示等級。以下為程式的執行結果：

```
請輸入學生人數: 6
輸入 6 位學生的分數: 90 89 76 56 57 49
學生 1  分數: 90 ，grade 是 A
學生 2  分數: 89 ，grade 是 A
學生 3  分數: 76 ，grade 是 B
學生 4  分數: 56 ，grade 是 D
學生 5  分數: 57 ，grade 是 D
學生 6  分數: 49 ，grade 是 F
```

3. 試撰寫一程式，自動產生 1~100 二進位的數字，輸出時每五個數字印一列。

4. 請撰寫一程式，讀取未指定個數的成績資料，判斷有多少分數高於或等於平均值，有多少分數低於平均值。以輸入負數值表示輸入資訊的結尾。假設最多可輸入 50 筆分數資料。

5. 請撰寫一程式，讀取十個數字並顯示不同的數字（若一數字出現多次時，則只顯示出一次）。（提示：讀取一數字，若是新的，則將它儲存於陣列中，若數字已經在陣列中，則將它捨掉。輸入完之後，陣列只包含不同的數字。）以下為程式的執行結果：

```
輸入十個整數: 1 3 5 2 3 5 2 7 6 8
不同的數字為: 1 3 5 2 7 6 8
```

6. 請撰寫一程式，產生 100 個介於 0 到 9 的隨機整數，接著顯示各數字的個數。（提示：使用 rand() % 10 來產生 0 到 9 之間的隨機整數。利用有十個整數的陣列名為 counts，來儲存各數字 0、1、…、9 的個數。）

7. 請撰寫一個函式，輸出整數陣列裡的最大元素對與其對應的索引、最小元素與其對應的索引，請使用以下函式標頭：

```
void minMaxIndex(int arr2[], int size);
```

再撰寫一測試程式，提示使用者輸入 10 個數字，接著呼叫此函式印出其結果。

8. 這裡使用以下的公式來計算 n 個數字的標準差。

$$mean = \frac{\sum_{i=1}^{n} x_i}{n} = \frac{x_1 + x_2 + \ldots + x_n}{n} \quad deviation = \sqrt{\frac{\sum_{i=1}^{n}(x_i - mean)^2}{n-1}}$$

要使用此公式計算標準差，必須使用陣列來儲存各數字，以便在取得平均值之後使用。

程式應該要有以下幾個函式：

```
//計算平均值
double mean(const double [], int);
//計算標準差
double deviation(const double [], int);
```

請撰寫一測試程式，提示使用者輸入 10 個數字，接著顯示其平均值與標準差。

9. 請撰寫一程式，隨機產生一個帶有 80,000 個整數的陣列，以及要找尋的元素 key。估計一下呼叫 linearSearch 函式的執行時間。接著排序陣列，估計一下呼叫 binarySearch 函式的執行時間。你會發現二元搜尋會比循序搜尋來得快。

10. 選擇排序（selection sort）先找到序列裡的最小數字，接著將其與第一個元素做對調。接著再找其餘數字中的最小數字，再與第二個元素做對調，依此類推，直到只剩下一個數字。試撰寫一程式測式之。

11. 請將第 6-8-2 節的氣泡排序法，以樣版函式方式撰寫之，以迎合更多的陣列型態資料可以加以排序之。

12. 試撰寫一程式，印出 1~50 的階乘。（n! = n * (n-1)!）。

CHAPTER 7

多維陣列

在第 6 章討論如何使用一維陣列儲存線性元素集合。而表格（table）或矩陣（matrix）裡的資料可使用二維陣列表示。表 7.1 列出台灣國道 1 號高速公路，城市之間的距離，它可使用二維陣列來儲存，如表 7.1 所示：

表 7.1 國道一號高速公路，城市之間的距離（以公里爲單位）

	台北	桃園	新竹	台中	嘉義	台南	高雄
台北	0	44.7	84.1	164.9	252.2	310.5	352.6
桃園	44.7	0	39.4	120.2	207.5	265.8	307.9
新竹	84.1	39.4	0	80.8	167.1	226.4	267.5
台中	164.9	120.2	80.8	0	87.3	145.6	187.7
嘉義	252.2	207.5	167.1	87.3	0	57.3	100.4
台南	310.5	265.8	226.4	145.6	57.3	0	42.1
高雄	352.6	307.9	267.4	187.7	100.4	42.1	0

7-1 宣告二維陣列

二維陣列裡的元素可透過列（row）與行（column）索引加以存取。

宣告二維陣列的語法為：

```
dataType arrayName[SizeOfRow][SizeOfColumn];
```

以下是如何宣告帶有 int 值的二維陣列變數 arr2Dim：

```
int arr2Dim[5][5];
```

使用於二維陣列的兩個索引，分別是列與行。如同一維陣列，各索引皆為 int 型態，且起始於 0，如圖 7-1(a)所示。

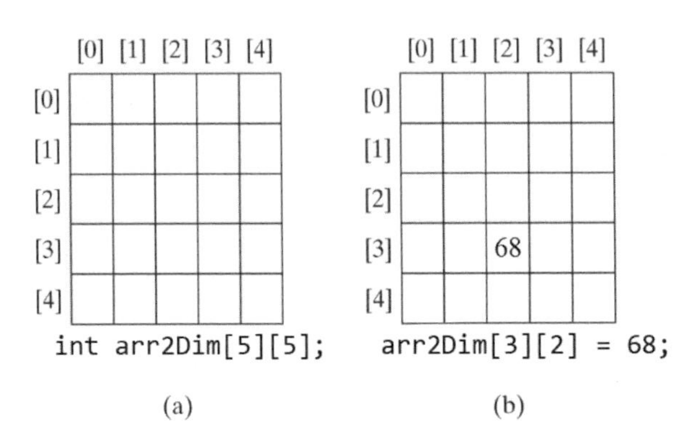

圖 7-1 二維陣列裡的列與行的索引皆爲 int 值，且起始於 0

要將數值 68 指定給 arr2Dim 位於列索引 3 與行索引 2 的特定元素，如圖 7-1(b) 所示，可使用以下敘述：

```
arr2Dim[3][2] = 68;
```

注意，使用 arr2Dim[3, 2]來存取位於列 3 與行 2 的元素是個常見的錯誤。在 C++裡，行與列的索引必須由一對方括號括起來。

我們可以將陣列在宣告時給予初始值。如以下的程式碼是宣告並初始一名為 dataDim2 的二維陣列，它有三列四行。

```
int dataDim2[3][4] = {{0, 1, 2, 3}, {4, 5, 6, 7}, {8, 9, 10, 11}};
```

注意，二維陣列初始值設定，每一列以一組大括號括起（也可以省略），而最後再以一組大括號括起來。由於 dataDim2 二維陣列有給予初值的設定，所以列的索引可以省略之，因此以下的敘述

```
int dataDim2[][4] = {{0, 1, 2, 3}, {4, 5, 6, 7}, {8, 9, 10, 11}};
```

也是對的宣告。以圖形表示，如圖 7-2 所示：

	[0]	[1]	[2]	[3]
[0]	0	1	2	3
[1]	4	5	6	7
[2]	8	9	10	11

圖 7-2　dataDim2[][4] = {{0,1,2,3},{4,5,6,7},{8,9,10,11}};

練習題

7.1　請宣告一個 5 × 3 的 int 陣列 arr2Dim。

7.2　以下程式碼的輸出結果為何？

```
int arr2Dim[4][3];
int x[] = {66, 88};
arr2Dim[1][2] = x[0];
arr2Dim[3][1] = x[1];
cout << "\n";
cout << "arr2Dim[1][2] = " << arr2Dim[1][2] << endl;
cout << "arr2Dim[3][1] = " << arr2Dim[3][1];
```

7.3　以下敘述何者為有效的陣列宣告？

```
int data2D[4];
int data2D[];
int data2D[3][];
```

7-2 一些常用的二維陣列處理方式

我們可以利用多重 for 迴圈來處理二維陣列。假設有個名為 arr2Dim 的陣列宣告如下：

```
const int sizeOfRow = 3;
const int sizeOfColumn = 5;
int arr2Dim[sizeOfRow][sizeOfColumn];
```

以下為幾個處理二維陣列的常用範例。

1. 以輸入值初始化陣列。以下迴圈利用使用者所輸入的值初始化陣列：

```
for (int i=0; i<sizeOfRow; i++) {
    for (int j=0; j<sizeOfColumn; j++) {
        cout << "arr2Dim[" << i << "][" << j << "]: ";
        cin >> arr2Dim[i][j];
    }
}
```

2. 以隨機數值初始化陣列。以下迴圈使用 1 到 49 之間的隨機數值初始化陣列，每次產生的數值不一樣：

```
srand((unsigned)time(0));
for (int i=0; i<sizeOfRow; i++) {
    for (int j=0; j<sizeOfColumn; j++) {
        arr2Dim[i][j] = rand() % 49 + 1;
        cout << "arr2Dim[" << i << "][" << j << "]: "
             << arr2Dim[i][j] << endl;
    }
}
```

3. 印出陣列。要印出二維陣列，必須使用以下多重迴圈印出陣列裡的各元素：

```
for (int i=0; i<sizeOfRow; i++) {
    for (int j=0; j<sizeOfColumn; j++) {
        cout << arr2Dim[i][j] << endl;
    }
}
```

4. 加總所有元素。使用名為 total 的變數來儲存總和。sum 一開始為 0。利用以下迴圈將陣列裡各元素加入 sum：

```
int sum = 0;
for (int i=0; i<sizeOfRow; i++) {
   for (int j=0; j<sizeOfColumn; j++) {
        sum += arr2Dim[i][j;
    }
}
```

5. 對陣列每一行的元素做加總。針對每一行，使用名為 sumOfColumn 的變數來儲存行的總和。利用以下迴圈將每一行的元素加總到 sumOfColumn。

```
for (int col=0; col<sizeOfColumn; col++) {
    int sumOfColumn = 0;
    for (int row=0; row<sizeOfRow; row++) {
        sumOfColumn += arr2Dim[row][col];
    }
    cout << "#" << col+1 << " 行的總和: "<< sumOfColumn << endl;
}
```

6. 對陣列每一列的元素做加總。針對每一列，使用名為 sumOfRow 的變數來儲存總和。利用以下迴圈將每一列的元素加總到 sumOfRow。

```
for (int row=0; row<sizeOfRow; row++) {
    int sumOfRow = 0;
    for (int col=0; col<sizeOfColumn; col++) {
        sumOfRow += arr2Dim[row][col];
    }
    cout << "#" << row+1 << " 列的總和: "<< sumOfRow << endl;
}
```

7. 哪一列有最大的總和？使用變數 maxOfRow 與 indexOfRow 來追蹤列裡的最大的總和與索引。針對每一列，計算其總和，並在新的總和較大時，更新 maxOfRow 與 indexOfRow。

```
int indexOfRow = -1;
int maxOfRow = -1;
for (int row=0; row<sizeOfRow; row++) {
    int sumOfRow = 0;
    for (int col=0; col<sizeOfColumn; col++) {
        sumOfRow += arr2Dim[row][col];
    }
    cout << "#" << row+1 << " 列總和: "<< sumOfRow<< endl;
    if (sumOfRow > maxOfRow) {
        indexOfRow = row;
        maxOfRow = sumOfRow;
    }
}
```

```
cout << "最大的列值為: " << maxOfRow << endl;
cout << "在: " << indexOfRow+1 << " 列" << endl;
```

8. 隨機洗牌。要如何對二維陣列的所有元素做洗牌呢？要達到此目的，則針對各元素 arr2Dim[i][j]，隨機產生索引值 i2 與 j2，接著將 arr2Dim[i][j] 與 arr2Dim[i2][j2]做對調，如下：

```
cout << "\n 洗牌中...：" << endl;
for (int i=0; i<sizeOfRow; i++) {
    for (int j=0; j<sizeOfColumn; j++) {
        int i2 = rand() % sizeOfRow;
        int j2 = rand() % sizeOfColumn;
        int temp = arr2Dim[i][j];
        arr2Dim[i][j] = arr2Dim[i2][j2];
        arr2Dim[i2][j2] = temp;
    }
}
```

練習題

7.4 試問下一程式的輸出結果：

```
#include <iostream>
using namespace std;

int main()
{
    int data2[][4] = {{1,   2,  3,  4},
                      {5,   6,  7,  8},
                      {9,  10, 11, 12},
                      {13, 14, 15, 16}};

    int total = 0;
    for (int i=0; i<4; i++) {
        total += data2[i][i];
    }
    cout << "total = " << total << endl;
    return 0;
}
```

7.5　試問下一程式的輸出結果：

```
#include <iostream>
#include <iomanip>
using namespace std;

int main()
{
    int data2[][4] = {{1,   2,  3,  4},
                      {5,   6,  7,  8},
                      {9,  10, 11, 12},
                      {13, 14, 15, 16}};

    for (int i=0; i<4; i++) {
        cout << setw(4) << data2[i][2];
    }
    cout << endl;
    return 0;
}
```

7-3 傳遞二維陣列給函式

當傳遞二維陣列給函式時，C++ 需要在函式參數型態宣告上指定行的大小，而列的大小可省略。以下程式是回傳陣列所有元素的加總。

範例程式：passTwoDimArray.cpp

```
01  #include <iostream>
02  #include <iomanip>
03  using namespace std;
04
05  int total(const int x[][4], int sizeOfRow);
06  int main()
07  {
08      int data2[][4] = {{1,   2,  3,  4},
09                        {5,   6,  7,  8},
10                        {9,  10, 11, 12},
11                        {13, 14, 15, 16}};
12
13      for (int i=0; i<4; i++) {
```

```
14            for (int j=0; j<4; j++) {
15                cout << setw(4) << data2[i][j];
16            }
17            cout << endl;
18        }
19
20        int tot = total(data2, 4);
21        cout << "\ntotal = " << tot << endl;
22        return 0;
23    }
24
25    const int sizeOfColumn = 4;
26    int total(const int x[][sizeOfColumn], int sizeOfRow)
27    {
28        int sum = 0;
29        for (int i=0; i<sizeOfRow; i++) {
30            for (int j=0; j<sizeOfColumn; j++) {
31                sum += x[i][j];
32            }
33        }
34        return sum;
35    }
```

```
   1   2   3   4
   5   6   7   8
   9  10  11  12
  13  14  15  16

total = 136
```

函式 total 有二個引數。第一個引數為固定行數大小的二維陣列，第二個引數則為指定二維陣列的列數。

練習題

7.6 下列哪一個函式宣告是錯的？

(a) int total(int x[][], int sizeOfRow, int sizeOfColumn);

(b) int total(int[][] x, int sizeOfRow, int sizeOfColumn);

(c) int total(int x[][4], int sizeOfRow);

7-4 個案探討

此小節我們以電腦閱卷和找出最近距離的兩點的個案加以探討。

7-4-1 電腦閱卷

假設總共有 5 位學生，有 10 個題目，學生的答案儲存於一個二維陣列裡。每一列記錄各學生對各題目所做的答案，如以下二維陣列所示。

A	B	C	D	A	B	C	D	C	C
A	C	C	D	A	C	C	B	C	C
A	B	D	D	A	C	C	B	C	B
A	B	C	D	B	C	C	A	C	C
A	C	C	D	A	C	C	B	C	B

而這十個題目的正確解答，儲存於一維陣列中：

A	C	C	D	A	C	C	C	C	C

試撰寫一程式，將各學生的答案與正確解答做比對，計算回答正確的題數，每一題 10 分，最後顯示得到的分數。程式如下所示：

範例程式：testScore.cpp

```
01  #include <iostream>
02  using namespace std;
03
04  const int numOfStudents = 5;
05  const int numOfQuestions = 10;
06  int main()
07  {
08      //學生所填的答案
09      const char studentWrite[numOfStudents][numOfQuestions] =
10              {{'A', 'B', 'C', 'D', 'A', 'B', 'C', 'D', 'C', 'C'},
11               {'A', 'C', 'C', 'D', 'A', 'C', 'C', 'B', 'C', 'C'},
12               {'A', 'B', 'D', 'D', 'A', 'C', 'C', 'B', 'C', 'B'},
13               {'A', 'B', 'C', 'D', 'B', 'C', 'C', 'A', 'C', 'C'},
14               {'A', 'C', 'C', 'D', 'A', 'C', 'C', 'B', 'C', 'B'},
```

```
15                };
16
17        //正確的解答
18        char ans[] = {'A', 'C', 'C', 'D', 'A', 'C', 'C', 'C', 'C', 'C'};
19        int correctArray[numOfStudents];
20        for (int i=0; i<numOfStudents; i++) {
21            int count{0};
22            for (int j=0; j<numOfQuestions; j++) {
23                if (studentWrite[i][j] == ans[j]) {
24                    count++;
25                }
26            }
27            correctArray[i] = count*10;
28             cout << "#" << i+1 << ": " << correctArray[i] << " 分"
29    << endl;
30        }
31
32        return 0;
33    }
```

```
#1: 70 分
#2: 90 分
#3: 60 分
#4: 70 分
#5: 80 分
```

陣列 studentWrite 的各列分別儲存學生的答案，透過與陣列 ans 裡的正確答案做比較來評分。學生的答案一旦被評分後，便會立即顯示結果。

7-4-2 找出最近兩點

此問題的目標是，於給定的點集合中，找出彼此距離最相近的兩個座標點。以圖 7-3 為例，點(-2, 3)與點(-1, 2.5)彼此的距離最近。此問題的解法有很多種。最直接的方法是計算所有兩點之間的距離，找出其中的最小距離。

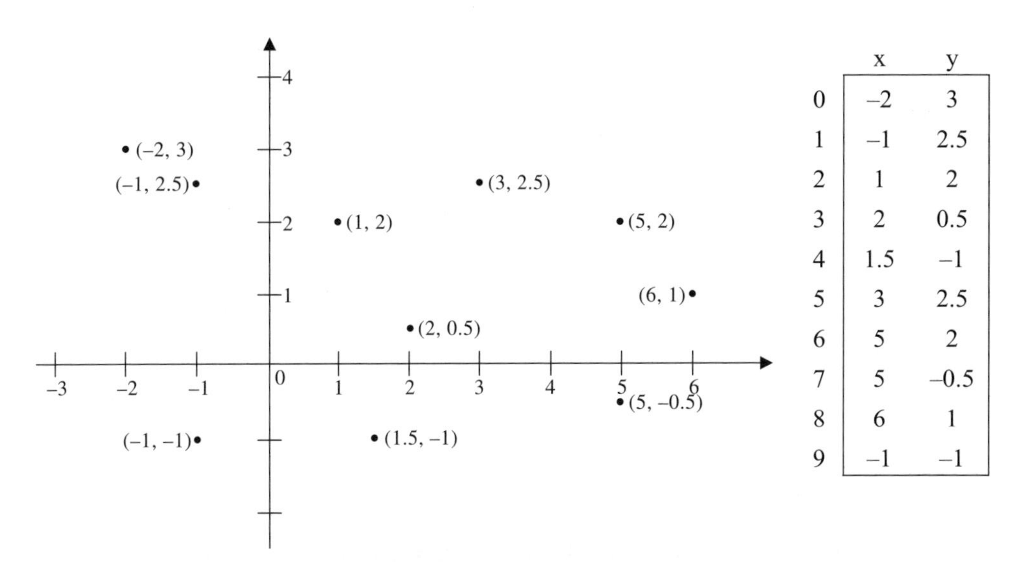

	x	y
0	–2	3
1	–1	2.5
2	1	2
3	2	0.5
4	1.5	–1
5	3	2.5
6	5	2
7	5	–0.5
8	6	1
9	–1	–1

圖 7-3　座標點可透過二維陣列來表示

上述問題的實作，如以下程式所示：

範例程式：shortestDist.cpp

```
01  #include <iostream>
02  using namespace std;
03  
04  double calDistance(double x1, double y1, double x2, double y2);
05  int main()
06  {
07      const int numberOfPoints = 10;
08      double pointsCoord[numberOfPoints][2] = {
09                      {-2, 3}, {-1, 2.5}, {1, 2}, {2, 0.5},
10                      {1.5, -1}, {3, 2.5}, {5, 2}, {5, -0.5},
11                      {6, 1}, {-1, -1}};
12      //假設最短的矩離是 999999
13      int point1 = -1, point2 = -1;
14      double shortestDist = 999999;
15  
16      //計算每兩點的距離
17      double dist;
18      for (int i=0; i<numberOfPoints; i++) {
19          for (int j=i+1; j<numberOfPoints; j++) {
20               dist = calDistance(pointsCoord[i][0], pointsCoord[i][1],
21                      pointsCoord[j][0], pointsCoord[j][1]);
22              if (dist < shortestDist) {
23                  point1 = i;
```

```
24                  point2 = j;
25                  shortestDist = dist;
26              }
27          }
28      }
29      cout << "最短的距離為: " << shortestDist << endl;
30      cout << "這兩點的索引是  (" << pointsCoord[point1][0] << ", "
31                                << pointsCoord[point1][1] << "), ("
32                                << pointsCoord[point2][0] << ", "
33                                << pointsCoord[point2][1] << ")";
34      cout << endl;
35
36      return 0;
37  }
38
39  double calDistance(double x1, double y1, double x2, double y2)
40  {
41      double dist;
42      dist = sqrt((x2-x1)*(x2-x1)+(y2-y1)*(y2-y1));
43      return dist;
44  }
```

```
最短的距離為: 1.11803
這兩點的索引是  (-2, 3), (-1, 2.5)
```

此程式設定了這些點，並儲存於名為 pointsCoord 的二維陣列裡（第 8~11 行）。程式使用變數 shortestDist（第 14 行）儲存兩點最近的距離，而此兩點在 pointsCoord 陣列中的索引則分別儲存於 point1 與 point2（第 13 行）。

針對位於索引 i 的各點，程式會計算所有 j > i 情況下 pointsCoord[i] 與 pointsCoord[j] 之間的距離（第 20~21 行）。當找到較短距離時，變數 shortestDist 與 point1 與 point2 便會被更新（第 23~25 行）。

(x1, y1) 與 (x2, y2) 兩點間的距離可利用公式 $\sqrt{(x_2 - x_1)^2 + (y_2 - y_1)^2}$ 計算（第 42 行）。

程式假設平面上至少包含兩個點。您可輕易修改程式，使其處理當平面含有 0 或 1 個點的情況。

請注意，可能會有超過一對具有相同最短距離的情況。此程式會找尋其中一對。您可將此程式加以修改，找出所有點配對。

7-5 多維陣列

在前一小節裡，使用二維陣列來表示矩陣或表格，有時候需要表示 n 維的資料結構。在 C++ 中您可建立 n 維陣列，n 為任意整數。

您可以使用一個三維陣列來儲存一班五個學生三次考試的成績，每次考試包含兩部分（筆試與上機測試）。以下宣告了三維陣列 scores 變數。

```
double scores[5][3][2];
```

您也可以使用如下簡略的表示法來建立與初始化陣列：

```
double scores[5][3][2] = {
    {{90.6, 81.4}, {89.1, 87.3}, {90.2, 87.5}},
    {{82.2, 82.3}, {84.5, 86.8}, {92.3, 89.6}},
    {{87.3, 85.6}, {79.2, 77.5}, {60.2, 67.4}},
    {{92.6, 81.4}, {69.3, 67.8}, {90.5, 77.5}},
    {{91.8, 84.5}, {89.8, 87.7}, {70.1, 77.3}}};
```

scores[0][1][0] 表示第一位學生，第二次考試，筆試的成績，也就是 89.1。scores[0][1][1] 則表示第一位學生，第二次考試，上機測試的分數，也就是 87.3。圖 7-4 即描述了此結構：

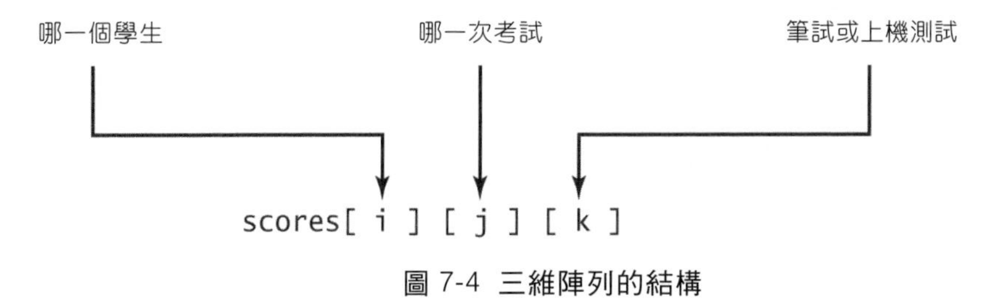

圖 7-4 三維陣列的結構

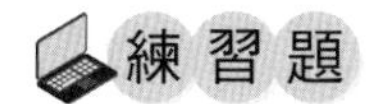

7.7 宣告一個 5×4×3 之 double 型態陣列，其名為 data3Dim。

7-5-1 猜生日是幾日

在第 3 章的範例程式 BirthdayUsingSelection.cpp 是猜生日的程式。不過此程式可加以簡化，將 5 組數字儲存於三維陣列中，藉由迴圈提示使用者輸入答案，如範例程式 BirthdayUsing3Dim.cpp 所示，其執行結果和第 3 章 BirthdayUsingSelection.cpp 範例程式相同。

範例程式：BirthdayUsing3Dim.cpp

```
01  #include <iostream>
02  #include <iomanip>
03  using namespace std;
04  
05  int main()
06  {
07      int days = 0;
08      char ans;
09      int birthday[5][4][4] = {
10          {{ 1,  3,  5,  7},
11           { 9, 11, 13, 15},
12           {17, 19, 21, 23},
13           {25, 27, 29, 31}},
14  
15          {{ 2,  3,  6,  7},
16           {10, 11, 14, 15},
17           {18, 19, 22, 23},
18           {26, 27, 30, 31}},
19  
20          {{ 4,  5,  6,  7},
21           {12, 13, 14, 15},
22           {20, 21, 22, 23},
23           {28, 29, 30, 31}},
24  
25          {{ 8,  9, 10, 11},
26           {12, 13, 14, 15},
27           {24, 25, 26, 27},
28           {28, 29, 30, 31}},
29  
30          {{16, 17, 18, 19},
31           {20, 21, 22, 23},
32           {24, 25, 26, 27},
33           {28, 29, 30, 31}},
34      };
```

```
35
36        for (int i=0; i<5; i++) {
37            cout << "\n 你的生日是幾日有在表 " << i+1 << " 嗎？"
38                 << endl;
39            for (int j=0; j<4; j++) {
40                for (int k=0; k<4; k++) {
41                    cout << setw(4) << birthday[i][j][k];
42                }
43                cout << endl;
44            }
45            cout << "請輸入 y 表示有，n 表示沒有：";
46            cin >> ans;
47            if (tolower(ans) == 'y') {
48                days += birthday[i][0][0];
49            }
50        }
51        cout << "\n 你的生日是 " << days << " 日" << endl;
52        return 0;
53    }
```

```
你的生日是幾日有在表 1 嗎？
   1   3   5   7
   9  11  13  15
  17  19  21  23
  25  27  29  31
請輸入 y 表示有，n 表示沒有：y

你的生日是幾日有在表 2 嗎？
   2   3   6   7
  10  11  14  15
  18  19  22  23
  26  27  30  31
請輸入 y 表示有，n 表示沒有：n

你的生日是幾日有在表 3 嗎？
   4   5   6   7
  12  13  14  15
  20  21  22  23
  28  29  30  31
請輸入 y 表示有，n 表示沒有：y

你的生日是幾日有在表 4 嗎？
   8   9  10  11
  12  13  14  15
```

```
  24  25  26  27
  28  29  30  31
請輸入 y 表示有，n 表示沒有：y

你的生日是幾日有在表 5 嗎？
  16  17  18  19
  20  21  22  23
  24  25  26  27
  28  29  30  31
請輸入 y 表示有，n 表示沒有：n

你的生日是 13 日
```

三維陣列 birthday 於第 9~34 行被建立。此陣列儲存了 5 組數字集合。各集合為一個 4 × 4 的二維陣列。

起始於第 36 行的迴圈顯示各集合裡的數字，以及提示使用者回答生日是否在該集合內（第 45~49 行）。如果生日在集合內，該集合的第一個數字（birthday[i][0][0]）便會被加入於變數 days（第 48 行）。

7-6 練習題解答

7.1 `int arr2Dim[5][3];`

7.2 `arr2Dim[1][2] = 66`

`arr2Dim[3][1] = 88`

7.3 不對的宣告有

```
int data2D[];
int data2D[3][];
```

7.4 34

7.5 3 7 11 15

7.6 (a)、(b)是錯的，(c)是對的。

7.7 `double data3Dim[5][4][3];`

7-7 習題

1. 仿照猜生日的寫法，讓對方在 1~100 中選取一個數字，然後利用 7 張表格讓對方表示哪些表格出現他所選取的數字，最後告訴對方他選的號碼是多少。

2. 使用以下標頭形式撰寫函式，對 n × n 整數陣列主要對角線上的所有元素做加總：

```
const int size = 5;
int totalOfDiagonal(int data2Dim[][size]);
```

3. 請撰寫一測試程式，讀取 5 × 5 的陣列，接著顯示主要對角線上所有元素的總和。以下為程式的執行結果：

```
輸入 5*5 陣列資料
1 2 3 4 5
6 7 8 9 10
11 12 13 14 15
16 17 18 19 20
21 22 23 24 25

5*5 陣列資料如下：
   1    2    3    4    5
   6    7    8    9   10
  11   12   13   14   15
  16   17   18   19   20
  21   22   23   24   25
陣列對角線的和為 65
```

3. 請撰寫一函式，對 a 與 b 兩個矩陣加總，並將結果儲存於 c。

$$\begin{pmatrix} a_{11} & a_{12} & a_{13} \\ a_{21} & a_{22} & a_{23} \\ a_{31} & a_{32} & a_{33} \end{pmatrix} + \begin{pmatrix} b_{11} & b_{12} & b_{13} \\ b_{21} & b_{22} & a_{23} \\ b_{31} & b_{32} & b_{33} \end{pmatrix} = \begin{pmatrix} a_{11}+b_{11} & a_{12}+b_{12} & a_{13}+b_{13} \\ a_{21}+b_{21} & a_{22}+b_{22} & a_{23}+b_{23} \\ a_{31}+b_{31} & a_{32}+b_{32} & a_{33}+b_{33} \end{pmatrix}$$

函式標頭如下：

```
const in Num = 3;
void matrixAdd(int a[][Num], int b[][Num], int c[][Num]);
```

各元素 cij 即為 aij + bij。請撰寫一測試程式，提示使用者輸入兩個 3 × 3 的矩陣，接著顯示其相加。以下為程式的執行結果：

```
輸入資料於 matrixA: 1 2 3 4 5 6 7 8 9
輸入資料於 matrixB: 1 2 3 4 5 6 7 8 9

兩個矩陣相加後結果如下：
1  2  3        1  2  3        2   4   6
4  5  6  +     4  5  6  =     8  10  12
7  8  9        7  8  9       14  16  18
```

4. 請撰寫程式，提示使用者輸入方形矩陣的長度，隨機將 0 與 1 填入矩陣中，印出矩陣內容，並找出全部填滿 0 或 1 的列、行，及對角線。以下為程式的範例執行結果：

```
0000
0010
1011
1011

全部的 0 在第 0 列
全部的 0 在第 1 行
沒有相同的四個數字在主對角線上
沒有相同的四個數字在副對角線上
```

5. 請撰寫一函式進行兩個矩陣的相乘。

$$\begin{pmatrix} a_{11} & a_{12} & a_{13} \\ a_{21} & a_{22} & a_{23} \\ a_{31} & a_{32} & a_{33} \end{pmatrix} \times \begin{pmatrix} b_{11} & b_{12} & b_{13} \\ b_{21} & b_{22} & b_{23} \\ b_{31} & b_{32} & b_{33} \end{pmatrix} = \begin{pmatrix} c_{11} & c_{12} & c_{13} \\ c_{21} & c_{22} & c_{23} \\ c_{31} & c_{32} & c_{33} \end{pmatrix}$$

函式標頭為：

```
const in Num = 3;
void matrixMultiply(int a[][Num], int b[][Num], int c[][Num]);
```

cij = ai1 × b1j + ai2 × b2j + ai3 × b3j。

再撰寫一測試程式，提示使用者輸入兩個 3 × 3 的矩陣，接著顯示其乘積。以下為程式的執行結果：

```
輸入資料於 matrixA: 1 2 3 4 5 6 7 8 9
輸入資料於 matrixB: 1 2 3 4 5 6 7 8 9

兩個矩陣相乘後結果如下：
1  2  3       1  2  3       30  36  42
4  5  6   *   4  5  6   =   66  81  96
7  8  9       7  8  9      102 126 150
```

6. 我們來玩個遊戲，九個硬幣被放置於一個 3 × 3 的矩陣中，有的面朝上，有的朝下。我們可使用帶有數值 0（正面）與 1（反面）的 3 × 3 矩陣來表示硬幣的狀態。以下為幾個例子：

```
0 0 0   1 0 1   1 1 0   1 0 1   1 0 0
0 1 0   0 0 1   1 0 0   1 1 0   1 1 1
0 0 0   1 0 0   0 0 1   1 0 0   1 1 0
```

各狀態可使用二進位數字來表示。比方說，前面這個矩陣相當於以下的數字序列：

000010000 101001100 110100001 101110100 100111110

一共有 512 種可能，因此我們可使用十進位數字 0、1、2、3、…及 511 來表示矩陣中的所有狀態。請撰寫一程式，提示使用者輸入 0 到 511 之間的數字，接著以字元 T 與 F 顯示相對應的矩陣內容。以下為程式的執行結果：

```
Enter a number between 0 and 511: 31
F F F
F T T
T T T
```

使用者輸入 31，相當於 000011111。由於 T 代表 1，F 代表 0，因此輸出結果是正確的。

7. 正方形矩陣 A 的反置矩陣為 A^{-1}，而且 $A \times A^{-1} = I$，此處的 I 是單位矩陣（identity matrix），表示矩陣的對角線都是 1。其餘的皆為 0。例如，矩陣 $\begin{bmatrix} 1 & 2 \\ 3 & 4 \end{bmatrix}$ 的反置矩陣是 $\begin{bmatrix} -2 & 1 \\ 1.5 & -0.5 \end{bmatrix}$

$$\begin{bmatrix} 1 & 2 \\ 3 & 4 \end{bmatrix} \times \begin{bmatrix} -2 & 1 \\ 1.5 & -0.5 \end{bmatrix} = \begin{bmatrix} 1 & 0 \\ 0 & 1 \end{bmatrix}$$

2 × 2 矩陣 A 的反置矩陣，可使用下列的公式獲得，只要 ad - bc != 0。

$$A = \begin{bmatrix} a & b \\ c & d \end{bmatrix} \qquad A^{-1} = \frac{1}{ad - bc}\begin{bmatrix} d & -b \\ -c & a \end{bmatrix}$$

請實作下列的函式，以獲得反置矩陣：

```
void inverseMartrix(int A[][2], int inverseOfA[][2];
```

撰寫一測試程式，提示使用者輸入 a、b、c 以及 d 的矩陣元素。以下為程式的執行結果：

```
請輸入 a, b, c, d: 1 2 3 4

Matrix of A is
 1.0   2.0
 3.0   4.0

Inverse of A is
-2.0   1.0
 1.5  -0.5
```

另一個執行結果：

```
請輸入 a, b, c, d: 1 2 2 4

Matrix of A is
 1.0   2.0
 2.0   4.0

No inverse matrix
```

8. 請實作以下函式，對二維陣列的列做排序。此函式會回傳一個新陣列，原本的陣列不受影響。

```
const int SIZE = 3;
void sortByRows(int data[][SIZE], int result[][SIZE]);
void bubbleSort(int sorted[], int n); //bubble sort
```

再撰寫一測試程式，提示使用者輸入一個帶有 int 值的 3 × 3 矩陣，接著顯示一個對列做氣泡排序的新陣列。以下為程式的執行結果：

```
以一列一列輸入陣列元素（共 3*3）：
4 2 1
5 8 2
7 9 3

以列排序的陣列如下:
   1    2    4
   2    5    8
   3    7    9
```

9. 請使用以下標頭形式撰寫一函式，回傳三角形的面積：

```
const int SIZE = 2;
double calArea(int data[][SIZE]);
```

所有點儲存於一個 3 × 2 的二維陣列 points，(x1, y1) 即是 points[0][0] 與 points[0][1]。三角形面積可利用以下的公式來計算。

$$s = (side1 + side2 + side3)/2;$$

$$area = \sqrt{s(s - side1)(s - side2)(s - side3)}$$

公式中的 side1，side2 和 side3 是兩點之間的距離。如果三個點位於同條線上，函式即回傳 0。請撰寫一程式測試之。以下為程式的執行結果：

```
Enter x1, y1, x2, y2, x3, y3: 1 1 2 5 4 3
三角形的面積是 5
```

```
另一個輸出結果
Enter x1, y1, x2, y2, x3, y3: 1 1 3 3 5 5
三個點在同一線上
```

10. 請使用以下函式語法撰寫對二維陣列做排序的函式：

```
void ascendingSort(int m[][2], int numberOfRows);
```

此函式對列做主要排序，對行做次要排序。舉個例子，以下陣列

```
{{4, 2},{1, 7},{4, 5},{1, 2},{1, 1},{4, 1}}
```

會被排序成

```
{{1, 1},{1, 2},{1, 7},{4, 1},{4, 2},{4, 5}}
```

試撰寫一測試程式，提示使用者輸入 10 個點，然後呼叫此函式，最後輸出排序後的點。

string 類別

在 C++ 中有兩種函式用來處理字串（string）。第一種方法是在字元的陣列後面加上空白字元（'\0'），這就是所謂的 C-字串（C-Strings）。空白字元表示字串的結束點，它對 C-字串函式的運作相當重要。另一種方法是以 string 類別來處理字串。您可以使用 C-字串函式來處理字串，但使用 string 類別會較容易。使用 C-字串函式，程式設計師需要知道字元是如何儲存於陣列，而 string 類別則隱藏低階的儲存事項，程式設計師可以無拘束的實作。

8-1 建立字串

我們使用以下語法建立字串：

```
string str = "C++ programming is fun";
```

此敘述不是很有效率，因為它分成兩個步驟。首先是使用字串常數建立一字串物件，然後將此物件拷貝給 str。你也可以使用以下的敘述來表示：

```
string str{"C++ programming is fun"};
```

不過建立字串較好的函式是使用字串建構函式，如下所示：

```
string str("C++ programming is fun");
```

使用 string 無參數的建構函式建立一空字串（empty string）。例如下列的敘述是建立一空字串：

```
string str;
```

您也可以使用 string 建構函式從 C-字串建立一字串，如下列程式碼所示：

```
char s1[] = "Welcome to C++ ";
string str2(s1);
```

此處 s1 是 C-字串，而 str2 是字串物件。

8-2 length、size 以及 capacity 函式

您可以使用 length()、size() 與 capacity() 函式分別用來取得字串的長度、大小與容量，如圖 8-1 所示。其實 length() 和 size() 是同義的。capacity() 函式回傳內部緩衝區大小，它總是大於或等於實際字串大小。

string 類別	說明
+length(): int	回傳在 this 字串的字元個數。
+size(): int	同 length() 函式。
+capacity(): int	回傳為 this 字串配置的記憶體空間大小。

圖 8-1 string 類別用以取得長度和容量的函式

此章圖中所談的 this 字串表示呼叫此函式的字串。我們來看下一範例程式，對照其輸出結果便可了解。

範例程式：stringLength.cpp

```
01  #include <iostream>
02  using namespace std;
03  
04  int main()
05  {
06      string s1{"Welcome to C++"};
07      unsigned long n;
08  
09      n = s1.length();
10      cout << n << endl;
11  
12      n = s1.size();
13      cout << n << endl;
14  
15      n = s1.capacity();
```

```
16        cout << n << endl;
17        return 0;
18    }
```

```
14
14
22
```

8-3 at、clear、erase 以及 empty 函式

您可以使用 at(index) 函式存取在特定索引的字元，clear() 函式刪除字串，erase(index, n) 函式消掉字串某些字元，以及 empty() 函式測試字串是否是空字串，如圖 8-2 所示：

string 類別	說明
+at(index: int): char	從 this 字串回傳在特定索引上的字元。
+erase(index: int, n: int): string	從 this 字串的指定的索引上移除 n 個字元。
+empty(): bool	若 this 字串是空的，則回傳 true。
+clear(): void	刪除 this 字串的所有字元。

圖 8-2 string 類別提供存取一字元、移除字串某些字元、判斷是否爲空字串，以及刪除字串的函式

我們以下一範例程式來測試之：

範例程式：stringUsefulFunction2.cpp

```
01  #include <iostream>
02  using namespace std;
03
04  int main()
05  {
06      string s1{"Welcome to C++"};
07
08      char ch;
09      ch = s1.at(11);  //display character at index of 11
10      cout << ch << endl;
11      cout << s1.empty() << endl; //False
12
13      string s2 = s1.erase(0, 3); //discard Wel
```

```
14        cout << s2 << endl;
15
16        s1.clear(); //erase all string
17        cout << s1 << endl; //output is nothing
18        cout << s1.empty() << endl; //True
19        return 0;
20    }
```

```
C
0
come to C++

1
```

輸出結果有一行是空的，是因為 s1 字串已經被 clear()函式清掉了。接下來，以 s1.empty() 判斷，其結果是真，所以輸出結果是 1。

8-4 字串的附加

您可以使用一些多載函式，將新的字串附加於另一字串，如圖 8-3 所示：

string 類別	說明
+append(str: string): string	將 str 字串附加於 this 字串物件。
+append(str: string, index: int, n: int): string	從 str 字串的 index 位置開始 n 個字元，附加於 this 字串上。
+append(str: string, n: int): string	將 str 字串的前 n 個字元，附加於 this 字串。
+append(n: int, ch: char): string	將 ch 字元拷貝 n 次，然後附加於 this 字串。

圖 8-3 string 類別的字串附加函式

有關字串的附加函式，請參閱範例程式 stringAppend.cpp。

範例程式：stringAppend.cpp

```
01    #include <iostream>
02    using namespace std;
03
04    int main()
```

```
05  {
06      string s1{"Welcome to"};
07      s1.append(" C++");
08      cout << s1 << endl;
09  
10      string s2 = {"Programming "};
11      s2.append("C++ is fun", 0, 3);
12      cout << s2 << endl;
13  
14      s2.append(" is fun", 7);
15      cout << s2 << endl;
16  
17      string s4{"US"};
18      s4.append(10, '$');
19      cout << s4 << endl;
20      return 0;
21  }
```

```
Welcome to C++
Programming C++
Programming C++ is fun
US$$$$$$$$$$
```

8-5 指定一字串

您可以使用一些多載函式，將新的內容指定給字串，如圖 8-4 所示：

string 類別	說明
+assign(str: string): string	指定字串 str 給 this 字串。
+assign(str: string, index: int, n: int): string	從 str 字串的 index 位置開始 n 個字元，指定給 this 字串上。
+assign(str: string, n: int): string	將 str 前 n 個字元，指定給 this 字串。
+assign(n: int, ch: char): string	將 ch 字元拷貝 n 份，然後指定給 this 字串。

圖 8-4 string 類別提供的字串指定函式

圖 8-4 所談的 this 字串表示呼叫此函式的字串。請參閱範例程式 assign.cpp：

範例程式：assign.cpp

```
01  #include <iostream>
02  using namespace std;
03
04  int main()
05  {
06      string s1{"Welcome to"};
07      s1.assign("Go to Swiss");
08      cout << s1 << endl;
09
10      string s2 = {};
11      s2.assign("internationalization", 5, 8);
12      cout << s2 << endl;
13
14      string s3 = {" "};
15      s3.assign("internationalization", 13);
16      cout << s3 << endl;
17
18      string s4{};
19      s4.assign(10, '$');
20      cout << s4 << endl;
21      return 0;
22  }
```

```
Go to Swiss
national
international
$$$$$$$$$$
```

8-6 字串的比較

經常在程式需要比較兩個字串的內容。此時可以使用 compare 函式。此函式將回傳大於 0、等於 0 或小於 0，分別表示 this 字串大於、等於或小於另一字串， 如圖 8-5 所示：

string 類別	說明
+compare(str: string): int	回傳大於 0、等於 0 或小於 0，分別表示 this 字串大於、等於或小於 str 字串。
+compare(index: int, n: int, str: string): int	將 this 的子字串(index, …, index + n-1)與 str 字串相比較。

圖 8-5 string 類別提供的字串比較函式

圖 8-5 所談的 this 字串表示呼叫此函式的字串。請參閱範例程式 stringCompare.cpp：

範例程式：stringCompare.cpp

```
01  #include <iostream>
02  using namespace std;
03  
04  int main()
05  {
06      string s1{"Honda Accord"};
07      string s2{"Honda Civid"};
08      string s3{"Honda"};
09      int n;
10  
11      n = s1.compare(s2); //'A' - 'C'
12      cout << n << endl;
13  
14      n = s1.compare(0, 5, s3);
15      cout << n << endl;
16  
17      n = s1.compare("Honda Accord");
18      cout << n << endl;
19      return 0;
20  }
```

```
-2
0
0
```

其中第一個輸出結果 -2，乃是 'A' 字元的 ASCII 的 65 減去 'C' 的 ASCII 為 67 而得的。有些編譯器則以 -1, 0, 1，分別表示前者小於後者，前者等於後者，前者大於後者。

8-7 擷取子字串

您可透過 at 函式取得字串中的單一字元。亦可經由 substr 函式，取得某字串裡的子字串，如圖 8-6 所示。

string 類別	說明
+substr(index: int): string	回傳從某字串 index 位置後的子字串。
+substr(index: int, n: int): string	回傳從某字串 index 位置後 n 個字元的子字串。

圖 8-6 string 類別提供取得子字串的函式

我們來看如何取得子字串的範例程式。

範例程式：substring.cpp

```
01  #include <iostream>
02  using namespace std;
03
04  int main()
05  {
06      string s1{"Welcome to C++"};
07      string s2{"internationalization"};
08      string str;
09      str = s1.substr(11);
10      cout << str << endl;
11
12      str = s2.substr(5, 8);
13      cout << str << endl;
14      return 0;
15  }
```

```
C++
National
```

8-8 在字串中搜尋

您可以使用 find 函式找尋字串中的子字串或是字元，如圖 8-7 所示。若沒有找到，則回傳 string::npos。npos 是定義於 string 類別的常數。

string 類別	說明
+find(ch: char): unsigned	回傳第一個與 ch 字元匹配的位置。
+find(ch: char, index: int): unsigned	從 index 的位置開始，回傳第一個與 ch 字元匹配的位置。
+find(str: string): unsigned	回傳第一個與 str 子字串匹配的位置。
+find(str: string, index:int): unsigned	從 index 的位置開始，回傳第一個與 str 子字串匹配的位置。

圖 8-7 string 類別提供找尋子字串的函式

以下是使用 find 函式的範例程式：

範例程式：stringFind.cpp

```
01  #include <iostream>
02  using namespace std;
03
04  int main()
05  {
06      string s1{"Welcome to C++"};
07      string s2{"internationalization"};
08      unsigned long pos;
09      pos = s1.find('e');
10      cout << pos << endl;
11
12      pos = s1.find('e', 3);
13      cout << pos << endl;
14
15      pos = s1.find("C++");
16      cout << pos << endl;
17
18      pos = s2.find("ation");
19      cout << pos << endl;
20
21      pos = s2.find("ation", 10);
22      cout << pos << endl;
23
```

```
24        return 0;
25    }
```

```
1
6
11
6
15
```

8-9 插入字串與取代字串

您可以使用 insert 和 replace 函式分別在字串中插入和取代一子字串。如圖 8-8 所示。

string 類別	說明
+insert(index: int, str: string): string	加入 str 字串於 index 所指定的位置後加以回傳。
+ insert(index: int, n: int, ch: char): string	加入 n 個 ch 字元於 index 所指定的位置。
+ replace(index: int, n: int, str: string): string	在 this 字串的 index 指定位置，以 str 字串取代 n 個字元。

圖 8-8 string 類別提供插入和取代子字串的函式

以下是使用 insert 和 replace 函式的範例程式。

範例程式：stringInsertAndReplace.cpp

```
01  #include <iostream>
02  #include <string>
03  using namespace std;
04
05  int main()
06  {
07      string s1{"Welcome to"};
08      s1.insert(10, " C++");
09      cout << s1 << endl;
10
11      string s2{"C"};
12      s2.insert(1, 2, '+');
```

```
13        cout << s2 << endl;
14
15        string s3{"Welcome to C"};
16        s3.insert(12, "++");
17        cout << s3 << endl;
18
19        string s4{"internationalization"};
20        s4.replace(5, 8, "NATIONAL");
21        cout << s4 << endl;
22        return 0;
23    }
```

```
Welcome to C++
C++
Welcome to C++
InterNATIONALization
```

string 物件呼叫 erase、append、assign、insert 以及 replace 函式，將會改變 string 物件的內容。這些函式將回傳新的字串。大部分的編譯器，對 append、assign、insert 以及 replace 函式而言，其容量是自動增加的，以容納更多的字元。

8-10 字串運算子

C++ 提供一些用以簡化字串運作的運算子，如表 8.1 所示。

表 8.1　字串運算子

運算子	說明
[]	利用陣列索引運算子擷取字元
=	拷貝一字串的內容於另一字串
+	連結兩個字串於一新字串
+=	附加一字串的內容於另一字串
==、!=、<、<=、>、>=	比較字串大小的關係運算子

以下是使用表中所列字串運算子的範例程式：

範例程式：stringOperator.cpp

```
01  #include <iostream>
02  using namespace std;
03  
04  int main()
05  {
06      string s1{"Welcome to C++"};
07      string s2 = s1;
08      cout << s2 << endl; //display Welcome to C++
09      for (int i=0; i<=s2.size()-1; i++) {
10          cout << s2[i];   //display Welcome to C++
11      }
12      cout << endl;
13  
14      string s3 = "C++";
15      string s4 = s3 + " programming is fun\n";
16      cout << s4;  //display C++ programming is fun
17  
18      string car1 = "BMW X3";
19      string car2 = "BMW X5";
20      cout << (car1 == car2) << endl;  //display 0
21      cout << (car1 != car2) << endl;  //display 1
22      cout << (car1 > car2) << endl;   //display 0
23      cout << (car1 >= car2) << endl;  //display 0
24      cout << (car1 < car2) << endl;   //display 1
25      cout << (car1 <= car2) << endl;  //display 1
26  
27      return 0;
28  }
```

```
Welcome to C++
Welcome to C++
C++ programming is fun
0
1
0
0
1
1
```

8-11 將數值轉換為字串

我們可使用 atoi 與 atof 函式，分別將字串轉換為整數與浮點數。如下所示：

```
int iNum = atoi("123456");
double dNum = atof("123.456");
cout << iNum << endl;
cout << dNum << endl;
```

有時需要將浮點數轉換為字串。您可以撰寫一函式執行此項轉換。然而較簡單的函式就是使用在<sstream>標頭檔中的 stringstream 類別。stringstream 提供一介面，以處理輸入與輸出串流的字串。有一 stringstream 的應用是將數值轉換為字串。以下是其範例：

```
stringstream ss;
ss << 123.456;
string s = ss.str();
cout << s << endl;
```

要執行上述程式，記得載入 sstream 標頭檔喔！

8-12 分割字串

您經常會從字串中擷取一些字（word）。假設這些字是以白色空白（white space）隔開。可使用前一小節所討論的 stringstream 類別來完成此項工作。範例程式 extractWords.cpp 從一字串擷取一些字，並加以顯示於不同行。

範例程式：extractWords.cpp

```
01  #include <iostream>
02  #include <sstream>
03  using namespace std;
04
05  int main()
06  {
07      string text{"Welcome to C++"};
08      stringstream ss{text};
09      cout << "The words in the text are " << endl;
10      string word;
```

```
11        while (!ss.eof()) {
12            ss >> word;
13            cout << word << endl;
14        }
15
16        return 0;
17    }
```

```
The words in the text are
Welcome
to
C++
```

程式為 text 字串建立一 stringstream 物件（第 8 行）。此物件有如輸入串流從控制台讀取資料。它從字串的串流中傳送資料給字串物件 word（第 12 行）。當字串的串流中的所有項目都被讀取後，在 stringstream 類別中的 eof() 函式將會回傳 true（第 11 行）。

練習題

8.1　假設 str1、str2 是二個字串，內容如下：

```
string str1("Programming is fun. ");
string str2("Welcome to C++");
```

並且假設每一個運算式是獨立的。試問下列運算式的結果為何？

```
(1)  str1.at(10)
(2)  str1.length()
(3)  str1.size()
(4)  str1.capacity()
(5)  str1.append("C++")
(6)  str1.append("No bugs, no fun", 0, 7)
(7)  str1.append("No bugs, no fun", 7)
(8)  str1.append(3, '@')
(9)  str2.assign("C plus plus")
(10) str2.assign("C plus plus", 2, 9)
(11) str2.assign("C plus plus", 9)
(12) str2.assign(4, '$')
(13) str1.insert(12, "C++ ")
(14) str2.insert(7, 5, '*')
(15) str2.replace(11, 3, "Taiwan")
```

```
(16) str1.replace(0, 11, "C++")
(17) str1 >= str2)
(18) str1 < str2)
(19) str2.find("to")
(20) str2.find('o')
(21) str2.find('o', 8)
(22) str2.substr(8)
(23) str2.substr(8, 2)
(24) (str1 + ' ' + str2)
```

8.2 假設當您執行下列程式時，輸入 National Chiao Tung University。試問其輸出結果為何？

(a)

```
#include <string>
using namespace std;
int main()
{
    string college;
    cout << "Enter an university: ";
    cin >> college;

    cout << college << endl;
    return 0;
}
```

(b)

```
#include <string>
using namespace std;
int main()
{
    string college;
    cout << "Enter an university: ";
    getline(cin, college);
    cout << college << endl;
    return 0;
}
```

8-13 練習題解答

8.1 (1) g

(2) 19

(3) 19

(4) 22

(5) Programming is fun.C++

(6) Programming is fun.No bugs

(7) Programming is fun.No bugs

(8) Programming is fun.@@@

(9) C plus plus

(10) plus plus

(11) C plus pl

(12) $$$$

(13) Programming C++ is fun.

(14) Welcome***** to C++

(15) Welcome to Taiwan

(16) C++ is fun

(17) 0

(18) 1

(19) 8

(20) 4

(21) 9

(22) to C++

(23) to

(24) Programming is fun. Welcome to C++

8.2 (a)

Enter an university: National Chiao Tung University

National

(b)

Enter an university: National Chiao Tung University

National Chiao Tung University

8-14 習題

1. 請撰寫一程式，提示使用者輸入兩個字元，然後顯示字元所代表的主修科目及身分。第一個字元表示學生主修的科目，第二個字元是數字 1、2、3、4，分別表示 freshman、sophomore、junior、senior。程式假設下列的字元用於表示主修科目：

   A: Accounting

   B: Business Adminstraion

   I: Information Management

   以下是程式的執行三次的結果：

```
Enter two characters: I4
Information Management Senior
```

```
Enter two characters: A1
Accounting Freshman
```

```
Enter two characters: I5
Information Management
Invalid status code
```

2. 請撰寫一函式，使用以下標頭，檢查字串是否為迴文，假設大小寫字母無關：

```
bool isPalindrome(const string& str)
```

再撰寫一測試程式，提示使用者輸入一個字串，接著檢查字串是否為迴文。以下是程式的執行三次的結果：

```
Enter a string: dad
dad 是迴文
```

```
Enter a string: mom
mom 是迴文
```

```
Enter a string: moon
moon 不是迴文
```

3. 請撰寫一函式，使用以下標頭，回傳排序過的字串：

```
string sort(string &str)
```

再撰寫一測試程式，提示使用者輸入一個字串，接著顯示排序後的字串。以下是程式的執行二次的結果：

```
Enter a string: Bright
排序後的字串為 Bghirt
```

```
Enter a string: monkey
排序後的字串為 ekmnoy
```

4. 請使用下列的標頭撰寫一函式，回傳兩個字串相同的字元：

```
string commonChars(const string& s1, const string& s2)
```

再撰寫一測試程式，提示使用者輸入兩個字串，然後顯示兩字串共同的字元。以下是程式的執行二次的結果：

```
請輸入字串 s1: national
請輸入字串 s1: international
共同的字元有 natiol
```

```
請輸入字串 s1: banana
請輸入字串 s1: kiwi
沒有共同的字元
```

5. 請撰寫一函式，檢視兩個字是否為重組字。如果它們包含以任何順序排列的相同字元，這兩個字便是重組字（anagrams）。比方說，"silent"與"listen"便是重組字。有一函式標頭為

   ```
   bool isAnagram(const string &s1, const string &s2)
   ```

   再撰寫一測試程式，提示使用者輸入兩個字串，檢查兩字串為重組字。以下是程式的執行二次的結果：

   ```
   輸入第一個字串 s1: silent
   輸入第二個字串 s2: listen
   silent 和 listen 是重組字
   ```

   ```
   輸入第一個字串 s1: split
   輸入第二個字串 s2: list
   split 和 list 不是重組字
   ```

6. 生物學家使用字母 A、C、T、G 序列來建構一染色體（genome）。基因（gene）為染色體上，起始於一個 ATG 之後，結束於 TAG、TAA 或 TGA 之前的子字串。另外，基因字串的長度為 3 的倍數，且基因不會帶有任何 ATG、TAG、TAA 或 TGA。請撰寫一程式，提示使用者輸入一個染色體，接著顯示該染色體上所有的基因。如果在輸入的序列中找不到任何基因，便顯示"no gene is found"。以下是程式的執行二次的結果：

   ```
   請輸入染色體字串: TTATGTTTTAAGGATGGGGCGTTAGTT
   基因: TTT
   基因: GGGCGT
   ```

   ```
   請輸入染色體字串: TGTATAT
   沒有基因被發現
   ```

指標與動態記憶體管理

指標變數（pointer variable），俗稱的指標。您可以使用指標來參考陣列的位址、物件或任何的變數。

在 C++ 中指標具有相當的威力。它是 C++ 程式語言的核心與靈魂。很多 C++ 語言的特性與函式庫皆是利用指標建立的。為什麼需要指標呢？讓我們考慮撰寫一處理不定數的整數之程式。您應該會使用陣列來儲存這些整數，但要如何建立不知道有多少個數目的陣列呢？陣列的大小可能會隨著增加和刪除改變其大小。為了能處理此項，程式應該要在執行期立即有配置和釋放記憶體的能力。這些可以利用指標加以完成之。

9-1 指標的基本概念

一指標變數儲存記憶體的位址，經由指標您可以使用解參考運算子（dereference operator）擷取在特定記憶體位址的實際值。

指標變數簡稱指標，它是用來宣告以記憶體的位址當作其值。正常而言，變數包含一資料值，例如，一整數、一浮點數以及一字元。然而，指標包含的是變數記憶體的位址，而不是資料值。如圖 9-1 所示，pNumber 指標包含是是 number 變數的位址。

每一位元（byte）的記憶體有唯一的位址。變數的位址是配置給變數記憶體的第一個位元的位址。假設四個變數 number、status、letter 及 str 宣告如下：

```
int number = 8;
short status = 12;
char letter = 'B';
string str = "apple";
```

如圖 9-1 所示，變數 number 宣告為一 int 的資料型態，它包含 4 個位元組（bytes）。變數 status 宣告為一 short 的資料型態，它包含 2 個位元組（bytes）。變數 letter 宣告為一 char 的資料型態，它包含 1 個位元組（bytes）。注意，'B'的 ASCII 碼是 66。變數 str 宣告為一 string 的資料型態，它的記憶體的大小可能會改變，這與字串中的字元個數有關，但一旦字串宣告後，字串的記憶體位址是固定的。

和其他變數一樣，指標必須在使用之前加以宣告之。如我們使用下列的語法宣告其指標：

```
dataType* pVarName;
```

每一變數宣告為指標必須在前面加上星號（*）。例如下列的敘述宣告名為 pNumber、pStatus、pLetter 及 pString 等四個指標，它們分別指向 int 變數、short int 變數、char 變數以及 string 變數：

```
int *pNumber;
short int *PStatus;
char *pLetter;
string *pString;
```

您現在可以指定變數的位址給指標。例如下例的程式碼是指定 number 變數的位址給 pNumber。

```
pNumber = &number;
```

當 & 符號置於變數的前面，稱之為位址運算子（address operator）。

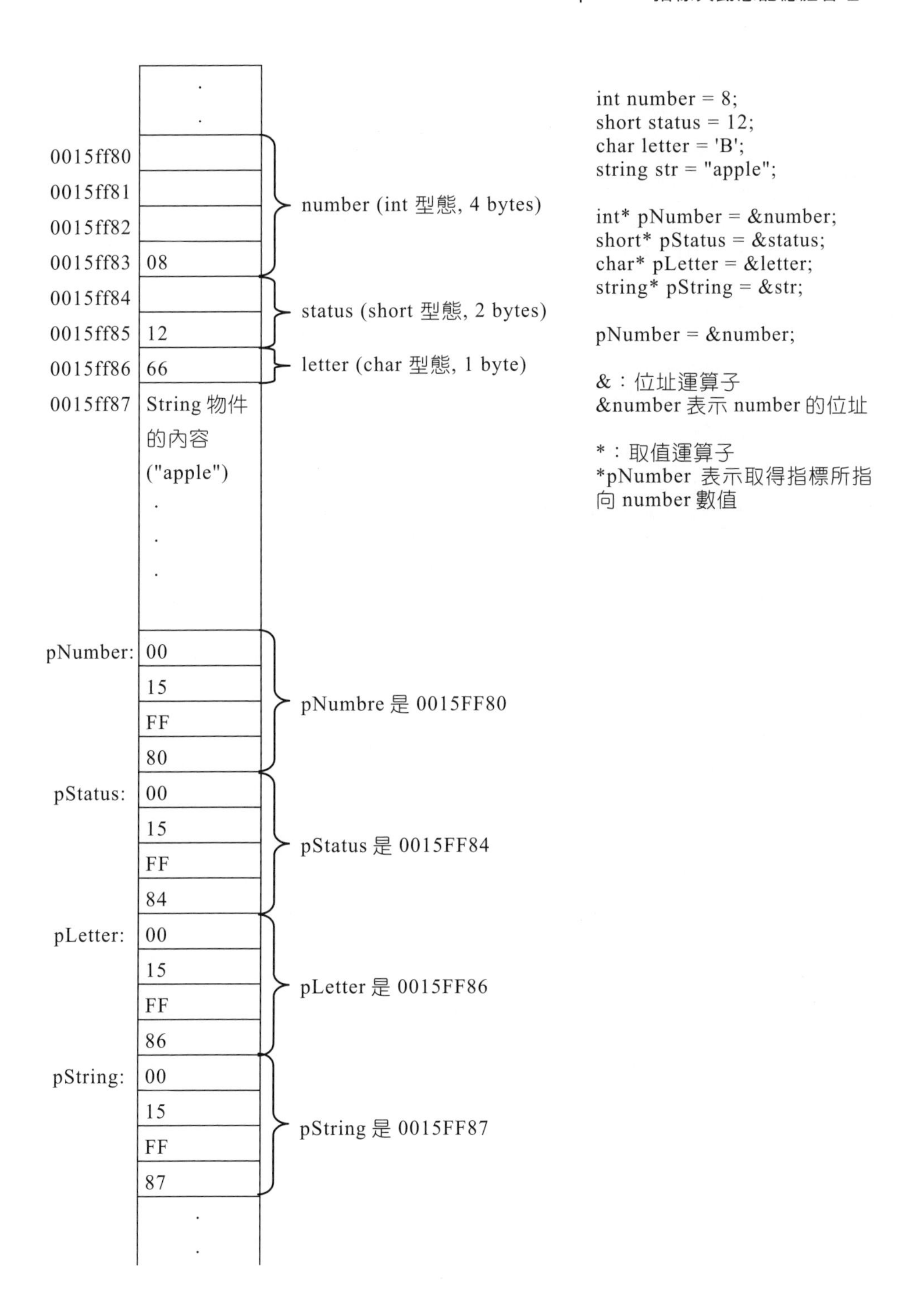

圖 9-1 pNumber 包含 number 變數的記憶體位址

下一範例程式說明使用指標的情形。

範例程式：testPointer.cpp

```
01  #include <iostream>
02  using namespace std;
03  
04  int main()
05  {
06    int number = 8;
07    int* pNumber = &number;
08  
09    cout << "number 的值為 " << number << endl;
10    cout << "number 的位址為 " << &number << endl;
11    cout << "pNumber 的位址為 " << pNumber << endl;
12    cout << "*pNumber 的值為 " << *pNumber << endl;
13  
14    return 0;
15  }
```

```
number 的值為 8
number 的位址為 0015FF80
pNumber 的位址為 0015FF80
*pNumber 的值為 8
```

第 6 行宣告一名為 number 的變數，而且其初始值為 8。第 7 行宣告一名為 pNumber 的指標變數，而且其初始值為 number 變數的位址。圖 9-1 顯示 number 與 pNumber 兩者之間的關係。注意！上述輸出結果的記憶體位址不重要，參考用，因為你我產生的記憶體位置並不一樣。

指標可以在宣告時給予初始值或使用指定敘述。然而您可以指定一位址給指標，其語法如下：

```
pNumber = &number
```

而不是

```
*pNumber = &number
```

第 10 行使用 &number 顯示 number 變數的位址。第 11 行顯示儲存於 pNumber 的值，其相同於 &number。第 9 行直接利用 number 取得儲存於

number 的變數值，也可以利用第 12 行，經由 *pNumber 的指標變數間接取得其值。

經由一指標參考其值，也可稱之為間接取得（indirection）。

```
*pointer
```

您可以使用下一敘述來遞增 number

```
number++;
```

或

```
(*pNumber)++
```

在上一敘述中的星號（*），俗稱為間接運算子（indirection operator）或解參考運算子。其實取值的意思即為間接參考。當一指標是取值時，儲存於指標位址的值將被擷取。我們可稱 *pNumber 為間接存取 pNumber 所指向的值。

下列幾點在指標上值得注意：

- 星號（*）在 C++ 可以有三種不同的用法：

  當作乘法運算子，如下所示：

  ```
  double value= 2 * 3.14159;
  ```

  宣告一指標變數，如下所示：

  ```
  int *pNumber = &number
  ```

  當作取值運算子，如下所示：

  ```
  (*pNumber)++
  ```

  不要著急，編譯器會告訴您在程式中的星號（*）當作何種用途。

- 指標變數指向的變數位址時，若變數型態與指標型態不符時，將會出現語法錯誤。例如，下列的程式碼是錯的：

  ```
  int value= 10;
  double *pValue = &value;    //錯誤
  ```

  您可以指定一指標給另一型態相同的指標，但不能指定指標給非指標的變數。例如，下列的程式碼是錯的：

```
int value = 10;
int *pValue = &value;
int x = pValue; //錯誤
```

- 指標是變數，所以命名的規則也和變數相同。至目前為止，命名指標前面會加上 p，如 pNumber 或是 pValue。然而它不可以違反傳統的命名方式。其實陣列的名稱就是指標，因為陣列的名稱表示陣列第一個元素的位址。

有如一區域變數，若沒有對區域性的指標變數指定其初值，則會指定任意值給它。指標可以初始值為 0，它代表一特定的值，表示指向空的地方。為了防止此事項發生，必須對指標加以初始化。擷取一個沒有初始值的指標，將會產生嚴重的執行期錯誤，或者是意外的修改重要的資料。若指標變數為，它以 NULL 表示之。

假設 pA 與 pB 指標變數分別指向 a 與 b 變數。如圖 9-2 所示。為了讓我們了解變數與指標變數之間的關係，分別將 pB 指定給 pA，以及將 *pB 指定給 *pA。

敘述 pA = pB 指定 pB 內容給 pA。而 pB 的內容是變數 b 的位址，所以 pA 與 pB 是相同的內容。如圖 9-2(a)。

現在考慮 *pA = *pB。注意，pA 與 pB 前面有加星號（*），所以處理的是 pA 與 pB 所指向變數。*pA 參考的是 a 的內容，*pB 則參考 b 的內容，所以敘述 *pA = *pB 表示將 8 指定給 *pA，因此原來的 2 將會被覆蓋，如圖 9-2(b) 所示。

您可以使用下列敘述宣告一 int 型態的指標

```
int* ptr;
```

或

```
int *ptr;
```

或

```
int * ptr;
```

以上皆是相同的。那一個比較好依個人的喜好而定。

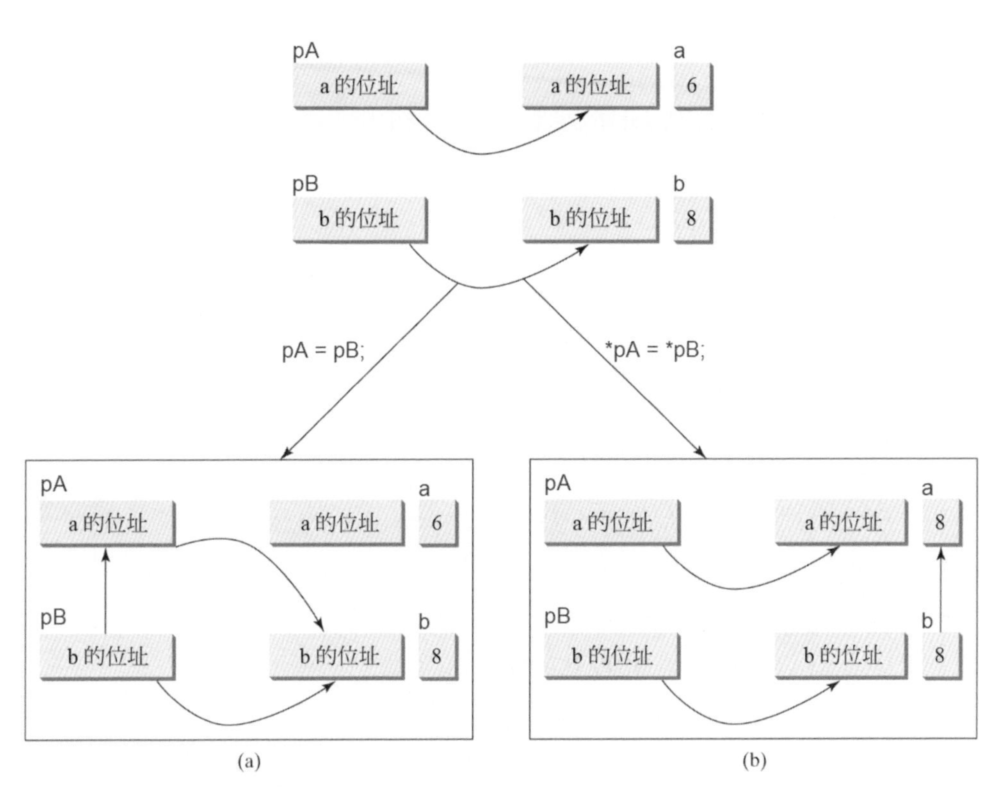

圖 9-2 (a) pB 指定給 pA；(b)*pB 指定給 *pA

使用語法為 int* ptr 型態的缺點是，它可能會將下一敘述：

```
int* ptr1, ptr2;
```

此行會被誤認為它宣告兩個指標，實際上它與下一敘述是相同的：

```
int *ptr1, ptr2;
```

我們建議您將每一指標變數宣告於每一行，如下所示：

```
int *ptr1；
int *ptr2;
```

練習題

9.1 如何宣告指標變數？區域變數會有預設值嗎？

9.2 下列程式碼哪裡有錯？

```
int a = 100;
int *pa = a;
cout << "a is " << a << endl;
cout << "a is " << pa << endl;
```

9.3 試問下列程式碼的輸出結果為何？

```
int a = 100;
int *ptr = &a;
cout << "a is " << *ptr << endl;

int b = 200;
ptr = &b;
cout << "b is " << *ptr << endl;
```

9.4 試問下列程式碼的輸出結果為何？

```
double a = 10.20;
double *ptrA = &a;

double b = 20.10;
double *ptrB = &b;
cout << *ptrA << " + " << *ptrB << " = " << *ptrA+*ptrB << endl;
```

9.5 試問下列程式碼的輸出結果為何？

```
string str = "C++ programming";
string *p = &str;

cout << "p = " << p << endl;
cout << "*p = " << *p << endl;
cout << "(*p)[0] = " << (*p)[0] << endl;
cout << "(*p)[4] = " << (*p)[4] << endl;
```

9.6 試找出下列程式碼的錯誤所在？

```
double a = 10.2;
int *pa = &a;
```

9.7 若 ptr1 與 ptr2 定義如下，則 p1 與 p2 都是指標變數嗎？

```
double *ptr1, ptr2;
```

9-2 使用 typedef 關鍵字定義同義的型態

使用 typedef 關鍵字可以定義同義（synonymous）的型態。

在 C++ 您可以使用 typedef 關鍵字定義客製的同義型態。同義的型態可以簡化程式碼，並避免潛在的錯誤發生。

對已存在的資料型態定義其同義型態，如下所示：

```
typedef existingType newYype;
```

例如，下列敘述定義 int 的同義型態 integer

```
typedef int integer;
```

可以使用以下敘述宣告一 int 的變數 data

```
integer data = 188;
```

typedef 宣告不會建立新的資料型態。它只是建立某一資料型態的同義型態而已。此一特性對定義一指標型態名稱特別有用，它可使程式易於閱讀。例如，可以對 int* 定義型態名稱 intPointer，如下所示：

```
typedef int* intPointer;
```

所以整數指標變數現在可以宣告為：

```
intPointer ptr1;
```

它與下一敘述相同

```
int* ptr1;
```

使用指標型態名稱的好處是，避免少了星號的錯誤。假使意圖要宣告兩個指標變數，下列的宣告是錯的：

```
int* ptr1, ptr2;
```

避免此錯誤的宣告是，使用同義型態 intPointer 型態，如下所示：

```
intPointer ptr1, ptr2;
```

使用此型態 p1 與 p2 宣告為 intPointer 型態的變數。

練 習 題

9.8　如何定義一新型態名稱 doublePointer，其與 double* 是同義的？

9-3 使用 const 指標

您已學會如何使用關鍵字 const 宣告一常數。常數一宣告後便無法再改變。您也可以宣告常數指標，例如：

```
double number = 10;
double* const ptr = &number;
```

此處 ptr 是一常數指標（constant pointer），它必須在同一行宣告及初始化，而且不可以在稍後指定一新的位址給 ptr。雖然 ptr 是設為常數指標，表示它不可以再指向別的位址，但 ptr 指標所指向的位址內的資料沒有設為常數，所以您可以改變它。例如，下一敘述將 number 改變為 20：

```
*ptr = 20;
```

若您宣告如下的指標：

```
const double *ptr = &number;
```

此時指標不是設為常數，所以可以再指向別的位址，但指標指向位址內的資料設為常數，所以不可以改變。請看以下敘述。

```
double x = 10, y = 10;
double * const ptr = &x;     //建立一個指標常數 ptr
*ptr = 6;                    //OK
ptr = &y;                    //錯的，因為 ptr 是指標常數

const double *ptr1 = &x;    //另建立一個指標 ptr1
*ptr1 = 100;                //錯的，因為 ptr1 所指向位址內的資料是常數
ptr1 = &y;                  //OK
```

可以宣告指標設為常數，而且指向位址內的資料也設為常數嗎？答案是可以的，您必須將 const 於資料型態前和指標變數前，如下所示：

```
const double * const ptr2 = &x;
*ptr2 = 100;  //錯的
Ptr2 = &y;    //錯的
```

此時 ptr2 指標是常數，而且指標所指向位址內的資料也是常數。

練 習 題

9.9 下列程式錯在哪裡？

```
int x;
int* const ptr = &x;
int y;
ptr = &y;
```

9.10 下列程式錯在哪裡？

```
int x;
const int* ptr = &x;
int y;
ptr = &y;
*ptr = 100;
```

9-4 陣列與指標

C++ 陣列名稱實際上是一指向陣列第一個元素的常數指標。

陣列名稱實際上表示陣列起始的位址。由此可見，陣列基本上就是指標。假設您宣告 int 值的陣列，如下所示：

```
int arr[6] = {1, 2, 3, 4, 5, 6};
```

以下顯示陣列的起始位址：

```
cout << " arr 陣列的起始位址：" << arr << endl;
```

圖 9-3 展示陣列在記憶體的情形。C++ 允許您使用取值運算子擷取陣列中的元素。可使用 *arr 擷取第一個元素。其他元素分別可使用*(arr + 1)、*(arr + 2)、*(arr + 3)、*(arr + 4) 以及 *(arr + 5)。

可以對指標做加 1 或減 1 的運算。指標遞增或遞減 1，其實是整數乘上元素所佔的位元組數。

假使陣列的起始位址是 1000，則 arr + 1 是 1001 嗎？答案是否定的，應該是 1000 + sizeof(int)。為什麼？因為 arr 宣告為一個 int 元素的陣列。

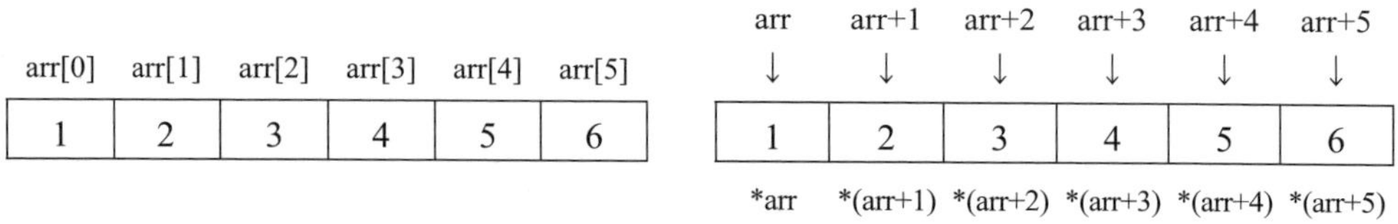

arr[0]	arr[1]	arr[2]	arr[3]	arr[4]	arr[5]
1	2	3	4	5	6

arr	arr+1	arr+2	arr+3	arr+4	arr+5
↓	↓	↓	↓	↓	↓
1	2	3	4	5	6
*arr	*(arr+1)	*(arr+2)	*(arr+3)	*(arr+4)	*(arr+5)

圖 9-3 陣列名稱指向陣列第一個元素

C++ 將自動計算，下一個元素是加上 sizeof(int)。回想一下，sizeof(type)是回傳資料型態的大小.。資料型態的大小與使用的平台有關。在目前的 C++ 的編譯器，int 型態佔 4 個位元組。不管 arr 元素的大小，arr + 1 是指向 arr 陣列的第 2 個元素，arr + 2 是指向 arr 陣列的第 3 個元素，以此類推。

現在您應了解為什麼陣列的索引是從 0 開始的。任何陣列實際上就是指標。arr + 0 指向陣列第一個元素的位址，而 arr[0] 是第一個元素的值。

範例程式 arrayAndPointer-1.cpp 是使用指標存取陣列的元素。

範例程式：arrayAndPointer-1.cpp

```
01  #include <iostream>
02  using namespace std;
03  
04  int main()
05  {
06      int arr[6] = {1, 2, 3, 4, 5, 6};
07      int *ptr = arr;
08      for (int i=0; i<6; i++) {
09          cout << "arr" << "+" << i << ": " << arr+i
10               << ", arr[" << i << "]: " << arr[i]
11               << ", *(arr+" << i << "): "<< *(arr+i);
12          cout << endl;
13      }
```

```
14
15        return 0;
16    }
```

```
arr+0: 0x16fdff250, arr[0]: 1, *(arr+0): 1
arr+1: 0x16fdff254, arr[1]: 2, *(arr+1): 2
arr+2: 0x16fdff258, arr[2]: 3, *(arr+2): 3
arr+3: 0x16fdff25c, arr[3]: 4, *(arr+3): 4
arr+4: 0x16fdff260, arr[4]: 5, *(arr+4): 5
arr+5: 0x16fdff264, arr[5]: 6, *(arr+5): 6
```

輸出顯示 arr 陣列的位址 0x16fdff250。所以(arr + 1)實際上是 0x16fdff250+4，而且 (arr+ 2)是 0x16fdff250 + 2 * 4（第 9 行）。使用取值運算子 *(arr + i) 擷取陣列元素（第 11 行）。第 10 行經由索引，使用 arr[i] 擷取陣列元素，如同 *(arr + i)。注意，輸出位址的數字不重要，因為你我會不同，主要是之間相差多少。

注意，*(arr+ 1) 與 *arr + 1 是不同的。取值運算子（*）比 + 運算子來得高，所以 *arr + 1 是將第一個元素的值加 1。然而 *(arr + 1) 是擷取陣列 (arr + 1) 的元素值。

範例程式：arrayAndPointer-2.cpp

```
01    #include <iostream>
02    using namespace std;
03
04    int main()
05    {
06        int arr[6] = {1, 2, 3, 4, 5, 6};
07        int *ptr = arr;
08        for (int i=0; i<6; i++) {
09            cout << "arr" << "+" << i << ": " << arr+i
10                 << ", arr[" << i << "]: " << arr[i]
11                 << ", *(arr+" << i << "): "<< *(arr+i)
12                 << ", *(ptr+" << i << "): "<< *(ptr+i)
13                 << ", ptr[" << i << "]: " << ptr[i];
14            cout << endl;
15        }
16
17        return 0;
18    }
```

```
arr+0: 0x16fdff250, arr[0]: 1, *(arr+0): 1, *(ptr+0): 1, ptr[0]: 1
arr+1: 0x16fdff254, arr[1]: 2, *(arr+1): 2, *(ptr+1): 2, ptr[1]: 2
arr+2: 0x16fdff258, arr[2]: 3, *(arr+2): 3, *(ptr+2): 3, ptr[2]: 3
arr+3: 0x16fdff25c, arr[3]: 4, *(arr+3): 4, *(ptr+3): 4, ptr[3]: 4
arr+4: 0x16fdff260, arr[4]: 5, *(arr+4): 5, *(ptr+4): 5, ptr[4]: 5
arr+5: 0x16fdff264, arr[5]: 6, *(arr+5): 6, *(ptr+5): 6, ptr[5]: 6
```

第 7 行宣告一 int 的指標 ptr，並將陣列的位址指定給它。

```
int *ptr = arr;
```

注意，您不必使用位址的運算子（&），來指定陣列的位址給指標，因為陣列的名稱本身就是陣列的起始位址。上一敘述相當於

```
int *ptr = &arr[0];
```

此處的&arr[0]表示 arr[0]的位址。

對此範例程式的 arr 陣列，您可以使用陣列的語法 arr[i] 和指標語法擷取陣列的元素。當指標 ptr 指向一陣列時，您可以使用指標的語法或陣列的語法存取陣列的元素，如 *(ptr + i) 或 ptr[i] 皆可。您可以使用指標的語法或是陣列的語法存取陣列，看那一個較方便。然而，陣列與指標有一不同之處是，當陣列宣告後就不能改變其位址。例如，下列敘述是不合法的：

```
int arr1[5], arr2[5];
arr1 = arr2   //錯的
```

陣列的名稱在 C++ 被視為常數指標。C-字串經常被視為指標為基礎的字串（pointer-based string），因為您可以方便使用指標加以存取。例如下列兩個宣告都是好的：

```
char city[10] = "Taipei";
char *pCity = "Taipei;
```

每一宣告建立一系列的字元，包括 'T'、'a'、'i'、'p'、'e'、'i' 以及 '\0'。

您可以使用陣列語法或指標語法存取 city 或 pCity。例如，下例的每一敘述：

```
cout << city[3] << endl;
cout << *(city + 3) << endl;
cout << pCity[3] << endl;
cout << *(pCity + 3] << endl;
```

將會顯示字元 w（字串的第 4 個元素）。

練習題

9.11 假設您宣告 int *ptr，而且 ptr 目前的值為 100，試問 ptr + 1 為何？

9.12 假設您宣告 int *ptr，試問 ptr++、*ptr++及(*ptr)++ 之間的差異為何？

9.13 假設您宣告 int arr[4] = {1, 2, 3, 4}，試問 *arr、*(arr + 1)、arr[0] 以及 arr[1] 的值為何？

9.14 下列程式錯在哪裡？

```
char *ptr;
cin >> ptr;
```

9.15 下列敘述的輸出結果為何？

```
char str[] = "C++ programming";
cout << str << endl;
cout << *str << endl;
cout << *(str+4) << endl;
cout << *(str+7) << endl;
cout << *str+1 << endl;
```

9.16 下列敘述的輸出結果為何？

```
char *str[] = {"C++", "Java", "Python"};

cout << str[0] << endl;
cout << str[1][0] << endl;
cout << str[2][1] << endl;
```

9-5 傳址呼叫

您已學到在 C++ 傳送參數到函式有兩種方式，分別是傳值法（pass-by-value）和傳參考法（pass-by-reference）。您也可以傳指標參數給函式，此稱為傳址呼叫（pass by address）。請參閱下一範例程式。

範例程式：callByAddress.cpp

```
01  #include <iostream>
02  using namespace std;
03  
04  void swap(int *, int *);
05  int main( )
06  {
07      int x{100}, y{200};
08      cout << "Before swapping..." << endl;
09      cout << "x = " << x << ", y = " << y << endl;
10      cout << "\nUsing call by address" << endl;
11      swap(&x, &y);
12      cout << "After swapped..." << endl;
13      cout << "x = " << x << ", y = " << y << endl;
14  
15      return 0;
16  }
17  
18  void swap(int *a, int *b)
19  {
20      int temp;
21      temp = *a;
22      *a = *b;
23      *b = temp;
24  }
```

```
Before swapping...
x = 100, y = 200

Using call by address
After swapped...
x = 200, y = 100
```

程式將 x 和 y 的位址 &x 和 &y 分別傳送給 a 與 b 的指標變數。從輸出結果可看出答案是正確的。

9-6 從函式回傳一指標

在函式中可以使用指標當作參數。試問可以從函式回傳一指標嗎？答案是可以的。

假設您想撰寫一傳送陣列參數的函式，然後將陣列的元素反轉，最後回傳陣列。我們定義 reverse 函式，並加以實作之，如下一範例程式所示。

範例程式：reverseArrayUsingPointer.cpp

```
01  #include <iostream>
02  using namespace std;
03  
04  int* reverse(int * , int);
05  void printArray(int *, int);
06  
07  int main()
08  {
09      int array[] = {11, 22, 33, 44, 55, 66, 77, 88, 99};
10      int* p = reverse(array, 9);
11      printArray(p, 9);
12  
13      return 0;
14  }
15  
16  int *reverse(int *array, int size)
17  {
18      for (int i=0, j=size-1; i<j; i++, j--) {
19          //array[i] 與 array[j] 交換
20          int temp = array[j];
21          array[j] = array[i];
22          array[i] = temp;
23      }
24  
25      return array;
26  }
27  
28  void printArray(int *array, int size)
29  {
30      for (int i = 0; i < size; i++) {
31          cout << array[i] << " ";
32      }
```

```
33        cout << endl;
34    }
```

```
66 55 44 33 22 11
```

reverse 函式的定義開頭如下所示：

```
int* reverse(int *array, int size)
```

回傳值的型態是 int 指標。它將陣列 array 的第 1 個與最後一個元素對調，第 2 個與倒數第二個對調……，以此類推。如圖 9-4 所示：

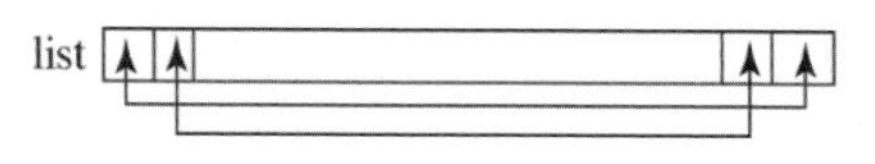

圖 9-4 陣列反轉的方法之一

函式回傳 array 為一指標。

練習題

9.17 試問下列程式碼的輸出結果為何？

```
#include <iostream>
using namespace std;
int *sumArray(int [], int [], int);

int main()
{
    int array1[] = {1, 3, 5, 7, 9};
    int array2[] = {2, 4, 6, 8, 10};

    int *ptr = sumArray(array1, array2, 5);
    cout << "ptr[0]: " << ptr[0] << endl;
    cout << "ptr[1]: " << ptr[1] << endl;
    cout << "ptr[4]: " << ptr[4] << endl;
    return 0;
}

int *sumArray(int arr1[], int arr2[], int size)
{
    for (int i=0; i<size; i++) {
        arr1[i] += arr2[i];
```

```
    }

    return arr1;
}
```

9-7 一些有用的陣列函式

C++ 提供一些用來處理陣列的函式。您可以使用 min_element 與 max_element 函式，回傳指向陣列中最小與最大的元素。sort 函式用以排序陣列。random_shuffle 函式將陣列隨機洗牌。find 函式則為找尋陣列中的某一元素。以上這些函式都是使用指標當作參數與回傳值。請參閱下一範例程式。

範例程式：usefulFuction.cpp

```
01  #include <iostream>
02  #include <algorithm>
03  using namespace std;
04  
05  void printArray(int *const array, int size)
06  {
07      for (int i = 0; i < size; i++)
08          cout << array[i] << " ";
09      cout << endl;
10  }
11  
12  int main()
13  {
14      int array[] = {8, 3, 7, 2, 5, 4, 10, 1, 6, 9};
15      int size = sizeof(array) / sizeof(array[0]);
16      printArray(array, size);
17  
18      int *min = min_element(array, array+size);
19      int *max = max_element(array, array+size);
20      cout << "The min value is " << *min << " at index "
21           << (min - array) << endl;
22      cout << "The max value is " << *max << " at index "
23           << (max - array) << endl;
24  
25      printArray(array, size);
26      int keyValue = 6;
27      int *ptr = find(array, array+size, keyValue);
```

```
28        if (ptr != array+size) {
29            cout << "The value " << *ptr << " is found at position "
30                 << (ptr - array) << endl;
31        }
32        else {
33            cout << "The value " << keyValue << " is not found" << endl;
34        }
35
36        sort(array, array+size);
37        printArray(array, size);
38
39        return 0;
40    }
```

```
size of array is 10
8 3 7 2 5 4 10 1 6 9
The min value is 1 at index 7
The max value is 10 at index 6
8 3 7 2 5 4 10 1 6 9
The value 1 is found at position 8
1 2 3 4 5 6 7 8 9 10
```

在第 18 行呼叫 min_element(arry, array+size)，回傳在陣列從 list[0] 到 list[9] 最小的元素，其區間是 [array, array+size]。因為陣列的最小元素是 1，所以會回傳 array + 7，指標 min 將指向此元素是 array + 7。注意，有兩個指標的參數傳送給函式，用以指定其範圍。第一個指標是陣列的起始位置，而第二個指標是陣列尾端，但不包含此元素，真正的範圍是 [array, array+6]。

第 27 行呼叫 find(array, array+size, keyValue) 找尋從陣列 array[0] 到 array[9] 元素的鍵值。若元素被找到，函式將回傳指標所指向在陣列匹配元素，否則，回傳的指標是指向陣列最後元素的下一個（此範例是 array+size）。

第 36 行呼叫 sort (array, array+size) 再排序陣列 array[0] 到 array[9] 的元素。

練習題

9.18 試問下列程式碼的輸出結果為何？

```
int lst[] = {40, 30, 20, 70, 10, 60, 50};
cout << *min_element(lst, lst+4) << endl;
cout << *max_element(lst, lst+4) << endl;
cout << *find(lst, lst+7, 50) << endl;
cout << *find(lst, lst+3, 100) << endl;
sort(lst, lst+7);
cout << lst[0] << endl;
```

9-8 動態記憶體的配置

new 運算子（new operator）可以在執行期間，針對數值、陣列以及物件用來建立永久的記憶體。

範例程式 reverseArrayUsingPointer.cpp 撰寫了一個傳送參數為陣列的函式，它用以反轉及回傳陣列。假使不想改變原來的陣列，您可以改寫傳送陣列參數的函式，然後再回傳反轉後的陣列。

此函式的演算法如下：

1. 取原來的陣列名稱為 array。
2. 宣告新的陣列名為 result，它與原來的陣列具有相同的大小。
3. 撰寫迴圈將原來陣列的第 1 個元素、第 2 個元素……等等，對等複製於新的陣列的最後元素，倒數第二個元素……等等。如圖 9-5 所示：

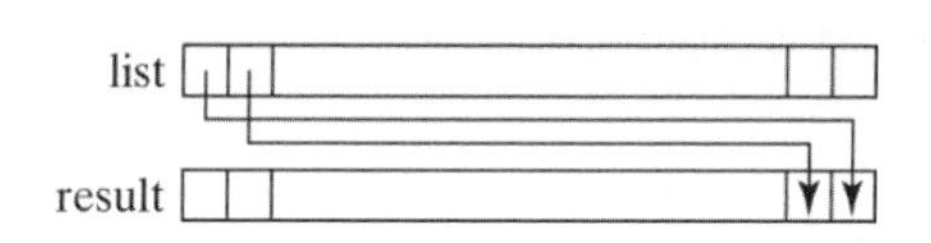

圖 9-5 陣列反轉的方法之二

4. 回傳 result 的指標。

反轉函式的語法可指定為：

```
int* reverse(const in* array, int size)
```

回傳值的型態是為 int 指標。如何在演算法第 2 步驟宣告新的陣列呢？您可以試圖宣告如下：

```
int result[size];
```

現加以實作，如範例程式 stackMemory.cpp，但您將會發現它是無法正常的運作。

範例程式：stackMemory.cpp

```
01  #include <iostream>
02  using namespace std;
03  int* reverse(const int*, int);
04  int main()
05  {
06      int array[] = {10, 20, 30, 40, 50, 60, 70, 80};
07      int size = sizeof(array)/sizeof(array[0]);
08      int* ptr = reverse(array, size);
09      for (int i = 0; i < size; i++)
10          cout << ptr[i] << " ";
11      cout << endl;
12      return 0;
13  }
14
15  int* reverse(const int* array, int size)
16  {
17      int result[size];
18      for (int i=0, j=size-1; i<size; i++, j--) {
19          result[j] = array[i];
20      }
21      return result;
22  }
```

```
80 1 1 0 16048 1 -339214568 1
```

上述的輸出結果是錯的，為什麼？

原因是陣列 result 是儲存於堆疊，此記憶體不是永久的。當函式回傳時，此記憶體將會被刪除。試圖利用指標擷取此陣列的元素，將會有錯誤與不可測的值。為了解決此問題必須配置動態的記憶體給 result 陣列。

C++ 提供動態的記憶體配置，這可使用 new 運算子加以完成之。C++ 配置一般區域變數於堆疊（stack），但以 new 運算子所配置的記憶體是在自由空間

（free store）或稱堆積（heap）。堆積記憶體是一直有效的，直到您明確地將它刪除或是程式結束才會消失。

範例程式：usingNewForInt.cpp

```
01  #include <iostream>
02  using namespace std;
03  
04  int main()
05  {
06      int *ptr;
07      ptr = new int;
08      *ptr = 100;
09  
10      cout << ptr << endl;
11      cout << *ptr << endl;
12      return 0;
13  }
```

```
0x600000008030
100
```

此程式的 ptr 表示位址，而 *ptr 表示值。注意，ptr 指標需要指向有記憶體的地方，所以必須利用 new 配置一個 4 個 bytes 的記憶體，因為 new 後面接的是 int。若只寫

```
int *ptr;
*ptr = 100;
```

將會產生錯誤。

經由 new 所配置的記憶體若不使用了，可經由 delete 加以回收。

範例程式：deleteMemory.cpp

```
01  #include <iostream>
02  using namespace std;
03  
04  int main()
05  {
06      int *ptr;
07      ptr = new int;
08      *ptr = 100;
09  
```

```
10        cout << ptr << endl;
11        cout << *ptr << endl;
12
13        delete ptr;
14        cout << *ptr << endl;
15        return 0;
16    }
40        delete ptr;
```

```
0x600000008030
100
-559054800
```

程式的

```
ptr = new int;
*ptr = 100;
```

可以寫成

```
ptr = new int(100);
```

比較簡潔。

輸出結果的最後的一行是垃圾值，由於 ptr 記憶體已被回收了。

注意，delete 運算子只能回收由 new 所配置的記憶體，不是由 new 運算子所配置的記憶體，不可以使用 delete 回收。例如，下列程式碼將會產生些錯誤，因為它以 delete 釋還不是以 new 運算子所配置的記憶體 ptr。

```
int x = 100;
int *ptr = &x;
delete *ptr;    //錯誤
```

也可以配置動態配置記憶體給一陣列，如下所示：

範例程式：usingNewAndDeleteForArray.cpp

```
01  #include <iostream>
02  using namespace std;
03
04  int main()
05  {
06      int *arr = new int[3]{10, 20, 30};
07      cout << "arr[0] = " << arr[0] << endl;
```

```
08        cout << "arr[1] = " << arr[1] << endl;
09        cout << "arr[2] = " << arr[2] << endl;
10        delete [] arr;
11
12        cout << "arr[0] = " << arr[0] << endl;
13        cout << "arr[1] = " << arr[1] << endl;
14        cout << "arr[2] = " << arr[2] << endl;
15        return 0;
16    }
```

```
arr[0] = 10
arr[1] = 20
arr[2] = 30
arr[0] = -559071152
arr[1] = 48813
arr[2] = 2043
```

程式中的

```
int *arr = new int[3]{10, 20, 30};
```

表示 arr 指向含有三個元素的陣列，初始值分別是 10，20，30。若要回收整個陣列，則在 delete 後面加上 []，否則，只會回收一個元素而已。回收之後，整個陣列所在的記憶體不見了，所以輸出結果是垃圾值。

使用 new 運算子建立陣列一般稱之為動態陣列（dynamic array）。當您建立一動態陣列時，它的大小是在執行期間決定的。它可以是整數變數。例如，

```
cout << "Enter the size of the array: ";
int size;
cin >> size;
int *array = new int[size];
```

使用 new 運算子配置記憶體是永久的，而且一直存在，直到明確地的刪除或是程式結束。現在我們可以在 reverse 函式，配置動態的記憶體來建立一陣列，以便修正前面的 stackMemory.cpp 範例程式。當函式回傳時，此陣列可以被擷取之。如範例程式 heapMemory.cpp。

範例程式：heapMemory.cpp

```
01  #include <iostream>
02  using namespace std;
03  #define SIZE 80
04  
05  int *reverse(const int*, int);
06  int main()
07  {
08      int array[] = {10, 20, 30, 40, 50, 60, 70, 80};
09      int size = sizeof(array)/sizeof(array[0]);
10      int *ptr = reverse(array, size);
11      for (int i = 0; i < size; i++)
12          cout << ptr[i] << " ";
13      cout << endl;
14      return 0;
15  }
16  
17  int *reverse(const int *array, int size)
18  {
19      int *result = new int[size];
20  
21      for (int i=0, j=size-1; i<size; i++, j--) {
22          result[j] = array[i];
23      }
24  
25      return result;
26  }
```

```
80 70 60 50 40 30 20 10
```

範例程式 heapMemory.cpp 和範例程式 reverseArrayUsingPointer.cpp，除了 result 陣列是以 new 運算子建立的動態陣列外，幾乎相同。使用 new 運算子建立陣列時，其大小可以是一變數。

在函式中，若您為變數配置一堆積的記憶體時，此記憶體在函式回傳後還是存在的。在函式中的第 19 行以此方式建立 result 陣列。第 25 行當函式回傳後，result 陣列是不變的。所以您可以在第 11-12 行以 ptr[i] 加以存取之，並印出 result 陣列中的每一個元素。

9-9 懸盪指標

當釋還指標所指向的記憶體後，指標的值將變成無定義了。再來，若有一些指標指向相同的記憶體，其中有一被釋還，則其他指標的值也將變為無定義了。這些無定義的指標稱之為懸盪指標（dangling pointer）。若對懸盪的指標做取值的動作，將會引起嚴重的錯誤。

您可能在還未釋還記憶體前，再指定指標。請考慮以下的程式碼：

```
int *ptr = new int;
*ptr = 100;
ptr = new int;
```

第 1 行宣告一指標 ptr，並將有 int 值的記憶體位址指定給它，如圖 9-6(a) 所示。第 2 行指定 100 給 ptr 所指向的記憶體，如圖 9-6(b) 所示。第 3 行指定新的記憶體位址給 ptr，如圖 9-6(c) 所示。原來記憶體所擁有的是無法被存取的，因為沒有任何指標可以觸及到它。此塊記憶體無法存取也無法釋還。此稱為記憶體漏洞（memory leak）。

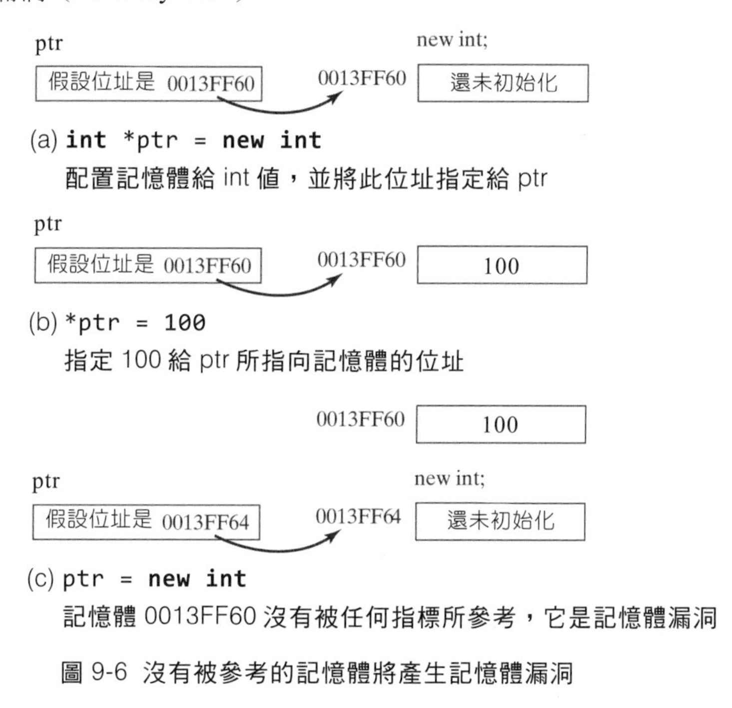

圖 9-6 沒有被參考的記憶體將產生記憶體漏洞

動態記憶體配置是很有威力的，但要謹慎使用以避免記憶體漏洞和產生其他的錯誤。良好的程式設計習慣是每次呼叫 new 時，應該要與 delete 相互匹配。

練習題

9.19 (a) 如何為 double 數值建立記憶體空間？

(b) 如何存取這 double 數值？

(c) 如何釋放此記憶體？

9.20 當程式結束後，動態陣列會被釋回嗎？

9.21 請解釋何謂記憶體漏洞？

9.22 假設您已建立的動態陣列，而且稍後您需要將它釋回。請修正下列程式碼有兩個錯誤之處？

```
double arr[] = new double[10];
...
delete arr;
```

9.23 試問下列程式碼錯誤之處？

```
double value = 5.4;
double *pValue = value;
```

9.24 試問下列程式碼錯誤之處？

```
double value = 5.4;
double *pValue = value;
delete pValue;
```

9.25 試問下列程式碼錯誤之處？

```
double *pValue;
*pValue = 100.23;
```

9.26 試問下列程式碼錯誤之處？

```
double *pValue1 = new double;
double *pValue2 = pValue1;
*pValue1 = 1.23;
delete pValue1;
cout << *pValue2 << endl;
```

9-10 練習題解答

9.1　只要在變數前加一個 *，此變數即為指標變數。區域變數沒有預設值。

9.2　正確程式如下：

```
int *pa = &a;
cout << "a is " << a << endl;
cout << "a is " << *pa << endl;
```

9.3

```
a is 100
b is 200
```

9.4　10.2 + 20.1 = 30.3

9.5　p = 0x16fdff2b0（說明：這是 p 指標變數在記憶體位址，所以你產生的答案不會和此相同）

*p = C++ programming

(*p)[0] = C

(*p)[4] = p

9.6　int *pa = &a; 表示 pa 是指向 int 的指標，所以不可以指定 double 變數 a 的位址給 pa。

9.7　不是，只有 ptr 1 是指標變數。

9.8　typedef double* doublePointer;

9.9　因為 ptr 指標是常數，所以不可以再指定一位址給它，因此 ptr = &y; 這敘述是錯的。

9.10　因為指向位址的資料是常數，所以不可以再指定某一值給它，因此 *ptr = 100; 這敘述是錯的。

9.11　104

9.12　ptr++：將 ptr 指標移到下一個元素的位址。

*ptr++：先取得 ptr 所指向的元素值，之後將 ptr 移到下一個元素的位址。

(*ptr)++ ：先取得 ptr 所指向的元素值，再將此值加 1。

9.13 `*arr：1`

`*(arr+1)：2`

`arr[0]：1`

`arr[1]：2`

9.14 ptr 變數指標沒有給予位址的初始值。有了位址初始值後，輸入的資料是給 *ptr 的。

9.15 C++ programming

C

p

g

68

說明，68 是 C 的 ASCII 加 1 後變為 68。

9.16 C++

J

y

9.17 ptr[0]: 3

ptr[1]: 7

ptr[4]: 19

9.18 20

70

50

70（說明，因為從 lst~lst+3 找不到 100，所以會印出 lst+3 的值）

10

9.19 (a) double *pDouble = new double;

(b) 經由 *pDouble 存取

(c) delete pDouble;

9.20 會

9.21 原來指標指向的記憶體還沒被回收，你又再次指定某一記憶體給這指標。

9.22 `delete arr[];`

9.23 `double *pValue = &value`

9.24 因為 pValue 不是以 new 配置的記憶體。

9.25 沒有指定位址給 pValue 指標。

9.26 產生記憶體漏洞，因為回收 pValue1 指標所指向的記憶體，因此，pValue1 無法得到值。

9-11 習題

1. 試問下一程式錯在哪裡？並加以修正之。

```
#include <iostream>
using namespace std;

int main( )
{
    int y = 200;
    const int x = 100;
    x = 200;

    cout << "&x = " << &x << endl;
    cout << "&y = " << &y << endl;

    const int *p = &y;
    cout << p << endl;
    cout << *p << endl;

    *p = 300;
    p = &x;
    cout << p << endl;
    cout << *p << endl;

    int * const q = &y;
    cout << q << endl;
    cout << *q << endl;
```

```
    //q = &y;
    cout << q << endl;
    cout << *q << endl;
    *q = 1000;
    cout << *q << endl;

    const int * const k = &x;
    cout << k << endl;
    cout << *k << endl;
    k = &x;
    *k = 400;

    return 0;
}
```

2. 請撰寫一程式，先輸入陣列的大小然後讀取整數數值於陣列中，接著計算其平均數以及有多少個數值是大於平均數。

3. 請撰寫一程式，先輸入陣列的大小，然後讀取數值於陣列中，接著顯示不同的數值，若有數值出現多次，則印出一次即可。

   （提示：當讀取一個數值，若是新的，則將它儲存於陣列，若此數值已存在於陣列，則將它捨棄。）

4. 撰寫兩個多載的函式，它們使用下列的函式標頭，並回傳陣列的平均值。

   ```
   int average(const int *array, int size)
   double average(const double *array, int size)
   ```

   請撰寫一測試程式，提示使用者可以五個 int 的數值與輸入五個 double 的數值，然後呼叫此函式，最後分別顯示其平均值。

5. 試撰寫一函式名為 minimum，使用指標找出整數陣列元素中的最小元素與其索引值。請使用測試資料 {2, 5, 6, 15, 30, 60, -16, 22, 8, 29} 來測試此函式。

6. 使用以下的標頭，撰寫一函式用以計算字串中每一數字出現的個數。

   ```
   int *count(const string);
   ```

   此函式是計算數字出現的個數，其回傳值是一指向含有 10 個元素的陣列之指標，每一元素是每一數字。

類別與物件

從本章開始將討論物件導向程式語言的三大特性，包括封裝（encapsulation），繼承（inheritance），以及多型（polymorphism）。我們從封裝開始，

10-1 類別與物件

從封裝的字面上大致可以得知，它將某些事項包裝起來，其實是將資料成員（data member）或成員函式（member function）包裝在一個所謂類別（class）的名稱上。上述的資料成員簡稱資料，而成員函式為了與傳統程式設計所稱的函式有所區別，以方法（method）來稱呼與識別也是不錯的選擇。

在傳統的程式設計，主角是函式（function），寫好了一切就搞定了，而資料是次等公民，但如果資料不正確，函式再怎麼樣，程式執行後產生的結果還是錯的，這就是所謂垃圾進垃圾出（garbage in garbage out，GIGO）。因此，資料和函式是同等重要的，應該一視同仁。

封裝的主要功能是將資料成員和成員函式裝在一起，視為同等的重要，而且也將資料成員和成員函式分區存放。其實類別的重要用意是要將資料成員加以保護或隱藏，這樣子會減少觸及資料成員，從而也會減少 GIGO 的發生，進而減少軟體的維護成本。。

物件（object）為類別的實例（instance）。我們可對類別建立多個實例。物件與實例這兩個名詞常常交換使用。類別與物件之間的關係，就等同於草莓派食譜與草莓派之間的關係：我們可透過單一的草莓派食譜，製作多個草莓派。

也可以這樣說，物件是用來表示真實世界裡可被明確辨識的實體。比方說，大學生、研究生、椅子、圓形，香蕉，都可以被視為物件。類別定義了一個大原則，然後以此大原定義一個或多個物件。例如在水果類別下，你可以定義香蕉、橘子、藍莓等等物件。在程式的撰寫上，類別像是資料型態，物件像是變數。

我們以一範例來探討一下封裝的寫法。輸入一圓形半徑，計算此圓形的周長（perimeter）和面積（area）。傳統的寫法如範例程式 calCircle-1.c 所示：

範例程式：calCircle-1.cpp

```
01  #include <iostream>
02  #include <cmath>
03  #include <iomanip>
04  using namespace std;
05  
06  int main()
07  {
08      int radius;
09      double perimeter, area;
10  
11      cout << "Enter the radius: ";
12      cin >> radius;
13      perimeter = 2*M_PI*radius;
14      area = M_PI * radius * radius;
15  
16      cout << "The radius is " << radius << endl;
17      cout << fixed << setprecision(2);
18      cout << "The perimeter is " << perimeter << endl;
19      cout << "The area is " << area << endl;
20  
21      return 0;
22  }
```

```
Enter the radius: 5
The radius is 5
The perimeter is 31.42
The area is 78.54
```

程式利用 cmath 標頭檔中的 M_PI 表示 pi。若將程式模組化，以函式呼叫來實作，此時將計算周長和面積分別以 calPeri() 函式和 calArea() 函式來執行，請參閱範例程式 calCircle-2.cpp。

範例程式：calCircle-2.cpp

```
01  #include <iostream>
02  #include <cmath>
03  #include <iomanip>
04  using namespace std;
05
06  void calPeri(int);
07  void calArea(int);
08  int main()
09  {
10      int radius;
11      cout << "Enter the radius: ";
12      cin >> radius;
13      cout << "The radius is " << radius << endl;
14      cout << fixed << setprecision(2);
15
16      calPeri(radius);
17      calArea(radius);
18
19      return 0;
20  }
21
22  void calPeri(int r)
23  {
24      double perimeter = 2*M_PI*r;
25      cout << "The perimeter is " << perimeter << endl;
26  }
27
28  void calArea(int r)
29  {
30      double area = M_PI * r * r;
31      cout << "The area is " << area << endl;
32  }
```

談論到本章的主題了，若以類別的方式撰寫的話，基本上會畫出 UML（Unify Modeling Language）的類別圖（class diagram）。類別圖概觀如圖 10-1 所示：

類別名稱	說明
//資料成員	
+data1:dataType	public 屬性的資料成員
#data2:dataType	protected 屬性的資料成員
-data3:dataType	private 屬性的資料成員
//方法	
+method1(parameter:dataType):dataType	public 屬性的成員函式
#method2(parameter:dataType):dataType	protected 屬性的成員函式
-method3(parameter:dataType):dataType	private 屬性的成員函式

圖 10-1 UML 類別圖概觀

其中不管在資料成員或是成員函式（方法）基本上有三個屬性，分別是 public、protected 以及 private。在 UML 類別圖中，以 + 表示公有（public）、以#表示保護（protected），而-表示私有（private）。還有這三個屬性哪一個在前，哪一個在後是沒有關係的。

非常重要的一點是，放在 private 屬性的區段上資料或方法，因為它是私有的特性，所以只能被此同一類別的方法所存取，不能被其他函式或其他類別的方法「直接」存取。而 public 屬性的區段上的資料或方法，因為是公有的性質，所以就可以被其他函式或其他類別的方法呼叫使用。至於 protected 屬性，它與 private 相類似，大都是用於類別繼承的情況下。

10-1-1 public 屬性

假設，今有一類別的 UML 類別圖，如圖 10-2 所示：

Circle 類別	說明
//資料成員	
+radius: int	圓的半徑
//方法	
+getPerimeter(): double	回傳圓的周長
+getArea(): double	回傳圓的面積

圖 10-2 Circle 類別的 UML 類別圖

從 UML 類別圖可知 Circle 類別有一 public 資料成員為 radius，並且有兩個 public 的方法，分別是 getPerimeter()和 getArea()，用以回傳圓的周長和面積。此時我們便可以依據 UML 類別圖，加以撰寫其對應的程式，如 circleClass-1.cpp 所示：

範例程式：circleClass-1.cpp

```
01  #include <iostream>
02  #include <cmath>
03  #include <iomanip>
04  using namespace std;
05
06  class Circle {
07  public:
08      int radius;
09      double getPerimeter();
10      double getArea();
11  };
12
13  double Circle::getPerimeter()
14  {
15      return 2*M_PI*radius;
16  }
17
18  double Circle::getArea()
19  {
20      return M_PI*radius*radius;
21  }
22
23  int main()
24  {
25      Circle c1;
26      double perimeter, area;
27
28      cout << "Enter the radius: ";
29      cin >> c1.radius;
30      perimeter = c1.getPerimeter();
31      area = c1.getArea();
32
33      cout << "The radius is " << c1.radius << endl;
34      cout << fixed << setprecision(2);
35      cout << "The perimeter is " << perimeter << endl;
36      cout << "The area is " << area << endl;
```

```
37
38        return 0;
39    }
```

```
Enter the radius: 5
The radius is 5
The perimeter is 31.42
The area is 78.54
```

類別是以 class 為首，接著是類別名稱，基本上類別名稱會以第一個大寫字母為之，然後以一對大括號括起，結束時要加上分號。由於此程式 radius 是 public 屬性，所以在 main() 函式可以使用物件直接存取 radius，如 c1.radius。

10-1-2 private 屬性

若將上述範例程式 circleClass-1.cpp 的 radius 改為 private 屬性之後，此 radius 只能給予同一類別的方法存取，不是此類別的方法不可以直接存取。只能透過此類別的方法「間接」存取之。請參閱範例程式 circleClass-2.cpp。

範例程式：circleClass-2.cpp

```
01  #include <iostream>
02  #include <cmath>
03  #include <iomanip>
04  using namespace std;
05  
06  class Circle {
07  private:
08      int radius;
09  public:
10      int getRadius();
11      void setRadius(int);
12      double getPerimeter();
13      double getArea();
14  };
15  
16  //利用此函式回傳私有屬性的半徑
17  int Circle::getRadius()
18  {
19      return radius;
20  }
```

```
21
22  //利用此函式設定私有屬性的半徑
23  void Circle::setRadius(int r)
24  {
25      radius = r;
26  }
27
28  double Circle::getPerimeter()
29  {
30      return 2*M_PI*radius;
31  }
32
33  double Circle::getArea()
34  {
35      return M_PI*radius*radius;
36  }
37
38  int main()
39  {
40      Circle c1;
41      double perimeter, area;
42
43      c1.setRadius(5);
44      perimeter = c1.getPerimeter();
45      area = c1.getArea();
46      cout << "The radius is " << c1.getRadius() << endl;
47      cout << fixed << setprecision(2);
48      cout << "The perimeter is " << perimeter << endl;
49      cout << "The area is " << area << endl;
50
51      return 0;
52  }
```

```
The radius is 5
The perimeter is 31.42
The area is 78.54
```

因為此程式將 radius 是 private 屬性，所以在 main() 函式無法直接存取 radius 值，因為不是此類別的方法的關係，因此需要 Circle 類別的 public 屬性的 getRadius() 和 setRadius() 方法來間接的存取 radius，不可以直接以 c1.radius 來存取。一般我們稱 getRadius() 為擷取者（getter），setRadius() 為設定者（setter）。

10-2 建構函式

若類別的成員函式名稱與類別名稱同名，則稱為建構函式（constructor）。當你建立一此類別的物件時，會自動呼叫建構函式，你不用撰寫敘述去呼叫它。

建構函式可以給予參數，因此，會有所謂的多載建構函式（只要簽名不同即可），但建構函式沒有資料型態，連 void 資料型態都不可有。在建構函式也可以使用預設的參數值喔。其含有建構函式的 UML 類別圖，如圖 10-3 所示：

Circle 類別	說明
//資料成員 -radius: int	 圓的半徑

//方法
Circle(int x=1)
+setRadius(int): void
+getRadius(): int
+getPerimeter(): double
+getArea(): double
+show(): void
	
	Circle 類別的建構函式
	設定圓形的半徑
	回傳圓形的半徑
	回傳圓形的周長
	回傳圓形的面積
	印出圓形的半徑、周長和面積

圖 10-3 Circle 類別的 UML 類別圖（含有建構函式）

此 UML 類別圖所對應的程式，如範例程式 circleConstructor.cpp 所示。

範例程式：circleConstructor.cpp

```
01  #include <iostream>
02  #include <cmath>
03  #include <iomanip>
04  using namespace std;
05
06  class Circle {
07  private:
08      int radius;
09  public:
10      Circle(int x=1);  //此為建構函式，而且有預設參數值
11      void setRadius(int);
12      int getRadius();
```

```
13        double getPerimeter();
14        double getArea();
15        void show();
16    };
17
18    Circle::Circle(int x)
19    {
20        cout << "calling constructor now" << endl;
21        cout << "x = " << x << endl;
22        radius = x;
23    }
24
25    void Circle::setRadius(int r)
26    {
27        radius = r;
28    }
29
30    int Circle::getRadius()
31    {
32        return radius;
33    }
34
35    double Circle::getPerimeter()
36    {
37        return 2*M_PI*radius;
38    }
39
40    double Circle::getArea()
41    {
42        return M_PI*radius*radius;
43    }
44
45    void Circle::show()
46    {
47        cout << fixed << setprecision(2);
48        cout << "radius: " << radius << endl;
49        cout << "perimeter: " << getPerimeter() << endl;
50        cout << "area: " << getArea() << endl << endl;
51    }
52
53    int main()
54    {
55        Circle c1;  //注意，不可以寫 Circle c1();
```

```
56        double perimeter, area;
57        cout << "c1 object information: " << endl;
58        c1.show();
59
60        Circle c2(5);
61        cout << "c2 object information: " << endl;
62        c2.show();
63
64        c2.setRadius(8);
65        cout << "after set radius to 8" << endl;
66        cout << "c2 object information: " << endl;
67        c2.show();
68
69        return 0;
70    }
```

```
calling constructor now
x = 1
c1 object information:
radius: 1
perimeter: 6.28
area: 3.14

calling constructor now
x = 5
c2 object information:
radius: 5
perimeter: 31.42
area: 78.54

after set radius to 8
c2 object information:
radius: 8
perimeter: 50.27
area: 201.06
```

此程式的建構函式

```
Circle(int x=1);
```

使用預設的參數值。其實此敘述也可以使用以下兩個建構函式來完成：

```
Circle();
Circle(int x);
```

這是多載的建構函式，之後再定義其執行的敘述，如下所示

```
Circle::Circle()
{
    int x = 1;
    cout << "calling constructor now" << endl;
    radius = x;
}

Circle::Circle(int x)
{
    cout << "calling constructor now" << endl;
    radius = x;
}
```

若 circleConstructor.cpp 程式以多載的建構函式表示的話，其輸出結果也是相同的。

要注意的是，Circle c1; 不可以寫成 Circle c1();，否則會有錯誤訊息產生。

練習題

10.1 在 circleConstructor.cpp 的程式中，若將 main()函式中的敘述改為如下：

```
Circle c3(10);
Circle c4(12);
c3 = c4;
cout << "The radius is " << c4.getRadius() << endl;
```

試問其輸出結果為何？

10.2 在 circleConstructor.cpp 的程式中，將 main() 函式改為以下敘述執行之，看看會有什麼結果。

(a)

```
int main()
{
    Circle c5();
    cout << "The radius is " << c5.getRadius() << endl;

    return 0;
}
```

(b)

```
int main()
{
    Circle c6(10);
    Circle c6(20);
    cout << "The radius is " << c5.getRadius() << endl;

    return 0;
}
```

10.3 有一程式如下：

```
#include <iostream>
using namespace std;

class Circle {
public:
    Circle() {};
    int radius;
};

int main()
{
    _______(a)_______
    cout << "radius = " << c.radius;
    return 0;
}
```

在 (a) 處，使用下列的敘述是對的？

(1) Circle c2;

(2) Circle c2();

10.4 在下一程式中

```
#include <iostream>
using namespace std;

class Circle {
public:
    Circle();
    int radius;
};

Circle::Circle()
{
    radius = 10;
};

int main()
{
    Circle c1;
    Circle c2 = Circle();

    cout << "radius of c1 = " << c1.radius << endl;
    cout << "radius of c2 = " << c2.radius << endl;

    return 0;
}
```

其中這兩條敘述

```
Circle c1;
Circle c2 = Circle();
```

可以這樣撰寫嗎？

10-3 以專案的方式撰寫

在上述的 circleConstructor.cpp 程式中，我們可以將它以專案（project）的方式撰寫之，整個程式分成三部分，一為類別的宣告，二為類別中成員函式的定義，三為主程式。如下所示：

以下是 circleHeader.h 標頭檔

範例程式：circleHeader.h

```
01  #ifndef circleHeader_h
02  #define circleHeader_h
03  class Circle {
04  private:
05      int radius;
06  public:
07      Circle(int x=1);
08      void setRadius(int);
09      int getRadius();
10      double getPerimeter();
11      double getArea();
12      void show();
13  };
14  #endif
```

利用 #ifndef、#define 和 #endif 等前端處理程式（preprocessor）可避免標頭檔重複定義。以下是類別 Circle 的成員函式的定義。

範例程式：circleDef.cpp

```
01  #include "circleHeader.h"
02  #include <iostream>
03  using namespace std;
04
05  Circle::Circle(int x)
06  {
07      cout << "calling constructor now" << endl;
08      cout << "x = " << x << endl;
09      radius = x;
10  }
11
12  void Circle::setRadius(int r)
13  {
```

```
14        radius = r;
15    }
16
17    int Circle::getRadius()
18    {
19        return radius;
20    }
21
22    double Circle::getPerimeter()
23    {
24        return 2*M_PI*radius;
25    }
26
27    double Circle::getArea()
28    {
29        return M_PI*radius*radius;
30    }
31
32    void Circle::show()
33    {
34        cout << fixed << setprecision(2);
35        cout << "radius: " << radius << endl;
36        cout << "perimeter: " << getPerimeter() << endl;
37        cout << "area: " << getArea() << endl << endl;
38    }
```

以下是用來統籌 Circle 類別的主程式 circleMain.cpp。

範例程式：circleMain.cpp

```
01    #include "circleHeader.h"
02    #include <iostream>
03    #include <iomanip>
04    using namespace std;
05
06    int main()
07    {
08        Circle c1;
09        double perimeter, area;
10        cout << "c1 object information: " << endl;
11        c1.show();
12
13        Circle c2(5);
14        cout << "c2 object information: " << endl;
```

```
15        c2.show();
16
17        c2.setRadius(8);
18        cout << "after set radius to 8" << endl;
19        cout << "c2 object information: " << endl;
20        c2.show();
21
22        return 0;
23    }
```

這三個檔案 circleHeard.h、circleDef.cpp 和 circleMain.cpp 組成了一個專案（project），如何建立一專案，則視你使用哪一種 C++ 編譯系統，請參閱其使用手冊。

上述的專案建立在 Xcode 的 C++ 編譯系統。先利用 File→New→project 建立一 circle 專案，此時會有 main 檔案，如右所示：

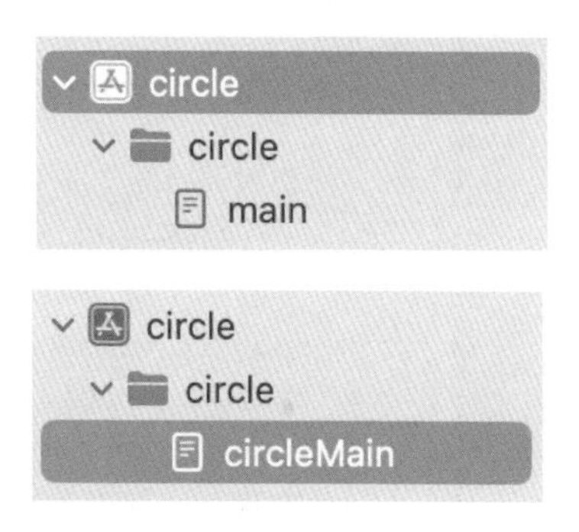

你可以將 main 更名為 circleMain，它是主程式，因為有 main() 函式，所以請將 circleMain.cpp 的內容撰寫於此。

之後在 circle 圖樣上雙按，點選 New File... 選項，此時畫面如下：

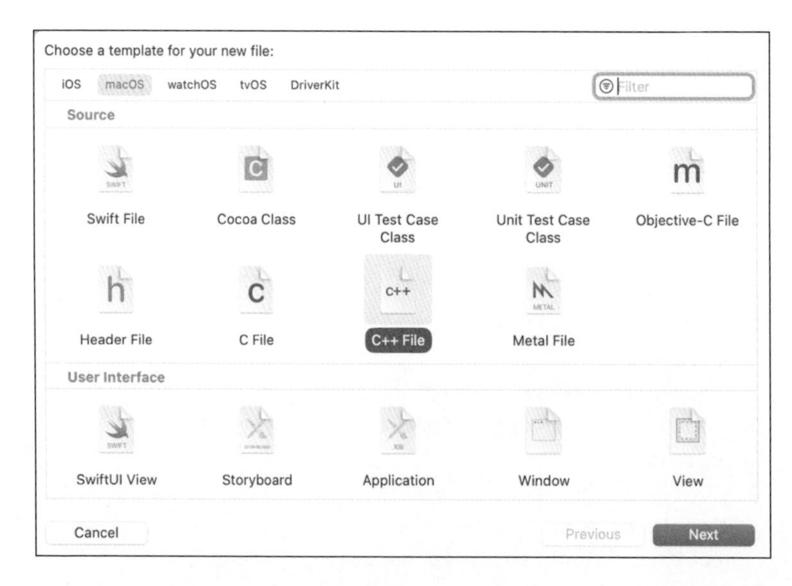

選擇 Header File 建立 circleHeader.h 與選擇 C++ File 來建立 circleDef.cpp。此時的專案就大功告成了。

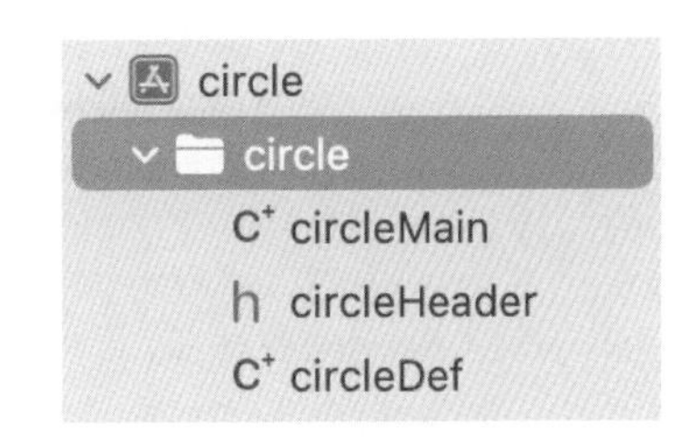

再按執行圖樣就可以執行了。若使用其他 C++編譯系統，請參閱其手冊。

10-4 解構函式

與建構函式相對的是解構函式（destructor）。解構函式名稱與類別名稱相同，而且在名稱前面加上 ~ 符號。當程式結束時會自動呼叫，或是強行呼叫解構函式也可以。解構函式不可以給予參數，也沒有解構函式的資料型態，比建構函式還嚴格。

範例程式：estructor.cpp

```
01  #include <iostream>
02  using namespace std;
03  
04  class Memory {
05  private:
06      int *ptr;
07  public:
08      Memory();
09      ~Memory();  //destructor
10      void show();
11  };
12  
13  Memory::Memory()
14  {
15      cout << "Calling constructor" << endl;
16      ptr = new int[5];
17      for (int i=0; i<5; i++) {
18          *(ptr+i) = i*10;
19      }
20  }
21  
22  Memory::~Memory()
```

```
23  {
24      cout << "\nCalling destructor" << endl;
25      delete [] ptr;
26  }
27
28  void Memory::show() {
29      cout << endl;
30      for (int i=0; i<5; i++) {
31          cout << "ptr[" << i << "] = " << ptr[i] << endl;
32      }
33  }
34
35  int main()
36  {
37      Memory m1;
38      m1.show();
39      return 0;
40  }
```

```
Calling constructor

ptr[0] = 0
ptr[1] = 10
ptr[2] = 20
ptr[3] = 30
ptr[4] = 40

Calling destructor
```

程式中的 Memory 類別的成員函式

```
~Memory();
```

是解構函式。當程式結束時會自動呼叫解構函式，從輸出結果可得知。

接下來將 circleConstructor.cpp 加入解構函式，如範例程式 circleConstructorDestructor.cpp 所示：

範例程式：circleConstructorDestructor.cpp

```
01  #include <iostream>
02  #include <cmath>
03  #include <iomanip>
04  using namespace std;
```

```
05
06  class Circle {
07  private:
08      int radius;
09  public:
10      Circle(int x=1);   //constructor
11      ~Circle();         //destructor
12      void setRadius(int);
13      int getRadius();
14      double getPerimeter();
15      double getArea();
16      void show();
17  };
18
19  Circle::Circle(int x)
20  {
21      static int i = 1;
22      cout << "#" << i++ << " calling constructor now" << endl;
23      cout << "x = " << x << endl;
24      radius = x;
25  }
26
27  Circle::~Circle()
28  {
29      static int i=1;
30      cout << "#" << i++ << " calling destructor now" << endl;
31  }
32
33  void Circle::setRadius(int r)
34  {
35      radius = r;
36  }
37
38  int Circle::getRadius()
39  {
40      return radius;
41  }
42
43  double Circle::getPerimeter()
44  {
45      return 2*M_PI*radius;
46  }
47
```

```
48  double Circle::getArea()
49  {
50      return M_PI*radius*radius;
51  }
52  
53  void Circle::show()
54  {
55      cout << fixed << setprecision(2);
56      cout << "radius: " << radius << endl;
57      cout << "perimeter: " << getPerimeter() << endl;
58      cout << "area: " << getArea() << endl << endl;
59  }
60  
61  int main()
62  {
63      Circle c1;
64      double perimeter, area;
65      cout << "c1 object information: " << endl;
66      c1.show();
67  
68      Circle c2(5);
69      cout << "c2 object information: " << endl;
70      c2.show();
71  
72      c2.setRadius(8);
73      cout << "after set radius to 8" << endl;
74      cout << "c2 object information: " << endl;
75      c2.show();
76  
77      return 0;
78  }
```

```
#1 calling constructor now
x = 1
c1 object information:
radius: 1
perimeter: 6.28
area: 3.14

#2 calling constructor now
x = 5
c2 object information:
radius: 5
```

```
perimeter: 31.42
area: 78.54

after set radius to 8
c2 object information:
radius: 8
perimeter: 50.27
area: 201.06

#1 calling destructor now
#2 calling destructor now
```

此程式建立了兩個 Circle 類別的物件，分別是 c1 和 c2，所以程式在建立物件呼叫了建構函式，最後在程式結束時，呼叫兩次解構函式。

練習題

10.5 有一類別名為 Rectangle，其 UML 類別圖，如圖 10-4 下：

Rectangle 類別	說明
//資料	
-length: int	矩形的長
-width: int	矩形的寬
//方法	
Rectangle(int len=1, int wid=1)	Rectangle 建構函式
~Rectangle()	Rectangle 解構函式
+getLength(): int	回傳矩形的長
+getWidth(): int	回傳矩形的寬
+setLength(int): void	設定矩形的長
+setWidth(int): void	設定矩形的寬
+getPerimeter(): double	回傳矩形的周長
+getArea(): double	回傳矩形的面積
+show(): vod	印出矩形的長、寬、周長和面積

圖 10-4 Rectangle 的 UML 類別圖

請撰寫其對應的程式，並加以測試之。

10-5 靜態資料成員

靜態資料成員（static data member）表示不管你建立多少此類別的物件，這些物件不會各自擁有靜態的資料成員，它是只有一份來共用的。以下的範例程式 staticDataMember-1.cpp 可得到你到底建立了多少個 Student 類別的物件。

範例程式：taticDataMember-1.cpp

```
01  #include <iostream>
02  using namespace std;
03
04  class Student {
05  private:
06      string name;
07      int score;
08      static int studentNum;
09
10  public:
11      Student(string name="John", int score=60);
12      string getName();
13      int getScore();
14      int countStudent();
15  };
16
17  int Student::studentNum = 0;  //初始化靜態資料成員
18  Student::Student(string name2, int score2)
19  {
20      name = name2;
21      score = score2;
22      studentNum++;
23  }
24
25  string Student::getName()
26  {
27      return name;
28  }
29
30  int Student::getScore()
31  {
32      return score;
33  }
```

```
34
35   int Student::countStudent()
36   {
37       return studentNum;
38   }
39
40   int main()
41   {
42       Student stu1;
43       cout << "Student number:" << stu1.countStudent() << endl;
44       cout << stu1.getName() << ": " << stu1.getScore() << "\n\n";
45
46       Student stu2("Bright", 92);
47       cout << "Student number:" << stu2.countStudent() << endl;
48       cout << stu2.getName() << ": " << stu2.getScore() << "\n\n";
49
50       Student stu3("Linda", 90);
51       cout << "Student number:" << stu3.countStudent() << endl;
52       cout << stu3.getName() << ": " << stu3.getScore() << "\n\n";
53       return 0;
54   }
```

```
Student number:1
John: 60

Student number:2
Bright: 92

Student number:3
Linda: 90
```

此時建立了兩個 Student 類別的物件，注意，靜態的資料成員 studentNum 必須先定義其初值才可以。由於此處的 name、score 以及 studentNum 皆是 private，所以要使用 Student 類別的成員函式來擷取之。若將 studentNum 放在 public 區域，而且又是 static，此時就可以直接以物件名稱加上點運算子來直接擷取，或是以類別名稱加上範圍運算子::來直接擷取 studentNum。如下所示：

範例程式：staticDataMember-2.cpp

```
01   #include <iostream>
02   using namespace std;
03
```

```
04  class Student {
05  private:
06      string name;
07      int score;
08
09  public:
10      static int studentNum;
11      Student(string name="John", int score=60);
12      string getName();
13      int getScore();
14  };
15
16  int Student::studentNum = 0;
17  Student::Student(string name2, int score2)
18  {
19      name = name2;
20      score = score2;
21      studentNum++;
22  }
23
24  string Student::getName()
25  {
26      return name;
27  }
28
29  int Student::getScore()
30  {
31      return score;
32  }
33
34  int main()
35  {
36      Student stu1;
37      cout << "Student number:" << stu1.studentNum << endl;
38      cout << stu1.getName() << ": " << stu1.getScore() << "\n\n";
39
40      Student stu2("Bright", 92);
41      cout << "Student number:" << stu2.studentNum << endl;
42      cout << stu2.getName() << ": " << stu2.getScore() << "\n\n";
43
44      Student stu3("Linda", 90);
45      cout << "Student number:" << Student::studentNum << endl;
46      cout << stu3.getName() << ": " << stu3.getScore() << "\n\n";
47      return 0;
```

```
48   }
```

```
Student number:1
John: 60

Student number:2
Bright: 92

Student number:3
Linda: 90
```

由於 name 和 score 還是 private 所以還是要以類別的成員函式擷取之，但 studentNum 放在 public，所以有兩種方法可以直接擷取之。

10-6 複製建構函式

接下來我們來討論複製建構函式（copy constructor），它用以建立一物件並初始為相同類別的另一物件之資料項目。複製建構函式的語法如下：

```
ClassName(class ClassName&);
```

若沒有明確定義的話，每一類別隱含著提供一預設的複製建構函式，它將相同類別的某一物件複製其資料項目給另一物件。如範例程式 defaultCopyConstructor.cpp 所示。

範例程式：defaultCopyConstructor.cpp

```
01  #include <iostream>
02  #include <cmath>
03  #include <iomanip>
04  using namespace std;
05
06  class Circle {
07  private:
08      int radius;
09  public:
10      Circle(int x=1);
11      void setRadius(int);
12      int getRadius();
13      double getPerimeter();
14      double getArea();
```

```
15      void show();
16  };
17  
18  Circle::Circle(int x)
19  {
20      static int i = 1;
21      cout << "#" << i++ << " calling constructor now" << endl;
22      cout << "x = " << x << endl;
23      radius = x;
24  }
25  
26  void Circle::setRadius(int r)
27  {
28      radius = r;
29  }
30  
31  int Circle::getRadius()
32  {
33      return radius;
34  }
35  
36  double Circle::getPerimeter()
37  {
38      return 2*M_PI*radius;
39  }
40  
41  double Circle::getArea()
42  {
43      return M_PI*radius*radius;
44  }
45  
46  void Circle::show()
47  {
48      cout << fixed << setprecision(2);
49      cout << "radius: " << radius << endl;
50      cout << "perimeter: " << getPerimeter() << endl;
51      cout << "area: " << getArea() << endl << endl;
52  }
53  
54  int main()
55  {
56      Circle c1;
57      double perimeter, area;
58      cout << "c1 object information: " << endl;
```

```
59        c1.show();
60
61        Circle c2(5);
62        cout << "c2 object information: " << endl;
63        c2.show();
64
65        Circle c3(c2);
66        cout << "c3 object information: " << endl;
67        c3.show();
68
69        return 0;
70    }
```

```
#1 calling constructor now
x = 1
c1 object information:
radius: 1
perimeter: 6.28
area: 3.14

#2 calling constructor now
x = 5
c2 object information:
radius: 5
perimeter: 31.42
area: 78.54

c3 object information:
radius: 5
perimeter: 31.42
area: 78.54
```

程式中的

```
Circle c3(c2);  //呼叫複製建構函式，指定 c2 給 c3
```

因為 Circle 類別沒有定義複製建構函式，所以會呼叫預設的複製建構函式，將物件 c2 的每一資料項目複製給另一物件 c3。此程式的預設複製建構函式定義如下：

```
Circle::Circle(const Circle &st)
{
    radius = st.radius;
}
```

也就是將 c2 的 radius 指定給 c3，所以輸出 c2 和 c3 的周長和面積是一樣的。複製建構函式本身的動作是淺層複製（shadow copy），而不是深層複製（deep copy）。淺層複製是當資料項目是指向某一物件的指標時，則它是複製指標的位址，而不是內容，這樣的處理將會產生一些問題。我們以一Course 類別來說明，首先來看 Course 類別的 UML 類別圖，如圖 10-5 所示：

Course 類別	說明
//資料	
courseName: string	課程名稱
size: int	選課學生人數
students: string *	學生名單
numberOfStudents: int	計算學生人數
//方法	
Course(string, int)	建構函式
~Course()	解構函式
insertStudent(string): void	加入學生
printStudent(): void	印出學生名單

圖 10-5 Course 類別的 UML 類別圖

圖 10-5 所對應的程式，如範例程式 copyConstructor-1.cpp 所示：

範例程式：copyConstructor-1.cpp

```
01  #include <iostream>
02  using namespace std;
03
04  class  Course {
05  private:
06      string courseName;
07      int size;
08      string *students;
09      int numberOfStudents;
10
11  public:
12      Course(string, int);
13      ~Course();
14      void insertStudent(string);
15      void printStudent();
16  };
17
```

```
18  Course::Course(string courseName2, int size2)
19  {
20      numberOfStudents = 0;
21      courseName = courseName2;
22      size = size2;
23      students = new string[size2];
24  }
25
26  Course::~Course()
27  {
28      delete [] students;
29  }
30
31  void Course::insertStudent(string name2)
32  {
33      if (numberOfStudents < size) {
34          students[numberOfStudents] = name2;
35          numberOfStudents++;
36      }
37      else {
38          cout << "超過人數" << endl;
39          exit(1);
40      }
41  }
42
43  void Course::printStudent()
44  {
45      for (int i=0; i<numberOfStudents; i++) {
46          cout << students[i] << endl;
47      }
48  }
49
50  int main()
51  {
52      Course course1("C++ Programming", 5);
53      course1.insertStudent("Bright");
54      course1.insertStudent("Jennifer");
55      cout << "C++ programming: " << endl;
56      course1.printStudent();
57
58      Course course2(course1);
59      cout << "\nPython programming:" << endl;
60      course2.printStudent();
61
```

```
62        return 0;
63    }
```

```
C++ programming:
Bright
Jennifer

Python programming:
Bright
Jennifer
```

程式可以正確輸出結果，但會產生錯誤訊息。應如何修改呢？因為 course1 和 course2 的 students 指向同一個位址，當有一物件被回收時，記憶體已被回收，另一個物件的 students 指標將指向無記憶體的位址，因而產生錯誤的訊息，解決方法就是要客製化複製建構函式。如範例程式 copyConstructor-2.cpp 所示：

範例程式：copyConstructor-2.cpp

```
01    #include <iostream>
02    using namespace std;
03
04    class  Course{
05    private:
06        string courseName;
07        int size;
08        string *students;
09        int numberOfStudents;
10
11    public:
12        Course(string, int);
13        ~Course();
14        Course(const Course &);
15        void insertStudent(string);
16        void printStudent();
17    };
18
19    Course::Course(string courseName2, int size2)
20    {
21        numberOfStudents = 0;
22        courseName = courseName2;
23        size = size2;
24        students = new string[size2];
```

```
25  }
26
27  Course::~Course()
28  {
29      delete [] students;
30  }
31
32  //客製化複製建構函式
33  Course::Course(const Course &st)
34  {
35      courseName = st.courseName;
36      numberOfStudents = 0;
37      size = st.size;
38      students = new string[size];
39  }
40
41  void Course::insertStudent(string name2)
42  {
43      if (numberOfStudents < size) {
44          students[numberOfStudents] = name2;
45          numberOfStudents++;
46      }
47      else {
48          cout << "超過人數" << endl;
49          exit(1);
50      }
51  }
52
53  void Course::printStudent()
54  {
55      cout << "capacity: " << size << endl;
56      cout << "number of students: " << numberOfStudents << endl;
57      for (int i=0; i<numberOfStudents; i++) {
58          cout << students[i] << endl;
59      }
60  }
61
62  int main()
63  {
64      Course course1("C++ Programming", 20);
65      course1.insertStudent("Bright");
66      course1.insertStudent("Jennifer");
67      cout << "C++ program: " << endl;
68      course1.printStudent();
```

```
69
70        Course course2(course1);
71        course2.insertStudent("Linda");
72        course2.insertStudent("Amy");
73        course2.insertStudent("Chloe");
74        cout << "\nPython programming:" << endl;
75        course2.printStudent();
76
77        return 0;
78    }
```

```
C++ program:
capacity: 20
number of students: 2
Bright
Jennifer

Python programming:
capacity: 20
number of students: 3
Linda
Amy
Chloe
```

此程式加入了

```
Course(const Course &);
```

此為 Course 的複製建構函式，並且定義了複製建構函式（第 33~39 行）。

10-7 this 指標

基本上，類別有一預設的 this 指標指向該類別的物件，它是自動產生的，你不需要去定義它。其作用為何，我們以範例來說明。

範例程式：thisPointer-1.cpp

```
01    #include <iostream>
02    #include <string>
03    using namespace std;
04
05    class Student {
06    private:
```

```
07        string name;
08        double score;
09
10    public:
11        Student();
12        Student(string, double);
13        void larger(double);
14        void show();
15    };
16
17    Student::Student()
18    {
19        name = "None";
20        score = 0;
21    }
22
23    Student::Student(string str, double s)
24    {
25        name = str;
26        score = s;
27    }
28
29    void Student::larger(double score)
30    {
31        if (this->score > score) {
32            cout << name << " 分數高於 " << score << endl;
33        }
34        else {
35            cout << name << " 分數低於或等於 " << score << endl;
36        }
37    }
38
39    int main()
40    {
41        Student stu1("Bright", 92);
42        Student stu2("Linda", 88);
43        stu1.larger(89);
44        stu2.larger(89);
45        return 0;
46    }
```

```
Bright 分數高於 89
Linda 分數低於或等於 89
```

在 Student::larger(double score) 函式中，由於接收的參數名稱 score 和類別的資料成員 score 同名，所以必須將左值設為 this->score，用以表示它是呼叫此函式的物件，如 stu1.larger(89) 敘述，則 this 表示是 stu1 物件。因為 this 是自動產生的指標，而且是指到 Student 這個類別。

還有一個需要利用 this 指標的是，如何回傳呼叫的物件時，請參閱以下範例程式 thisPointer-2.cpp。

範例程式：thisPointer-2.cpp

```
01  #include <iostream>
02  using namespace std;
03
04  class Student {
05  private:
06      string name;
07      double midScore;
08      double finalScore;
09      double totalScore;
10
11  public:
12      Student();
13      Student(string, double, double);
14      string getName();
15      double getTotalScore();
16      void calScore();
17      Student& topScore(Student&);
18  };
19
20  Student::Student()
21  {
22      totalScore = 0;
23  }
24
25  Student::Student(string n, double ms, double fs)
26  {
27      name = n;
28      midScore = ms;
29      finalScore = fs;
30  }
31
32  string Student::getName()
33  {
```

```
34        return name;
35    }
36
37    void Student::calScore()
38    {
39        totalScore = midScore*0.4 + finalScore*0.6;
40    }
41
42    double Student::getTotalScore()
43    {
44        return totalScore;
45    }
46
47    Student& Student::topScore(Student& stu)
48    {
49        if (stu.totalScore > this->totalScore) {
50            return stu;
51        }
52        else {
53            return *this;
54        }
55    }
56
57    int main()
58    {
59        Student s1("Mary", 91, 98);
60        s1.calScore();
61        Student s2("John", 93, 95);
62        s2.calScore();
63        Student& topStudent = s1.topScore(s2);
64        cout << topStudent.getName() << endl;
65        cout << topStudent.getTotalScore() << endl;
66
67        return 0;
68    }
```

```
Mary
95.2
```

10-8 const 的成員函式

含有 const 的類別之成員函式，表示此成員函式不可更改此類別的資料成員。這對資料的保護相當不錯。

範例程式：constMemberFunction.cpp

```
01  #include <iostream>
02  using namespace std;
03
04  class Student {
05  private:
06      string name;
07      string department;
08      double Cpp_score;
09      double AI_score;
10
11  public:
12      Student(string, string, double, double);
13      double getCppScore();
14      double getAIScore();
15      void setCppScore(double);
16      void setAIScore(double);
17      double calAverage() const;
18      void show();
19  };
20
21  Student::Student(string n, string d, double cpp, double ai)
22  {
23      name = n;
24      department = d;
25      Cpp_score = cpp;
26      AI_score = ai;
27  }
28
29  void Student::setCppScore(double newScore)
30  {
31      Cpp_score = newScore;
32  }
33
34  void Student::setAIScore(double newScore)
35  {
```

```
36        AI_score = newScore;
37    }
38
39    double Student::getAIScore()
40    {
41        return AI_score;
42    }
43
44    double Student::calAverage() const
45    {
46        double aver = (Cpp_score + AI_score) / 2;
47        return aver;
48    }
49
50    void Student::show()
51    {
52        cout << "Name: " << name << endl;
53        cout << "Department: " << department << endl;
54        cout << "C++ score: " << Cpp_score << endl;
55        cout << "AI score: " << AI_score << endl;
56        double average = calAverage();
57        cout << "Average: " << average << endl << endl;
58    }
59
60    int main()
61    {
62        Student stuObj1("Jennifer", "Computer Science", 91.2, 89.7);
63        stuObj1.show();
64        cout << "After reset AI score " << endl;
65        stuObj1.setAIScore(99.2);
66        stuObj1.show();
67        return 0;
68    }
```

```
Name: Jennifer
Department: Computer Science
C++ score: 91.2
AI score: 89.7
Average: 90.45

After reset AI score
Name: Jennifer
Department: Computer Science
```

```
C++ score: 91.2
AI score: 99.2
Average: 95.2
```

第 17 行 double calAverage() const 表示 calAverage() 成員函式是 const，所以此函式成員不可以更改此類別的資料成員，只能讀取，不可以修改，如 name，department，Cpp_score 和 AI_score。若你試圖改變這些資料，將會引發錯誤的訊息。

10-9 物件陣列

若有多個物件同屬於一相同的類別時，可使用物件陣列來表示，請參閱下一範例程式。

範例程式：objectArray.cpp

```
01  #include <iostream>
02  using namespace std;
03  
04  class Student {
05  private:
06      string name;
07      string department;
08      double Cpp_score;
09      double AI_score;
10  
11  public:
12      Student(string, string, double, double);
13      double getCppScore();
14      double getAIScore();
15  
16      void setCppScore(double);
17      void setAIScore(double);
18      double calAverage() const;
19      void show();
20  };
21  
22  Student::Student(string n, string d, double cpp, double ai)
23  {
24      name = n;
```

```
25        department = d;
26        Cpp_score = cpp;
27        AI_score = ai;
28    }
29
30    void Student::setCppScore(double newScore)
31    {
32        Cpp_score = newScore;
33    }
34
35    void Student::setAIScore(double newScore)
36    {
37        AI_score = newScore;
38    }
39
40    double Student::getAIScore()
41    {
42        return AI_score;
43    }
44
45    double Student::calAverage() const
46    {
47        double aver = (Cpp_score + AI_score) / 2;
48        return aver;
49    }
50
51    void Student::show()
52    {
53        cout << "Name: " << name << endl;
54        cout << "Department: " << department << endl;
55        cout << "C++ score: " << Cpp_score << endl;
56        cout << "AI score: " << AI_score << endl;
57        double average = calAverage();
58        cout << "Average: " << average << endl << endl;
59    }
60
61    int main()
62    {
63        Student stuObj[3] = {{"Jennifer", "Computer Science", 91.2, 89.7},
64                             {"Amy", "Information Management", 92.3, 90.8},
65                             {"Chole", "Medicine Science", 93.4, 98.7}};
66
67        for (int i=0; i<3; i++) {
68            stuObj[i].show();
```

```
69        }
70
71        return 0;
72    }
```

```
Name: Jennifer
Department: Computer Science
C++ score: 91.2
AI score: 89.7
Average: 90.45

Name: Amy
Department: Information Management
C++ score: 92.3
AI score: 90.8
Average: 91.55

Name: Chole
Department: Medicine Science
C++ score: 93.4
AI score: 98.7
Average: 96.05
```

程式中的 Student stuObj[3] 表示 stuObj 有三個物件，分別是 stuObj[0]、stuObj[1]、stuObj[2]，它們皆是 Student 類別的物件。

練習題

10.6 有一 Student 類別的 UML 類別圖，如圖 10-6 所示：

Student 類別	說明
//資料成員 -name: string -score: double	 學生姓名 分數

//方法
Student();
Student(string, double);
largest(Student&): Student&
show(): void
	
	Student 建構函式
	Student 建構函式
	回傳最高分數的同學
	顯示最高分數的學生姓名與分數

圖 10-6 Student 的 UML 類別圖

請撰寫對應此 UML 類別所對應的程式，並加以測試之。

10-10 類別樣板

類別樣板（class template）和樣板函式是相同的原理，當運作的原理相同，只是資料型態的不同而已，此時樣板的角色就可以派上用場了。如我們撰寫一個氣泡排序（bubble sort）如下：

範例程式：bubbleSort.cpp

```
01  #include <iostream>
02  #include <iomanip>
03  using namespace std;
04  #define SIZE 10
05  
06  class BubbleSort {
07  private:
08      int *data;
09  
10  public:
11      void inputData();
12      void show();
13      void ascending();
14      void descending();
15  };
16  
17  void BubbleSort::inputData()
18  {
19      data = new int[SIZE];
20      cout << "輸入十個資料: " << endl;
21      for (int i=0; i<SIZE; i++) {
22          cout << "#" << setw(2) << (i+1) << ": ";
23          cin >> data[i];
24      }
25  }
26  
27  void BubbleSort::ascending()
28  {
29      for (int i=0; i<SIZE-1; i++) {
30          for (int j=0; j<SIZE-i-1; j++) {
31              if (data[j] > data[j+1]) {
```

```
32                  int temp;
33                  temp = data[j];
34                  data[j] = data[j+1];
35                  data[j+1] = temp;
36              }
37          }
38      }
39  }
40
41  void BubbleSort::descending()
42  {
43      for (int i=0; i<SIZE-1; i++) {
44          for (int j=0; j<=SIZE-i-1; j++) {
45              if (data[j] < data[j+1]) {
46                  int temp;
47                  temp = data[j];
48                  data[j] = data[j+1];
49                  data[j+1] = temp;
50              }
51          }
52      }
53  }
54
55  void BubbleSort::show()
56  {
57      for (int i=0; i<SIZE; i++) {
58          cout << setw(5) << data[i];
59      }
60      cout << endl;
61  }
62
63  int main()
64  {
65      char choice;
66      BubbleSort obj;
67      obj.inputData();
68      cout << endl;
69      cout << "a: 由小至大排序" << endl;
70      cout << "d: 由大至小排序" << endl;
71      cout << "請選擇一項: ";
72      cin >> choice;
73      cout << "\n 原先資料如下：" << endl;
```

```
74        obj.show();
75        if (choice == 'a') {
76            obj.ascending();
77        }
78        else {
79            obj.descending();
80        }
81
82        cout << "排序後資料如下：" << endl;
83        obj.show();
84        return 0;
85    }
```

```
輸入十個資料:
# 1: 10
# 2: 30
# 3: 20
# 4: 40
# 5: 50
# 6: 90
# 7: 80
# 8: 9
# 9: 100
#10: 12

a: 由小至大排序
d: 由大至小排序
請選擇一項: a

原先資料如下：
   10    30    20    40    50    90    80     9   100    12
排序後資料如下：
    9    10    12    20    30    40    50    80    90   100
```

以上的資料是 int，若換成 double 型態的資料時，則必須再撰寫一次程式，同時將資料成員

```
int *data
```

改為

```
double *data;
```

還有在 inputData()、ascending()和 descending()函式中，將 int 型態改為 double。

同理，若將資料型態為 string，則要將資料成員改為

```
string *data;
```

還有在 inputData()、ascending()和 descending()函式中，將 int 型態改為 string。

也要再寫一次程式。其實以上三個程式只是資料的型態不同而已，我們大可不必撰寫三次的程式啊。因此和函式樣板同似，以類別樣板處理之。請看範例程式 bubbleSortTemplate.cpp。

範例程式：bubbleSortTemplate.cpp

```
01  #include <iostream>
02  #include <iomanip>
03  using namespace std;
04  #define SIZE 10
05  
06  template <class Type>
07  class BubbleSort {
08  private:
09      Type *data;
10  
11  public:
12      void inputData();
13      void show();
14      void ascending();
15      void descending();
16  };
17  
18  template <class Type>
19  void BubbleSort<Type>::inputData()
20  {
21      data = new Type[SIZE];
22      for (int i=0; i<SIZE; i++) {
23          cout << "#" << setw(2) << (i+1) << ": ";
24          cin >> data[i];
25      }
26  }
27  
```

```
28  template <class Type>
29  void BubbleSort<Type>::ascending()
30  {
31      for (int i=0; i<SIZE-1; i++) {
32          for (int j=0; j<SIZE-i-1; j++) {
33              if (data[j] > data[j+1]) {
34                  Type temp;
35                  temp = data[j];
36                  data[j] = data[j+1];
37                  data[j+1] = temp;
38              }
39          }
40      }
41  }
42  
43  template <class Type>
44  void BubbleSort<Type>::descending()
45  {
46      for (int i=0; i<SIZE-1; i++) {
47          for (int j=0; j<=SIZE-i-1; j++) {
48              if (data[j] < data[j+1]) {
49                  Type temp;
50                  temp = data[j];
51                  data[j] = data[j+1];
52                  data[j+1] = temp;
53              }
54          }
55      }
56  }
57  
58  template <class Type>
59  void BubbleSort<Type>::show()
60  {
61      cout << fixed << setprecision(2);
62      for (int i=0; i<SIZE; i++) {
63          cout << setw(15) << data[i] << endl;
64      }
65      cout << endl;
66  }
67  
68  int main()
69  {
70      char choice;
```

```
71        //data is int
72        BubbleSort<int> obj1;
73        cout << "請輸入十個 int 的資料: " << endl;
74        obj1.inputData();
75        cout << endl;
76        cout << "a: 由小至大排序" << endl;
77        cout << "d: 由大至小排序" << endl;
78        cout << "請選擇一項: ";
79        cin >> choice;
80        if (choice == 'a') {
81            obj1.ascending();
82        }
83        else {
84            obj1.descending();
85        }
86        cout << "排序後資料如下：" << endl;
87        obj1.show();
88
89        //data is double
90        BubbleSort<double> obj2;
91        cout << "請輸入十個 double 的資料: " << endl;
92        obj2.inputData();
93        cout << endl;
94        cout << "a: 由小至大排序" << endl;
95        cout << "d: 由大至小排序" << endl;
96        cout << "請選擇一項: ";
97        cin >> choice;
98        if (choice == 'a') {
99            obj2.ascending();
100       }
101       else {
102           obj2.descending();
103       }
104       cout << "排序後資料如下：" << endl;
105       obj2.show();
106
107       //data is string
108       BubbleSort<string> obj3;
109       cout << "輸入十個 string 的資料: " << endl;
110       obj3.inputData();
111       cout << endl;
112       cout << "a: 由小至大排序" << endl;
113       cout << "d: 由大至小排序" << endl;
```

```
114         cout << "請選擇一項: ";
115         cin >> choice;
116         if (choice == 'a') {
117             obj3.ascending();
118         }
119         else {
120             obj3.descending();
121         }
122 
123         cout << "排序後資料如下：" << endl;
124         obj3.show();
125         return 0;
126     }
```

程式中以 template <class Type> 開啟了 BubbleSort 類別是樣板類別。因此在定義此類別下的成員函式時，需要加上 template <class Type>外，在類別與範圍運算子::之間還要加上<Type>，以 inputData()成員函式為例，如下所示：

```
template <class Type>
void BubbleSort<Type>::inputData()
{
...
}
```

其他成員函式的寫法相似。同時也別忘了，在 inputData()中，將 data 以 new **Type**[SIZE] 指定之，在 ascending()和 descending()函式中，temp 的型態以 Type 表示。

在 main()函式中有三個不同型態的資料，計有 int 型態的物件

```
BubbleSort<int> obj1;
```

double 型態的物件 obj2

```
BubbleSort<double> obj2;
```

以及 string 型態的物件 obj3

```
BubbleSort<string> obj3;
```

程式中顯示資料是利用 show() 用以輸出 int，double 以及 string 型態的資料。

```
請輸入十個 int 的資料:
# 1: 1
# 2: 3
# 3: 5
# 4: 7
# 5: 9
# 6: 2
# 7: 4
# 8: 6
# 9: 8
#10: 10

a: 由小至大排序
d: 由大至小排序
請選擇一項: d
排序後資料如下：
            10
             9
             8
             7
             6
             5
             4
             3
             2
             1

請輸入十個 double 的資料:
# 1: 1.1
# 2: 3.3
# 3: 5.5
# 4: 7.7
# 5: 9.9
# 6: 2.2
# 7: 4.4
# 8: 6.6
# 9: 8.8
#10: 10.10

a: 由小至大排序
d: 由大至小排序
請選擇一項: a
```

```
排序後資料如下：
           1.10
           2.20
           3.30
           4.40
           5.50
           6.60
           7.70
           8.80
           9.90
          10.10

輸入十個 string 的資料:
# 1: Bright
# 2: Linda
# 3: Amy
# 4: Jennifer
# 5: Cary
# 6: Chloe
# 7: Julia
# 8: Nate
# 9: Serena
#10: Eric

a: 由小至大排序
d: 由大至小排序
請選擇一項: a
排序後資料如下：
            Amy
         Bright
           Cary
          Chloe
           Eric
       Jennifer
          Julia
          Linda
           Nate
         Serena
```

10-10-1 valarray 類別樣板

C++ 編譯系統有一 valarray 樣板類別，是可變動陣列的類別，如下所示：

```
template<class T>
class valarray;
```

此類別提供的功能如表 10.1 所示：

表 10.1　valarray 類別提供的方法

方法	功能
size	陣列的大小
sum	陣列元素的總和
max	陣列中最大的元素
min	陣列中最小的元素
pow	某一元素的幾次方
sqrt	某一元素的平方根
swap	將陣列某兩個元素對調

以一範例程式 varibleArray.cpp 來說明：

範例程式：varibleArray.cpp

```
01  #include <iostream>
02  #include <valarray>
03  using namespace std;
04  
05  int main()
06  {
07      valarray<int> scores = {9, 8, 10, 7, 6};
08      valarray<string> names = {"Bright", "Linda", "Amy", "Jennifer"};
09      cout << "scores array:" << endl;
10      cout << scores.sum() << endl;
11      cout << scores.max() << endl;
12      cout << scores.min() << endl;
13      cout << scores.size() << endl;
14      cout << scores[2] << endl;
15      cout << pow(scores[0], 2) << endl;
16      cout << sqrt(scores[0]) << endl;
17  
18      cout << "\nnames array:" << endl;
19      cout << names.size() << endl;  //names 字串陣列的長度
```

```
20      cout << names.max() << endl;    //names 字串陣列的最大元素
21      swap(names[0], names[2]);       //兩個元素互換
22      cout << names[0] << endl;
23      cout << names[2] << endl;
24      return 0;
25  }
```

```
scores array:
40
10
6
5
10
81
3

names array:
4
Linda
Amy
Bright
```

10-11 練習題解答

10.1
```
calling costructor now
x = 10
calling costructor now
x = 12
The radius is 12
```

10.2 (a) Circle c5(); 敘述應改為 Circle c5;

(b) 重複定義了 c6 物件。

10.3 (1) 是對的，但(2)是錯的。

10.4 可以的。輸出結果如下：

```
radius of c1 = 10
radius of c2 = 10
```

10.5
```
//rectangleClass.cpp
#include <iostream>
#include <iomanip>
using namespace std;

class Rectangle {
private:
    int length, width;

public:
    Rectangle(int len=1, int wid=1);;
    ~Rectangle();
    int getLength();
    int getWidth();
    void setLength(int);
    void setWidth(int);
    double getPerimeter();
    double getArea();
    void show();
};

Rectangle::Rectangle(int len, int wid)
{
    cout << "calling costructor now" << endl;
    length = len;
    width = wid;
}

Rectangle::~Rectangle()
{
    cout << "calling destructor now" << endl;
}

//getter
int Rectangle::getLength()
{
    return length;
}
```

```
int Rectangle::getWidth()
{
    return width;
}

//setter
void Rectangle::setLength(int len)
{
    length = len;
}

void Rectangle::setWidth(int wid)
{
    width = wid;
}

double Rectangle::getPerimeter()
{
    return 2*(length+width);
}

double Rectangle::getArea()
{
    return length*width;
}

void Rectangle::show()
{
    int perimeter, area;
    cout << "length:" <<length << endl;
    cout << "width: " << width << endl;
    cout << "perimeter: " << getPerimeter() << endl;
    cout << "area: " << getArea() << endl << endl;
}

int main()
{
    Rectangle r1;
    cout << "Rectangle r1 object information:" << endl;
```

```
    r1.show();

    //call setter
    r1.setLength(5);
    r1.setWidth(7);
    cout << "after set length and width" << endl;
    cout << "Rectangle r1 object information:" << endl;
    r1.show();

    Rectangle r2(6, 10);
    cout << "Rectangle r2 object information:" << endl;
    r2.show();

    return 0;
}
```

```
calling costructor now
Rectangle r1 object information:
length:1
width: 1
perimeter: 4
area: 1

after set length and width
Rectangle r1 object information:
length:5
width: 7
perimeter: 24
area: 35

calling costructor now
Rectangle r2 object information:
length:6
width: 10
perimeter: 32
area: 60

calling destructor now
calling destructor now
```

此程式的資料成員 length 和 width 皆置放於 private 屬性的區段中，所以在 main()函式中需要一些成員函式來間接存取。

10.6
```
#include <iostream>
#include <string>
using namespace std;

class Student {
private:
    string name;
    double score;

public:
    Student();
    Student(string, double);
    Student& largest(Student&);
    void show();
};

Student::Student()
{
    name = "None";
    score = 0;
}

Student::Student(string str, double s)
{
    name = str;
    score = s;
}

Student& Student::largest(Student& stu)
{
    if (stu.score > score) {
        return stu;
    }
    else {
        return *this;
    }
}
```

```
void Student::show()
{
    cout << "Top score is: ";
    cout << name << ", " << score << endl;
}

int main()
{
    Student stuObj[] = {{"Jennifer", 91.2},
                        {"Amy", 92.3}, {"Chole", 88.7},
                        {"Bright", 98.1}, {"Linda", 89.2},
                        {"Cary", 90.2}
    };

    Student *top = &stuObj[0];
    for (int i=1; i<6; i++) {
        top = &top->largest(stuObj[i]);
    }

    top->show();
    return 0;
}
```

```
Top score is: Bright, 98.1
```

程式的 this 表示指向引發事件的物件的指標，因此 *this 表示此物件本身。

10-12 習題

1. 將第 3 章談論的 BMI 程式，世界衛生組織建議以身高質量指標（Body Mass Index，BMI）來衡量肥胖程度。計算公式為體重／(身高)^2，其中體重是以公斤為單位，而身高則以公尺為單位。對於 20 歲以上的 BMI 與其說明，如表 10.2 所示：

   表 10.2 BMI 與其說明

BMI	說明
BMI < 18.5	體重不足
18.5 <= BMI < 24	正常
24<= BMI <27	過重
27<= BMI <30	輕度肥胖
30<= BMI <35	中度肥胖
BMI >= 35	重度肥胖

   請以類別和物件的方式撰寫之。

2. 試以傳統函式為主的程式，撰寫堆疊的運作，以一選單提示使用者選擇一項目執行之。選單如下：

   ```
   Stack operation
   i: push an item
   d: pop an item
   s: display items
   Enter your choice: i
   ```

   假設堆疊放的資料是一學生的結構，此結構有姓名和分數，如下所示：

   ```
   struct student {
       string name;
       double score;
   };
   ```

   此堆疊的容納個數共有五位學生而已。在加入時（push an item）要考慮堆疊是否滿的，在刪除時（pop an item）要考慮堆疊是否空的。顯示堆疊資料時（display items）也要考慮堆疊是否為空的。撰寫完程式後，壓力測試（亦即多次的重複執行程式中的選項）一下，程式是否正確。

3. 承第 2 題，但以類別和物件撰寫之。Stack 的 UML 類別圖，如圖 10-7：

Stack 類別	說明
資料成員	
-stu[MAX]: student	student 結構的陣列
-top: int	當作索引
成員函式	
+Stack()	建構函式
+isFull(): bool	判斷堆疊是否滿了
+isEmpty(): bool	判斷堆疊是否空的
+push(student): void	將資料加入堆疊
+pop(): void	從堆疊刪除一筆資料
+show(): void	顯示堆疊的所有資料

圖 10-7 Stack 的 UML 類別圖

4. 將第 3 題的 Stack 的先進後出（或是後進先出）的概念，以鏈結串列的方式執行此功能。

5. 請設計一個類別名為 Account，此類別的 UML 類別圖，如圖 10-8：

Account 類別	說明
資料成員	
-id: int	帳戶號碼
-balance: double	當作索引
-annualInterestRate: double	目前的利率
成員函式	
+Account(id=0, balance=0, annualInterestRate=0):	建構函式
+getId(): int	回傳帳戶的 id
+getBalance(): double	回傳帳戶的餘額
+getAnnualInterestRate(): double	回傳年利率
+setId(int): void	設定帳戶的 id
+setBalance(double): void	設定帳戶的餘額
+setAnnualInterestRate(double): void	設定年利率
+withdraw(int): void	取款
+deposit(int): void	存款

圖 10-8 Account 的 UML 類別圖

請撰寫一測試程式，建立一 Account 物件，其帳戶 ID 為 1238，餘額為 \$30,500 及年利率為 2.5%。利用 withdraw 函式領取 \$1,500，利用 deposit 函式存入\$1,000 與 \$2,000，每次取款和存款後的餘額，以及最後帳戶餘額與月利率和月利息。

6. 定義 TwoPoints 類別表示 x 與 y 座標。此類別包含：
   - 資料項目計有 x 與 y，表示座標。
   - 以無參數的建構函式建立點(0, 0)。
   - 以建構函式建立特定的點座標。
   - 為 x 與 y 這些資料項目，建立二個 get 函式。
   - 建立一名為 distance 的函式，計算兩點之間的距離。

   請為類別繪製 UML 類別圖，接著進行類別實作。請撰寫一測試程式，建立兩個點，分別為 p1(1, 3.2)與 p2(3, 8.9)，然後顯示兩點之間的距離。輸出結果樣本如下：

```
p1(1, 3.2) 與 p2(3, 8.9) 之間的距離: 6.041
```

運算子多載

運算子多載（operator overloading）用來可自行定義物件的運算子運作方式，注意，只能對現有的運算子做多載。

11-1 有理數運算

我們以一有理數的算術運算來做說明，有一 Rational 類別，以 UML 類別圖表示如圖 11-1：

Rational 類別	說明
-numerator: int	有理數的分子
-denominator: int	有理數的分母
-gcd(numerator, denominator): int	回傳 numerator 與 denominator 的最大公因數
+Rational(numerator:int, denominator: int)	建構函式
+getNumerator(): int	回傳此有理數的分子
+geDenominator(): int	回傳此有理數的分母
+add(secondRational: Rational): Rational	回傳此有理數與另一有理數相加
+substract(secondRational: Rational): Rational	回傳此有理數與另一有理數相減
+multiply(secondRational: Rational): Rational	回傳此有理數與另一有理數相乘
+divide(secondRational: Rational): Rational	回傳此有理數與另一有理數相除

Rational 類別	說明
+compare(secondRational: Rational): int	若此有理數大於、等於或小於另一有理數，則回傳 1、0 或 -1
+toString(): string	回傳分子/分母形式的字串，若分母為 1，則回傳分子。

圖 11-1 Rational 類別的 UML 類別圖

其 UML 類別圖對應的程式如下所示：

範例程式：rational-1.cpp

```
01  #include <iostream>
02  #include <sstream>
03  using namespace std;
04
05  class Rational
06  {
07  public:
08      Rational();
09      Rational(int numerator, int denominator);
10      int getNumerator();
11      int getDenominator();
12      Rational add(Rational& secondRational);
13      Rational subtract(Rational& secondRational);
14      Rational multiply(Rational& secondRational);
15      Rational divide(Rational& secondRational);
16      int compareTo(Rational& secondRational);
17      string toString();
18
19  private:
20      int numerator;
21      int denominator;
22      static int gcd(int n, int d);
23  };
24
25  Rational::Rational()
26  {
27      numerator = 0;
28      denominator = 1;
29  }
30
31  Rational::Rational(int numerator, int denominator)
```

```
32  {
33      int factor = gcd(numerator, denominator);
34      this->numerator = ((denominator > 0) ? 1 : -1) * numerator / factor;
35      this->denominator = abs(denominator) / factor;
36  }
37
38  int Rational::getNumerator()
39  {
40      return numerator;
41  }
42
43  int Rational::getDenominator()
44  {
45      return denominator;
46  }
47
48  //計算兩數最大公因數（GCD）
49  int Rational::gcd(int numer, int demor)
50  {
51      int num1 = abs(numer);
52      int num2 = abs(demor);
53      int gcd = 1;
54
55      for (int k = 1; k <= num1 && k <= num2; k++) {
56          if (num1 % k == 0 && num2 % k == 0)
57              gcd = k;
58      }
59
60      return gcd;
61  }
62
63  Rational Rational::add(Rational& secondRational)
64  {
65      int n = numerator * secondRational.getDenominator() +
66              denominator * secondRational.getNumerator();
67      int d = denominator * secondRational.getDenominator();
68      return Rational(n, d);
69  }
70
71  Rational Rational::subtract(Rational& secondRational)
72  {
73      int n = numerator * secondRational.getDenominator() -
74              denominator * secondRational.getNumerator();
```

```
75        int d = denominator * secondRational.getDenominator();
76        return Rational(n, d);
77    }
78
79    Rational Rational::multiply(Rational& secondRational)
80    {
81        int n = numerator * secondRational.getNumerator();
82        int d = denominator * secondRational.getDenominator();
83        return Rational(n, d);
84    }
85
86    Rational Rational::divide(Rational& secondRational)
87    {
88        int n = numerator * secondRational.getDenominator();
89        int d = denominator * secondRational.numerator;
90        return Rational(n, d);
91    }
92
93    int Rational::compareTo(Rational& secondRational)
94    {
95        Rational temp = subtract(secondRational);
96        if (temp.getNumerator() < 0)
97            return -1;
98        else if (temp.getNumerator() == 0)
99            return 0;
100       else
101           return 1;
102   }
103
104   string Rational::toString()
105   {
106       stringstream ss;
107       ss << numerator;
108       if (denominator > 1)
109           ss << "/" << denominator;
110       return ss.str();
111   }
112
113   int main()
114   {
115       //建立兩個 Rational 物件
116       Rational r1(1, 2);
117       Rational r2(1, 6);
```

```
118
119         //測試其算術運算
120         cout << r1.toString() << " + " << r2.toString() << " = "
121              << r1.add(r2).toString() << endl;
122         cout << r1.toString() << " - " << r2.toString() << " = "
123              << r1.subtract(r2).toString() << endl;
124         cout << r1.toString() << " * " << r2.toString() << " = "
125              << r1.multiply(r2).toString() << endl;
126         cout << r1.toString() << " / " << r2.toString() << " = "
127              << r1.divide(r2).toString() << endl;
128
129         //比較大小
130         cout << "r1.compareTo(r2) is " << r1.compareTo(r2) << endl;
131         cout << "r2.compareTo(r1) is " << r2.compareTo(r1) << endl;
132         cout << "r1.compareTo(r1) is " << r1.compareTo(r1) << endl;
133
134         return 0;
135     }
```

```
1/2 + 1/6 = 2/3
1/2 - 1/6 = 1/3
1/2 * 1/6 = 1/12
1/2 / 1/6 = 3
r1.compareTo(r2) is 1
r2.compareTo(r1) is -1
r1.compareTo(r1) is 0
```

main 函式建立兩個有理數，r1 與 r2，並顯示 r1+r2、r1-r2、r1×r2 與 r1/r2 結果。呼叫 r1.add(r2) 以執行 r1+r2，並回傳新的 Rational 物件。相似的做法，呼叫 r1.subtract(r2) 以執行 r1-r2，並回傳新的 Rational 物件，呼叫 r1.multiply(r2) 以執行 r1xr2，以及呼叫 r1.divide(r2) 以執行 r1/r2。

程式呼叫 r1.compareTo(r2) 回傳 1，因為 r1 大於 r2。呼叫 r2.compareTo(r1) 回傳 -1，因為 r2 小於 r1。呼叫 r1.compareTo(r1) 回傳 0，因為 r1 等於 r1。

11-2 運算子函式

大部分的 C++運算子都可以被定義為函式來執行想要的運算。使用下列直覺的原型來比較字串是較方便的：

```
string1 < string2
```

您也可以使用如下相同的原型比較兩個 Rational 物件嗎？

```
r1 < r2
```

答案是肯定的。可以在類別中定義運算子函式（operator function）。運算子函式有如一般的函式，除了必須在真實的運算子前加上 operator 的關鍵字外。例如下列的函式原型：

```
//prototype of operator+()
Rational operator<(Rational& secondRational);
```

定義了 < 運算子，當 Rational 物件小於 secondRational 時，將回傳 true。您可以使用下一敘述呼叫函式：

```
r1.operator< (r2)
```

或簡單的使用

```
r1 < r2
```

而 operator< 的多載運算子函式，其定義如下所示：

```
//definition of operator<()
bool Rational::operator<(Rational& secondRational)
{
    if (compareTo(secondRational) < 0)
        return true;
    else
        return false;
}
```

注意，r1 < r2 與 r1.operator<(r2) 相同，但後者比較簡潔，所以較受人喜愛。

C++允許您可以多載如表 11.1 所列的運算子。表 11.2 所顯示的四個運算子不可以被多載。還有 C++ 不允許您建立新的運算子。

表 11.1　可以被多載的運算子

+	-	*	/	%	^	&			~	!	=
<	>	+=	-=	*=	/=	%=	^=	&=	|=	<<
>>	>>=	<<=	==	!=	<=	>=	&&	||	++	--
->*	,	->	[]	()	new	delete				

表 11.2　不可以被多載的運算子

?:	.	.*	::

C++ 定義運算子的優先順序與結合性，不可以經由多載而改變運算子的優先順序與結合性。

同理，也可以將有理數的加、減、乘、除以運算子函式來表示之。如相加，以 operator+()為之，其函式的原型為

```
Rational perator+(Rational& secondRational);
```

其定義如下所示：

```
//operator+()
Rational Rational::operator+(Rational& secondRational)
{
    return add(secondRational);
}
```

此時就可以使用

```
r1.operator+(r2)
```

或是簡單的使用

```
r1 + r2
```

就可以了，其他的乘與除算法相似，請參閱完整的範例程式 rational-2.cpp。

11-3 多載算術指定運算子函式

C++ 有 +=、-=、*=、/= 以及%= 等算術指定運算子（arithmetic assignment operator），分別用於在變數中加、減、乘、除以及取餘數。您可以將這些運算子用於 Rational 類別。

此處有一範例是多載加法指定運算子 +=。此函式的原型如下。

```
Rational& operator+=(Rational& secondRational);
```

其定義如下：

```
Rational& Rational::operator+=(Rational& secondRational)
{
    *this = add(secondRational);
    return *this;
}
```

此加法函式，將呼叫的 Rational 物件與第二個 Rational 物件相加。並將結果指定給呼叫的物件 *this。最後然後回傳呼叫的物件。以上是 += 的執行敘述，至於 -=，*=，以及 /=，請參閱 11-8 節中的完整範例程式 rational-2.cpp。

11-4 多載 ++ 與 -- 運算子

++ 與 -- 運算子可以是前置或是後繼，也是可以被多載的。前置 ++num 或 --num 是先對變數 num 加 1 或減 1，然後再做其他的運算。後繼 num++ 或 num-- 是先將 num 的值做其他的運算後，再對 num 加 1 或減 1。

C++ 如何區別前置與後繼的 ++ 與 -- 呢？C++ 定義後繼 ++/-- 函式運算子是一帶有 int 型態的虛擬參數，而定義前置的 ++/-- 函式運算子，則不帶任何的參數，其原型如下：

```
Rational& operator++();
Rational operator++(int dummyPara);
```

注意，前置 ++ 或 -- 是左值運算子（Lvalue operator），但後繼 ++ 與 -- 則不是。前置的 ++ 與 -- 運算子可實作如下：

```
Rational& Rational::operator++()
{
    numerator += denominator;
    return *this;
}

//prefix operator--()
Rational& Rational::operator--()
{
    numerator -= denominator;
    return *this;
}
```

在前置 ++ 函式中，將分母加到分子。這是當呼叫物件加 1 到 Rational 物件後新的分子。最後回傳呼叫的物件。前置的 -- 也是同樣做法，只是做減 1 的動作。

而後繼的 ++ 的 -- 運算子可實作如下：

```
//postfix operator++()
Rational Rational::operator++(int dummyPara)
{
    Rational temporary(numerator, denominator);
    numerator += denominator;
    return temporary;
}

//postfix operator--()
Rational Rational::operator--(int dummyPara)
{
    Rational temporary(numerator, denominator);
    numerator -= denominator;
    return temporary;
}
```

在後繼 ++ 函式中，先建立一暫時的物件儲存原先的呼叫物件，之後遞增呼叫物件，最後回傳暫時的物件。後繼的—也是同樣做法，只是做減 1 的動作。

11-5 多載註標運算子[]

在 C++中，一對中括號 [] 稱之為註標運算子（subscript operator），或稱索引運算子（index operator）。若需要的話可以多載此運算子來擷取物件的內容。例如，可以使用 r[0] 與 r[1] 擷取 Rational 物件的 numerator 與 denominator。

首先示範錯誤的 [] 運算子多載。我們將進一步的說明錯誤之處以及給予其正確的答案。使用 [] 運算子致使 Rational 物件可以擷取它的分子與分母。請加入以下的函式原型：

```
int operator[](int);
```

此函式的實作如下所示：

```
//operator []
int Rational::operator[](int subscript)
{
    if (subscript == 0) {
        return numerator;
    }
    else {
        return denominator;
    }
}
```

您可以使用以下的敘述來設定分子和分母嗎？

```
r[0] = 33;
r[1] = 66;
```

若編譯它，將會產生錯誤的訊息。

在 C++、左值（Lvalue）是 left value 的簡稱，它不可以是常數，所以解決方法是定義 [] 運算子為回傳變數的參考（reference）。因此其函式的原型為

```
int& operator[](int);
```

而其函式的定義如下：

```
//operator []
int& Rational::operator[](int subscript)
{
    if (subscript == 0) {
        return numerator;
    }
    else {
        return denominator;
    }
}
```

回傳參考（return-by reference）與傳參考呼叫是相同的概念。在傳參考呼叫中，形式參數是真實參數的別名。在回傳參考中，函式的回傳值是變數的別名。

在此函式，若 subscript 是 0，則回傳值是 numerator 變數的別名。若 subscript 是 1，則回傳值是 denominator 變數的別名。

注意，此函式沒有檢查索引的界限。第 16 章將會學到如何修正此函式，使得程式在索引不是 0 或 1 的情況下擲出異常。我們將它當作異常處理的習題。

11-6 friend 類別與 friend 函式

您可以定義 friend 函式或 friend 類別，使它可以存取另一類別的私有資料。基本上，一類別的 private 區段中的資料，只有此類別的 public 函式才可以直接存取，但有時我們會以 friend 來開一扇門，讓不是此類別的 public 函式也可以做存取的動作。此處的 friend 可以稱之為夥伴。

C++ 可多載串流插入運算子（<<）與串流擷取運算子（>>），但這些運算子必須實作為 friend 的非成員函式。本小節將簡介 friend 函式與 friend 類別，以作為多載這些運算子之準備。

私有的類別成員是無法從類別外部存取的。有時候它允許一些信任的函式或類別可存取類別的私有的成員。C++ 允許您使用 friend 關鍵字定義 friend 函式和 friend 類別，讓這些信任的函式和類別可以存取另一類別的私有成員。我們先從 friend 函式談起，如下所示。

11-6-1 friend 函式

定義一個 print 函式是 Student 類別的 friend 函式，如下一範例程式所示：

範例程式：friendFunction.cpp

```
01  #include <iostream>
02  using namespace std;
03  
04  class Student {
05  private:
06      string name;
07      string id;
08      double cpp_score;
09  
10  public:
11      Student(string, string, double);
12  friend void print();
13  };
14  
15  Student::Student(string name2, string id2, double score2)
16  {
17      name = name2;
18      id = id2;
19      cpp_score = score2;
20  }
21  
22  void print()
23  {
24      Student st("Bright", "cs0001", 98.2);
25      cout << "name: " << st.name << endl;
26      cout << "id: " << st.id << endl;
27      cout << "cpp_score: " << st.cpp_score << endl;
28  }
29  
30  int main()
31  {
```

```
32        print();
33        return 0;
34    }
```

範例程式 friendFunction.cpp 教您如何使用 friend 函式。程式定義含有 friend 函式 print 的 Student 類別。函式 print 不是 Student 類別的成員，所以不必加上 Student::，但可以存取 Student 的私有資料。在函式 print 中建立 Date 物件，並加以擷取印出。

11-6-2 friend 類別

定義一個 PrintStudent 類別是 Student 類別的 friend 類別，如下程式所示：

範例程式：friendClass.cpp

```
01  #include <iostream>
02  using namespace std;
03  
04  class Student {
05  private:
06      string name;
07      string id;
08      double cpp_score;
09  
10  public:
11      Student(string, string, double);
12  friend class PrintStudent;
13  };
14  
15  Student::Student(string name2, string id2, double score2)
16  {
17      name = name2;
18      id = id2;
19      cpp_score = score2;
20  }
21  
22  class PrintStudent {
23  public:
24      void print();
25  };
26  
27  void PrintStudent::print()
```

```
28  {
29      Student st("Bright", "cs0001", 98.2);
30      cout << "name:" << st.name << endl;
31      cout << "id:" << st.id << endl;
32      cout << "cpp_score: " << st.cpp_score << endl;
33  }
34
35  int main()
36  {
37      PrintStudent pSt;
38      pSt.print();
39      return 0;
40  }
```

程式中有一 Student 類別的定義。有一 PrintStudent 類別建立在此類別中。因為 PrintStudent 是 Student 類別的 friend 類別，所以 Student 物件的私有資料可以在 PrintStudent 類別中 public 區段定義的 print 函式所存取。main 函式中定義 PrintStudent 類別的物件 pSt，並呼叫 PrintStudent 的 print() 函式。

上述 friend 函式或類別可以放在 public 區段或 privateF 區段中，不會影響程式的運作。

11-7 多載 << 與 >> 運算子

串流插入（<<）與擷取（>>）運算子也可以多載，用來執行輸入與輸出事項。

到目前為止，為了顯示 Rational 物件，呼叫 toString() 函式，回傳一字串表示 Rational 物件，然後顯示字串。例如，顯示 Rational 物件 r，

```
cout << r.toString();
```

直接使用以下的敘述顯示 Rational 物件不是比較好嗎？

```
cout << r;
```

在 C++，串流插入運算子（<<）和串流擷取運算子（>>）與其他二元運算子相似。cout << r 實際上是與 << (cout, r) 或是 operator<<(cout, r) 相同的。

請考慮以下的敘述：

```
r1 + r2;
```

+ 運算子有兩個運算元，分別是 r1 與 r2。這兩個是 Rational 類別的實例。所以多載 + 運算子以 r2 為引數當作成員函式。然而下一敘述

```
cout << r;
```

運算子 << 有兩個運算元，分別是 cout 和 r。第一個運算元是 ostream 類別而不是 Rational 類別的實例，所以不可以在 Rational 類別多載 << 運算子為一成員函式。然而您可以定義它為 Rational 類別的 friend 函式。其原型如下：

```
friend ostream& operator<<(ostream&, const Rational&);
```

注意此函式回傳指向 ostream 的參考，因為您可以在運算式中使用 << 運算子。請考慮下列敘述：

```
cout << r1 << "followed by " << r2;
```

此與下一敘述相等

```
((cout << r1) << "followed by ") << r2;
```

為了此能運作，cout << r1 必須回傳 ostream 的參考，所以 << 函式可以實作如下：

```
ostream& operator<<(ostream& out, const Rational& rational)
{
    if (rational.denominator == 1) {
        out << rational.numerator;
    }
    else {
        out << rational.numerator << "/" << rational.denominator;
    }
    return out;
}
```

相同的，多載 >> 運算子也必須定義以下的函式原型：

```
friend ostream& operator>>(ostream&, Rational&);
```

此函式的定義如下：

```
istream& operator>>(istream& in, Rational& rational)
{
    cout << "請輸入分子(numerator): ";
```

```
    in >> rational.numerator;
    cout << "請輸入分母(denominator): ";
    in >> rational.denominator;
    return in;
}
```

有關此 friend 多載 >> 運算子函式的運作，請參閱範例程式 rational-2.cpp。

11-8 定義多載運算子的非成員函式

C++ 可自動執行某些型態的轉換。您可以定義函式加以轉換之。

將 Rational 物件 r1 與整數相加，如下所示：

```
r6 + 1;
```

但可以將整數與 Rational 物件 r1 相加嗎？

```
1 + r6;
```

很自然地您會想像 + 運算子是對稱的，然而它並不會運作。因為 + 運算子的左運算元必須是呼叫物件，而且左運算元必須是 Rational 物件。此處 1 是整數，不是 Rational 物件，所以在此範例 C++不會執行自動轉換。為了克服此問題必須採取下列兩個步驟：

1. 加入一個建構函式，其函式原型如下：

   ```
   Rational(int numerator)；
   ```

2. 其定義如下：

   ```
   Rational::Rational(int numerator)
   {
       this->numerator = numerator;
       this->denominator = 1;
   }
   ```

   此建構函式可使整數轉換為 Rational 物件。

3. 定義 + 運算子為非成員函式，其函式原型如下所示：

   ```
   Rational operator+(int, Rational&)
   ```

4. 此函式的定義，如下所示：

```
Rational operator+(int num, Rational& r2)
{
    return Rational(num).add(r2);
}
```

至於此非成員 operator+的實作，請參閱 rational-2.cpp 範例程式。

綜合上述的解說，完整的有理數的運算與操作，如範例程式 rational-2.cpp 所示：

範例程式：rational-2.cpp

```
01  #include <iostream>
02  #include <sstream>
03  using namespace std;
04
05  class Rational
06  {
07  public:
08      Rational();
09      Rational(int);
10      Rational(int numerator, int denominator);
11      int getNumerator();
12      int getDenominator();
13      Rational add(Rational& secondRational);
14      Rational subtract(Rational& secondRational);
15      Rational multiply(Rational& secondRational);
16      Rational divide(Rational& secondRational);
17      int compareTo(Rational& secondRational);
18
19      Rational operator+(Rational& secondRational);
20      Rational operator-(Rational& secondRational);
21      Rational operator*(Rational& secondRational);
22      Rational operator/(Rational& secondRational);
23
24      Rational& operator+=(Rational& secondRational);
25      Rational& operator-=(Rational& secondRational);
26      Rational& operator*=(Rational& secondRational);
27      Rational& operator/=(Rational& secondRational);
28
29      //prefix operator ++, --
30      Rational& operator++();
31      Rational& operator--();
```

```
32
33        //postfix operator ++, --
34        Rational operator++(int dummyPara);
35        Rational operator--(int dummyPara);
36        int& operator[](int);
37        bool operator<(Rational& secondRational);
38        string toString();
39
40    private:
41        int numerator;
42        int denominator;
43        static int gcd(int n, int d);
44
45        //friend function >> and <<
46        friend ostream& operator<<(ostream&, const Rational&);
47        friend istream& operator>>(istream&, Rational&);
48    };
49    Rational operator+(int, Rational&);
50
51    Rational::Rational()
52    {
53        numerator = 0;
54        denominator = 1;
55    }
56
57    Rational::Rational(int numerator)
58    {
59        this->numerator = numerator;
60        this->denominator = 1;
61    }
62
63    Rational::Rational(int numerator, int denominator)
64    {
65        int factor = gcd(numerator, denominator);
66        this->numerator = ((denominator > 0) ? 1 : -1)
67                          * numerator / factor;
68        this->denominator = abs(denominator) / factor;
69    }
70
71    int Rational::getNumerator()
72    {
73        return numerator;
74    }
75
```

```
76  int Rational::getDenominator()
77  {
78      return denominator;
79  }
80
81  //計算兩數最大公因數（GCD）
82  int Rational::gcd(int numer, int demor)
83  {
84      int num1 = abs(numer);
85      int num2 = abs(demor);
86      int gcd = 1;
87      for (int k = 1; k <= num1 && k <= num2; k++) {
88          if (num1 % k == 0 && num2 % k == 0)
89              gcd = k;
90      }
91
92      return gcd;
93  }
94
95  Rational Rational::add(Rational& secondRational)
96  {
97      int n = numerator * secondRational.getDenominator() +
98              denominator * secondRational.getNumerator();
99      int d = denominator * secondRational.getDenominator();
100     return Rational(n, d);
101 }
102
103 Rational Rational::subtract(Rational& secondRational)
104 {
105     int n = numerator * secondRational.getDenominator() -
106             denominator * secondRational.getNumerator();
107     int d = denominator * secondRational.getDenominator();
108     return Rational(n, d);
109 }
110
111 Rational Rational::multiply(Rational& secondRational)
112 {
113     int n = numerator * secondRational.getNumerator();
114     int d = denominator * secondRational.getDenominator();
115     return Rational(n, d);
116 }
117
118 Rational Rational::divide(Rational& secondRational)
119 {
```

```
120        int n = numerator * secondRational.getDenominator();
121        int d = denominator * secondRational.numerator;
122        return Rational(n, d);
123    }
124
125    int Rational::compareTo(Rational& secondRational)
126    {
127        Rational temp = subtract(secondRational);
128        if (temp.getNumerator() < 0)
129            return -1;
130        else if (temp.getNumerator() == 0)
131            return 0;
132        else
133            return 1;
134    }
135
136    //overloading operator +, -, *, /
137    //operator+()
138
139    Rational Rational::operator+(Rational& secondRational)
140    {
141        return add(secondRational);
142    }
143
144    //operator-()
145    Rational Rational::operator-(Rational& secondRational)
146    {
147        return subtract(secondRational);
148    }
149
150    //operator*()
151    Rational Rational::operator*(Rational& secondRational)
152    {
153        return multiply(secondRational);
154    }
155
156    //operator/()
157    Rational Rational::operator/(Rational& secondRational)
158    {
159        return divide(secondRational);
160    }
161
162    //overloading operator +=, -=, *=, /=
163    //operator+=()
```

```
164  Rational& Rational::operator+=(Rational& secondRational)
165  {
166      *this = add(secondRational);
167      return *this;
168  }
169
170  //operator-=()
171  Rational& Rational::operator-=(Rational& secondRational)
172  {
173      *this = subtract(secondRational);
174      return *this;
175  }
176
177  //operator*=()
178  Rational& Rational::operator*=(Rational& secondRational)
179  {
180      *this = multiply(secondRational);
181      return *this;
182  }
183
184  //operator/=()
185  Rational& Rational::operator/=(Rational& secondRational)
186  {
187      *this = divide(secondRational);
188      return *this;
189  }
190
191  //overloading operator ++, --
192  //prefix operator++()
193  Rational& Rational::operator++()
194  {
195      numerator += denominator;
196      return *this;
197  }
198
199  //prefix operator--()
200  Rational& Rational::operator--()
201  {
202      numerator = denominator;
203      return *this;
204  }
205
206  //postfix operator++()
207  Rational Rational::operator++(int dummyPara)
```

```
208  {
209      Rational temporary(numerator, denominator);
210      numerator += denominator;
211      return temporary;
212  }
213
214  //postfix operator--()
215  Rational Rational::operator--(int dummyPara)
216  {
217      Rational temporary(numerator, denominator);
218      numerator -= denominator;
219      return temporary;
220  }
221
222  //operator []
223  int& Rational::operator[](int subscript)
224  {
225      if (subscript == 0) {
226          return numerator;
227      }
228      else {
229          return denominator;
230      }
231  }
232
233  //operator<()
234  bool Rational::operator<(Rational& secondRational)
235  {
236      if (compareTo(secondRational) < 0)
237          return true;
238      else
239          return false;
240  }
241
242  string Rational::toString()
243  {
244      stringstream ss;
245      ss << numerator;
246
247      if (denominator > 1)
248          ss << "/" << denominator;
249
250      return ss.str();
251  }
```

```
252
253 ostream& operator<<(ostream& out, const Rational& rational)
254 {
255     if (rational.denominator == 1) {
256         out << rational.numerator;
257     }
258     else {
259         out << rational.numerator << "/" << rational.denominator;
260     }
261     return out;
262 }
263
264 istream& operator>>(istream& in, Rational& rational)
265 {
266     cout << "請輸入分子(numerator): ";
267     in >> rational.numerator;
268     cout << "請輸入分母(denominator): ";
269     in >> rational.denominator;
270     return in;
271 }
272
273 Rational operator+(int num, Rational& r2)
274 {
275     return Rational(num).add(r2);
276 }
277
278 int main()
279 {
280     //建立兩個 Rational 物件
281     Rational r1(1, 2);
282     Rational r2(1, 6);
283
284     //測試其算術運算
285     cout << r1.toString() << " + " << r2.toString() << " = "
286          << r1.add(r2).toString() << endl;
287     cout << r1.toString() << " - " << r2.toString() << " = "
288          << r1.subtract(r2).toString() << endl;
289     cout << r1.toString() << " * " << r2.toString() << " = "
290          << r1.multiply(r2).toString() << endl;
291     cout << r1.toString() << " / " << r2.toString() << " = "
292          << r1.divide(r2).toString() << endl;
293
294     //比較大小
295     cout << "r1.compareTo(r2) is " << r1.compareTo(r2) << endl;
```

```
296         cout << "r2.compareTo(r1) is " << r2.compareTo(r1) << endl;
297         cout << "r1.compareTo(r1) is " << r1.compareTo(r1) << endl;
298 
299         //使用運算子多載
300         cout << r1.toString() << " + " << r2.toString() << " = "
301              << (r1+r2).toString() << endl;
302 
303         cout << r1.toString() << " - " << r2.toString() << " = "
304              << (r1-r2).toString() << endl;
305 
306         cout << r1.toString() << " * " << r2.toString() << " = "
307              << (r1*r2).toString() << endl;
308 
309         cout << r1.toString() << " / " << r2.toString() << " = "
310              << (r1/r2).toString() << endl;
311 
312         Rational r3(2, 5);
313         cout << "r1 is " << r1.toString() << endl;
314         cout << "r3 is " << r3.toString() << endl;
315         Rational r4 = r1 += r3;
316         cout << "r1 += r3 is " << r4.toString() << endl;
317 
318         Rational r5 = ++r3;
319         cout << "r3 is " << r3.toString() << endl;
320         cout << "r5 is " << r5.toString() << endl;
321 
322         Rational r6 = r3++;
323         cout << "r3 is " << r3.toString() << endl;
324         cout << "r6 is " << r6.toString() << endl;
325         cout << "r1<r2 is " << ((r1<r2) ? "true" : "false") << endl;
326 
327         cout << "r6[0]: " << r6[0] << endl;
328         cout << "r6[1]: " << r6[1] << endl;
329 
330         r6[0] = 33;
331         r6[1] = 66;
332         cout << "r6[0]: " << r6[0] << endl;
333         cout << "r6[1]: " << r6[1] << endl;
334 
335         //using friend function <<
336         cout << "r3 is " << r3 << endl;
337         cout << "r6 is " << r6 << endl;
338 
339         //non member function operator+(int, Rational&)
```

```
340        cout << "1 + r6 is " << 1+r6 << endl;
341        return 0;
342    }
```

```
1/2 + 1/6 = 2/3
1/2 - 1/6 = 1/3
1/2 * 1/6 = 1/12
1/2 / 1/6 = 3
r1.compareTo(r2) is 1
r2.compareTo(r1) is -1
r1.compareTo(r1) is 0
1/2 + 1/6 = 2/3
1/2 - 1/6 = 1/3
1/2 * 1/6 = 1/12
1/2 / 1/6 = 3
r1 is 1/2
r3 is 2/5
r1 += r3 is 9/10
r3 is 7/5
r5 is 7/5
r3 is 12/5
r6 is 7/5
r1<r2 is false
r6[0]: 7
r6[1]: 5
r6[0]: 33
r6[1]: 66
r3 is 12/5
r6 is 33/66
1 + r6 is 3/2
```

此程式大致已將有理數（rational）的運算與操作撰寫了，並沒有全部的在 main() 函式中加以驗證，如 rational 的輸入，-=，*=，/=，以及前置與後繼減，這些你都可以試試看喔！

11-9 習題

1. 試試看以時間（時和分）的相加、相減，以及相乘來實作有關時間類別 Time 的多載運算子。Time 的 UML 類別圖，如圖 11-2：

Time 類別	說明
資料成員	
-hours	時
-minutes	分
成員函式	
+Time()	建構函式
+Time(int, int m=0)	建構函式
+addHour(int): void	兩個 Time 類別的時相加
+addMin(int): void	兩個 Time 類別的時相減
+reset(int, int): void	重置時間的時和分
+operator+(Time&): Time	兩個 Time 類別的時和分相加
+operator-(Time&): Time	兩個 Time 類別的時和分相減
+operator*(double): Time	設定用來處理某時間的倍數，用來處理某時間*10
friend operator*(double, Time): Time	設定 operator*為夥伴函式，用來處理類似 10*某時間
friend operator<<(ostream&,Time&): ostream&	設定<<為夥伴函式，處理資料的輸出

圖 11-2 Time 的 UML 類別圖

2. 複數的形式為 a + bi，其中 a 與 b 為實數，而 i 則為 $\sqrt{-1}$ 。數值 a 跟 b 分別稱為複數的實數與虛數。我們可利用以下公式，對複數分別進行加、減、乘，以及除的運算：

a + bi + c + di = (a + c) + (b + d)i
a + bi –(c + di) = (a - c) + (b - d)i
(a + bi) * (c + di) = (ac - bd) + (bc + ad)i
(a + bi) / (c + di) = (ac + bd) / (c^2 + d^2) + (bc - ad)i / (c^2 + d^2)

也可以利用以下公式，取得複數的絕對值：$|a+bi| = \sqrt{a^2+b^2}$

（複數能以平面上的一個點來表示，以(a, b)表示點的座標。複數的絕對值相當於該點與原點的距離，如圖 11-3 所示。）

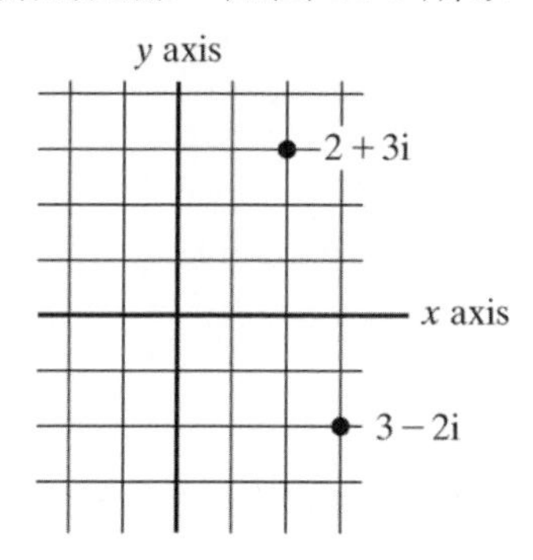

圖 11-3 複數能以平面上的一個點來表示

請設計一個用來表示複數，名為 Complex 的類別，此類別有 add、subtract、multiply、divide 及 abs 等方法來進行複數運算，再覆寫 toString 方法，回傳複數的字串表示法。toString 方法會以字串的形式回傳 a + bi。如果 b 是 0，便直接回傳 a。

另外，再提供三個建構函式，Complex(a, b) 、Complex(a) 以及 Complex()。Complex() 為數字 0 建立 Complex 物件、Complex(a) 建立一個 b 為 0 的 Complex 物件。再提供 getRealPart() 以及 getImaginaryPart() 方法，分別回傳複數的實數部分與虛數部分。

多載以下的運算子 +、-、*、/ ，以成員函式表示。多載 []，使得[0]回傳 a，而[1]回傳 b。

有關 Complex 的 UML 類別圖，如圖 11-4：

Complex 類別	說明
-a: double -b: double	複數的實數部分 複數的虛數部分
Complex(double a, double b) Complex(double a) Complex() +getA(): double +getB(): double	建立一複數為 a+bi 建立一複數為 a 建立一複數為 0 回傳 a 回傳 b
+dd(Complex& complex2): Complex +subtract(Complex& complex2): Complex +multiply(Complex& complex2): Complex +divide(Complex& complex2): Complex +abs(): double	加、減、乘、除與絕對值
+operator+(Complex&): Complex +operator-(Complex&): Complex +operator*(Complex&): Complex +operator/(Complex&): Complex	多載運算子+、-、*、/
+operator+=(Complex& complex2): Complex& +operator-=(Complex& complex2): Complex& +operator*=(Complex& complex2): Complex& +operator/=(Complex& complex2): Complex& +operator[](const int& index): double&	多載運算子+=、-=、*=、/= 與[]
friend ostream &operator<<(ostream&, const Complex&); friend istream &operator>>(istream&, Complex&);	friend 的 << 與>> 函式

圖 11-4 Complex 的 UML 類別圖

請撰寫一測試程式，提示使用者輸入兩個複數 number1、number2，接著顯示加法、減法、乘法，以及除法運算的結果。

以下為程式的執行樣本如下：

```
請輸入第一個複數(a+bi)的 a 與 b: 5 6.3
請輸入第二個複數(a+bi)的 a 與 b: 3 2.5
(5 + 6.3i) + (3 + 2.5i) = 8 + 8.8i
(5 + 6.3i) - (3 + 2.5i) = 2 + 3.8i
(5 + 6.3i) * (3 + 2.5i) = -0.75 + 31.4i
(5 + 6.3i) / (3 + 2.5i) = 2.01639 + 0.419672i
|5 + 6.3i| = 8.04301
(3 + number2): 6 + 2.5i
```

改變 number[0] = 3.4i 後，以下兩個敘述執行結果：

```
(number2 += number1): 6.4 + 8.8i
(number2 *= number1): -33.68 + 70.24i
```

CHAPTER

12

繼承

繼承（Inheritance），顧名思義就是繼承已有的元件，它可以節省開發時間。我們利用範例程式來加以說明。

12-1 基礎類別與衍生類別

首先，在 baseClass.cpp 有一基礎類別 Point，其 UML 類別圖，如圖 12-1 所示：

Point 類別	說明
//資料成員	
-x: int	點的 x 座標
-y: int	點的 y 座標
-color: string	點的顏色
-filled: string	充填狀態
//方法	
Point(int x=1, int y=1, string. color="red", string filled="yes")	點的建構函式
+getX(): int	回傳點的 x 座標
+getY(): int	回傳點的 y 座標
+setX(int): void	設定點的 x 座標
+setY(int): void	設定點的 y 座標
+setXandY(int, int): void	設定點的 x、y 座標
+getColor(): string	回傳顏色值
+setColor(string): void	設定顏色值

Point 類別	說明
+getFilled(): string +setFilled(string): void +show(): void	回傳是否充填狀態 設定充填的狀態 顯示點的 x 與 y 座標、顏色以及充填狀態

圖 12-1 Point 的 UML 類別圖

圖 12-1 的 Point 類別圖所對應的程式如 baseClass.cpp 所示：

範例程式：baseClass.cpp

```
01  #include <iostream>
02  using namespace std;
03  
04  class Point {
05  private:
06      int x, y;
07      string color;
08      string filled;
09  
10  public:
11      Point(int x=1, int y=1, string color="red", string filled="yes");
12      int getX();
13      int getY();
14      void setX(int);
15      void setY(int);
16      void setXandY(int, int);
17      string getColor();
18      void setColor(string);
19      string getFilled();
20      void setFilled(string);
21      void show();
22  };
23  
24  Point::Point(int a, int b, string color2, string filled2)
25  {
26      x = a;
27      y = b;
28      color = color2;
29      filled = filled2;
30  }
31  
32  int Point::getX()
```

```
33  {
34      return x;
35  }
36
37  int Point::getY()
38  {
39      return y;
40  }
41
42  void Point::setX(int x2)
43  {
44      x = x2;
45  }
46
47  void Point::setY(int y2)
48  {
49      y = y2;
50  }
51
52  void Point::setXandY(int a, int b)
53  {
54      x = a;
55      y = b;
56  }
57
58  string Point::getColor()
59  {
60      return color;
61  }
62
63  void Point::setColor(string c)
64  {
65      color = c;
66  }
67
68  string Point::getFilled()
69  {
70      return filled;
71  }
72
73  void Point::setFilled(string f)
74  {
75      filled = f;
76  }
```

```
77
78  void Point::show()
79  {
80      cout << "coordinate: (" << x << ", " << y << ")" << endl;
81      cout << "color: " << color << endl;
82      cout << "filled: " << filled << endl;
83  }
84
85  int main()
86  {
87      Point p1;
88      p1.show();
89
90      cout << endl;
91      p1.setColor("blue");
92      p1.setFilled("No");
93      p1.setX(10);
94      p1.setY(20);
95      p1.show();
96
97      return 0;
98  }
```

```
coordinate: (1, 1)
color: red
filled: yes

coordinate: (10, 20)
color: blue
filled: No
```

現將上一章的談論的 Circle 類別，用來繼承 Point 類別。此時稱 Circle 類別為子類別（child class）或衍生類別（derived class）。稱 Point 類別為父類別（parent class）或基礎類別（base class）。繼承圖如圖 12-2 所下：

圖 12-2 Circle 類別繼承 Point 類別

而 Circle 的 UML 類別圖，如圖 12-3 所示：

Circle 類別	說明
//資料成員 -radius: int	 圓的半徑

//方法
Circle(int r=1)
+getRadius(): int
+getPerimeter(): double
+getArea(): double
+show(): void
	
	圓的建構函式
	回傳圓的半徑
	回傳圖的周長
	回傳圓的面積
	印出圓的圓心、半徑、周長、面積、顏色和充填與否

圖 12-3 Circle 的 UML 類別圖

我們加入了 Circle 類別的相關程式，請參閱 inheritance-1.cpp，如下所示：

範例程式：inheritance-1.cpp

```
01  #include <iostream>
02  #include <cmath>
03  using namespace std;
04
05  class Point {
06  private:
07      int x, y;
08      string color;
09      string filled;
10
11  public:
12      Point(int x=1, int y=1, string color="red", string filled="yes");
13      int getX();
14      int getY();
15      void setX(int);
16      void setY(int);
17      void setXandY(int, int);
18      string getColor();
19      void setColor(string);
20      string getFilled();
21      void setFilled(string);
22      void show();
23  };
24
```

```
25  //Circle 類別繼承 Point 類別
26  class Circle: public Point {
27  private:
28      int radius;
29  public:
30      Circle(int r=1);
31      int getRadius();
32      Void setRadius(int);
33      double getPerimeter();
34      double getArea();
35      void show();
36  };
37  
38  Point::Point(int a, int b, string color2, string filled2)
39  {
40      x = a;
41      y = b;
42      color = color2;
43      filled = filled2;
44  }
45  
46  int Point::getX()
47  {
48      return x;
49  }
50  
51  int Point::getY()
52  {
53      return y;
54  }
55  
56  void Point::setX(int x2)
57  {
58      x = x2;
59  }
60  
61  void Point::setY(int y2)
62  {
63      y = y2;
64  }
65  
66  void Point::setXandY(int a, int b)
67  {
68      x = a;
```

```
69        y = b;
70    }
71
72    string Point::getColor()
73    {
74        return color;
75    }
76
77    void Point::setColor(string c)
78    {
79        color = c;
80    }
81
82    string Point::getFilled()
83    {
84        return filled;
85    }
86
87    void Point::setFilled(string f)
88    {
89        filled = f;
90    }
91
92    void Point::show()
93    {
94        cout << "coordinate: (" << x << ", " << y << ")" << endl;
95        cout << "color: " << color << endl;
96        cout << "filled: " << filled << endl << endl;
97    }
98
99    Circle::Circle(int r)
100   {
101       radius = r;
102   }
103
104   int Circle::getRadius()
105   {
106       return radius;
107   }
108
109   Void Circle::setRadius(int r)
110   {
111       Radius = r;
112   }
```

```
113  double Circle::getPerimeter()
114  {
115      return 2*M_PI*radius;
116  }
117
118  double Circle::getArea()
119  {
120      return M_PI*radius*radius;
121  }
122
123  void Circle::show()
124  {
125      cout << "center: (" << getX() << ", " << getY() << ")" << endl;
126      cout << "radius: " << radius << endl;
127      cout << "perimeter: " << getPerimeter() << endl;
128      cout << "area: " << getArea() << endl;
129      cout << "color: " << getColor() << endl;
130      cout << "filled: " << getFilled() << endl << endl;
131  }
132
133  int main()
134  {
135      Point p1;
136      cout << "p1 object information: " << endl;
137      p1.show();
138
139      p1.setColor("blue");
140      p1.setFilled("No");
141      p1.setX(10);
142      p1.setY(20);
143      cout << "after setting..." << endl;
144      cout << "p1 object information: " << endl;
145      p1.show();
146
147      Circle c1;
148      cout << "c1 object information: " << endl;
149      c1.show();
150
151      Circle c2(5);
152      cout << "c2 object information: " << endl;
153      c2.show();
154
155      c2.setX(10);
156      c2.setY(20);
```

```
157        c2.setColor("blue");
158        c2.setFilled("No");
159        cout << "after setting..." << endl;
160        cout << "c2 object information: " << endl;
161        c2.show();
162
163        return 0;
164    }
```

```
p1 object information:
coordinate: (1, 1)
color: red
filled: yes

after setting...
p1 object information:
coordinate: (10, 20)
color: blue
filled: No

c1 object information:
center: (1, 1)
radius: 1
perimeter: 6.28318
area: 3.14159
color: red
filled: yes

c2 object information:
center: (1, 1)
radius: 5
perimeter: 31.4159
area: 78.5397
color: red
filled: yes

after setting...
c2 object information:
center: (10, 20)
radius: 5
perimeter: 31.4159
area: 78.5397
color: blue
filled: No
```

此時，Circle 類別以 public 的屬性繼承 Point 類別，所以 Circle 物件可以直接存取 Point 類別中的 public 方法，而 Point 類別的 private 資料成員雖然被繼承過來，但不可以直接存取，必須利用 Point 類別的方法來間接存取之。除了上述的 public 繼承屬性以外，還有 protected 和 private 的繼承屬性，請參閱第 12-3 節繼承屬性。

12-2 成員初始串列

我們也可以將 Circle 類別的建構函式，加入 Point 類別建構函式所需要的參數，接著在 Circle 建構函式後面加上冒號以及 Point 類別建構函式，此稱為成員初始串列（members initialization list），如範例程式 inheritance-2.cpp 所示：

範例程式：inheritance-2.cpp

```
01  #include <iostream>
02  #include <cmath>
03  using namespace std;
04  
05  //Point class
06  class Point {
07  private:
08      int x, y;
09      string color;
10      string filled;
11  
12  public:
13      Point(int x=1, int y=1, string color="red", string filled="yes");
14      int getX();
15      int getY();
16      void setX(int);
17      void setY(int);
18      void setXandY(int, int);
19      string getColor();
20      void setColor(string);
21      string getFilled();
22      void setFilled(string);
23      void show();
24  };
25  
26  //Circle class
```

```
27  class Circle: public Point {
28  private:
29      int radius;
30  public:
31      Circle(int r=1, int x=1, int y=1, string color="red",
32              string filled="yes");
33      int getRadius();
34      Void setRadius(int);
35      double getPerimeter();
36      double getArea();
37      void show();
38  };
39  
40  //Base class: Point
41  Point::Point(int a, int b, string color2, string filled2)
42  {
43      cout << "calling Point class constructor now" << endl;
44      x = a;
45      y = b;
46      color = color2;
47      filled = filled2;
48  }
49  
50  int Point::getX()
51  {
52      return x;
53  }
54  
55  int Point::getY()
56  {
57      return y;
58  }
59  
60  void Point::setX(int x2)
61  {
62      x = x2;
63  }
64  
65  void Point::setY(int y2)
66  {
67      y = y2;
68  }
69  
70  void Point::setXandY(int a, int b)
```

```
71  {
72      x = a;
73      y = b;
74  }
75
76  string Point::getColor()
77  {
78      return color;
79  }
80
81  void Point::setColor(string c)
82  {
83      color = c;
84  }
85
86  string Point::getFilled()
87  {
88      return filled;
89  }
90
91  void Point::setFilled(string f)
92  {
93      filled = f;
94  }
95
96  void Point::show()
97  {
98      cout << "coordinate: (" << x << ", " << y << ")" << endl;
99      cout << "color: " << color << endl;
100     cout << "filled: " << filled << endl;
101 }
102
103 //Circle 的建構函式也將處理 Point 的建構函式
104 Circle::Circle(int r, int x, int y, string color, string filled):
105                Point(x, y, color, filled)
106 {
107     cout << "calling Circle class constructor now" << endl;
108     radius = r;
109 }
110
111 int Circle::getRadius()
112 {
113     return radius;
114 }
```

```
115
116  Void setRadius(int r)
117  {
118      radius = r;
119  }
120
121  double Circle::getPerimeter()
122  {
123      return 2*M_PI*radius;
124  }
125
126  double Circle::getArea()
127  {
128      return M_PI*radius*radius;
129  }
130
131  void Circle::show()
132  {
133      cout << "center: (" << getX() << ", " << getY() << ")" << endl;
134      cout << "radius: " << radius << endl;
135      cout << "perimeter: " << getPerimeter() << endl;
136      cout << "area: " << getArea() << endl;
137      cout << "color: " << getColor() << endl;
138      cout << "filled: " << getFilled() << endl << endl;
139  }
140
141  int main()
142  {
143      Circle c1;
144      cout << "c1 object information: " << endl;
145      c1.show();
146
147      Circle c2(5);
148      cout << "c2 object information: " << endl;
149      c2.show();
150
151      c2.setX(10);
152      c2.setY(20);
153      c2.setColor("blue");
154      c2.setFilled("No");
155      cout << "after setting..." << endl;
156      cout << "c2 object information: " << endl;
157      c2.show();
158
```

```
159     Circle c3(10, 6, 8, "yellow", "yes");
160     cout << "c3 object information: " << endl;
161     c3.show();
162 
163     return 0;
164 }
```

```
calling Point class constructor now
calling Circle class constructor now
c1 object information:
center: (1, 1)
radius: 1
perimeter: 6.28318
area: 3.14159
color: red
filled: yes

calling Point class constructor now
calling Circle class constructor now
c2 object information:
center: (1, 1)
radius: 5
perimeter: 31.4159
area: 78.5397
color: red
filled: yes

after setting...
c2 object information:
center: (10, 20)
radius: 5
perimeter: 31.4159
area: 78.5397
color: blue
filled: No

calling Point class constructor now
calling Circle class constructor now
c3 object information:
center: (6, 8)
radius: 10
perimeter: 62.8318
area: 314.159
color: yellow
filled: yes
```

此程式在 Circle 的建構函式也同時處理 Point 的建構函式，將 Circle 的建構函式中最後四個參數作為 Point 的建構函式之參數使用。

接下來，我們再複習一下前面第 10-4 節練習題第 1 題的 Rectangle 類別，它也繼承 Point 類別，如圖 12-4 所示。

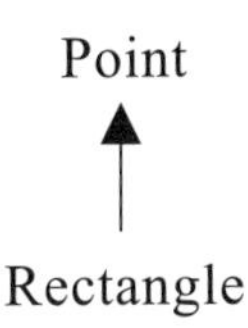

圖 12-4 Rectangle 類別繼承 Point 類別

相關程式請參閱範例程式 inheritance-3.cpp。

範例程式：inheritance-3.cpp

```
01  #include <iostream>
02  #include <cmath>
03  using namespace std;
04
05  //基礎類別 Point 類別
06  class Point {
07  private:
08      int x, y;
09      string color;
10      string filled;
11
12  public:
13      Point(int x=1, int y=1, string color="red", string filled="yes");
14      int getX();
15      int getY();
16      void setX(int);
17      void setY(int);
18      void setXandY(int, int);
19      string getColor();
20      void setColor(string);
21      string getFilled();
22      void setFilled(string);
23      void show();
24  };
25
26  //Circle 衍生類別繼承了 Point 基礎類別
```

```
27  class Circle: public Point {
28  private:
29      int radius;
30  public:
31      Circle(int r=1, int x=1, int y=1, string color="red",
32                                          string filled="yes");
33      int getRadius();
34      Void setRadius(int);
35      double getPerimeter();
36      double getArea();
37      void show();
38  };
39
40  //Rectangle 衍生類別繼承了 Point 基礎類別
41  class Rectangle: public Point {
42  private:
43      int length, width;
44  public:
45      Rectangle(int len=1, int wid=1, int x=1, int y=1, string
46                  color="red",string filled="yes");
47      int getLength();
48      int getWidth();
49      void setLength(int);
50      void setWidth(int);
51      double getPerimeter();
52      double getArea();
53      void show();
54  };
55
56  //Base class Point's constructor
57  Point::Point(int a, int b, string color2, string filled2)
58  {
59      cout << "calling Point class constructor now" << endl;
60      x = a;
61      y = b;
62      color = color2;
63      filled = filled2;
64  }
65
66  int Point::getX()
67  {
68      return x;
69  }
70
```

```
71  int Point::getY()
72  {
73      return y;
74  }
75
76  void Point::setX(int x2)
77  {
78      x = x2;
79  }
80
81  void Point::setY(int y2)
82  {
83      y = y2;
84  }
85
86  void Point::setXandY(int a, int b)
87  {
88      x = a;
89      y = b;
90  }
91
92  string Point::getColor()
93  {
94      return color;
95  }
96
97  void Point::setColor(string c)
98  {
99      color = c;
100 }
101
102 string Point::getFilled()
103 {
104     return filled;
105 }
106
107 void Point::setFilled(string f)
108 {
109     filled = f;
110 }
111
112 void Point::show()
113 {
```

```
114         cout << "coordinate: (" << x << ", " << y << ")" << endl;
115         cout << "color: " << color << endl;
116         cout << "filled: " << filled << endl << endl;
117     }
118 
119     //derived class Circle's constructor
120     Circle::Circle(int r, int x, int y, string color, string filled):
121     Point(x, y, color, filled)
122     {
123         cout << "calling Circle class constructor now" << endl;
124         radius = r;
125     }
126 
127     int Circle::getRadius()
128     {
129         return radius;
130     }
131 
132     Void setRadius(int r)
133     {
134         radius = r;
135     }
136 
137     double Circle::getPerimeter()
138     {
139         return 2*M_PI*radius;
140     }
141 
142     double Circle::getArea()
143     {
144         return M_PI*radius*radius;
145     }
146 
147     void Circle::show()
148     {
149         cout << "center: (" << getX() << ", " << getY() << ")" << endl;
150         cout << "radius: " << radius << endl;
151         cout << "perimeter: " << getPerimeter() << endl;
152         cout << "area: " << getArea() << endl;
153         cout << "color: " << getColor() << endl;
154         cout << "filled: " << getFilled() << endl << endl;
155     }
156 
157     //derived class Rectangle's constructor
```

```
158 Rectangle::Rectangle(int len, int wid, int x, int y, string color,
    string filled): Point(x, y, color, filled)
159 {
160     cout << "calling Rectangle class constructor now" << endl;
161     length = len;
162     width = wid;
163 }
164 
165 //getter
166 int Rectangle::getLength()
167 {
168     return length;
169 }
170 
171 int Rectangle::getWidth()
172 {
173     return width;
174 }
175 
176 //setter
177 void Rectangle::setLength(int len)
178 {
179     length = len;
180 }
181 
182 void Rectangle::setWidth(int wid)
183 {
184     width = wid;
185 }
186 
187 double Rectangle::getPerimeter()
188 {
189     return 2*(length+width);
190 }
191 
192 double Rectangle::getArea()
193 {
194     return length*width;
195 }
196 
197 void Rectangle::show()
198 {
199     cout << "left top: (" << getX() << ", " << getY() << ")" << endl;
200     cout << "length: " << length << endl;
```

```
201        cout << "width: " << width << endl;
202        cout << "perimeter: " << getPerimeter() << endl;
203        cout << "area: " << getArea() << endl;
204        cout << "color: " << getColor() << endl;
205        cout << "filled: " << getFilled() << endl << endl;
206    }
207
208    int main()
209    {
210        double perimeter, area;
211
212        Circle c1;
213        perimeter = c1.getPerimeter();
214        area = c1.getArea();
215        cout << "c1 object information: " << endl;
216        c1.show();
217
218        Circle c2(5);
219        cout << "c2 object information: " << endl;
220        c2.show();
221
222        c2.setX(10);
223        c2.setY(20);
224        c2.setColor("blue");
225        c2.setFilled("No");
226        cout << "after setting..." << endl;
227        cout << "c2 object information: " << endl;
228        c2.show();
229
230        Circle c3(10, 6, 8, "yellow", "yes");
231        cout << "c3 object information: " << endl;
232        c3.show();
233
234        Rectangle r1;
235        cout << "r1 object information: " << endl;
236        r1.show();
237
238        //call setter
239        r1.setX(10);
240        r1.setY(10);
241        r1.setLength(5);
242        r1.setWidth(7);
243        r1.setColor("orange");
244        r1.setFilled("no");
```

```
245        cout << "after setting..." << endl;
246        cout << "r1 object information: " << endl;
247        r1.show();
248
249        Rectangle r2(6, 10, 3, 2, "purple", "yes");
250        cout << "r2 object information: " << endl;
251        r2.show();
252        return 0;
253    }
```

```
calling Point class constructor now
calling Circle class constructor now
c1 object information:
center: (1, 1)
radius: 1
perimeter: 6.28318
area: 3.14159
color: red
filled: yes

calling Point class constructor now
calling Circle class constructor now
c2 object information:
center: (1, 1)
radius: 5
perimeter: 31.4159
area: 78.5397
color: red
filled: yes

after setting...
c2 object information:
center: (10, 20)
radius: 5
perimeter: 31.4159
area: 78.5397
color: blue
filled: No

calling Point class constructor now
calling Circle class constructor now
c3 object information:
center: (6, 8)
radius: 10
```

```
perimeter: 62.8318
area: 314.159
color: yellow
filled: yes

calling Point class constructor now
calling Rectangle class constructor now
r1 object information:
left top: (1, 1)
length: 1
width: 1
perimeter: 4
area: 1
color: red
filled: yes

after setting...
r1 object information:
left top: (10, 10)
length: 5
width: 7
perimeter: 24
area: 35
color: orange
filled: no

calling Point class constructor now
calling Rectangle class constructor now
r2 object information:
left top: (3, 2)
length: 6
width: 10
perimeter: 32
area: 60
color: purple
filled: yes
```

練習題

12.1 如果將範例程式 inheritance-3.cpp（第 12-15 頁）的 Point 基礎類別的資料成員從 private 改為 protected，則程式可以為何？

12-3 繼承屬性

假設 A 類別是基礎類別，B 是衍生類別，則 B 類別繼承 A 類別時，A 類別的成員會成為 B 類別的什麼屬性成員，將依照繼承屬性而定，請參閱表 12.1。

表 12.1 繼承屬性

A 是基礎類別，B 是衍生類別	B 以 public 繼承 A 時，左邊的 A 類別成員，將成爲	B 以 protected 繼承 A 時，左邊的 A 類別成員，將成爲	B 以 private 繼承 A 時，左邊的 A 類別成員，將成爲
A 的 public 成員	public	protected	private
A 的 protected 成員	protected	protected	private
A 的 private 成員	可繼承，但 B 只能由 A 的 public 方法間接存取之	可繼承，但 B 只能由 A 的 public 方法間接存取之	可繼承，但 B 只能由 A 的 public 方法間接存取之

表 12.1 的左邊表示基礎類別 A 中三個 public、protected，以及 private 屬性的成員，當衍生類別 B 以不同的方式繼承 A 時，基礎類別 A 中的成員將會成為衍生類別的哪一種成員，在表中間可以清楚的看出。

其中 A 類別的 private 屬性的成員可以被 B 繼承，不管用什麼方式繼承皆不可以直接存取，只能間接的呼叫基礎類別 A 的 public 方法來執行存取的動作。

以下我們將一一以範例程式介紹上述的三種繼承屬性。

12-3-1 衍生類別以 public 繼承基礎類別

我們從繼承的屬性 public 談起。以下是 B 類別以 public 繼承類別 A，此時基礎類別 A 中的 protected 會成為衍生類別 B 的 protected 成員，。因為它已被保護，所以要存取這些成員，必須透過 B 類別的成員函式才可。基礎類別 A 中的 public 會成為衍生類別 B 的 public 成員，所以衍生類別 B 的物件可以直接呼叫之。請參閱範例程式 publicInheritance.cpp。

範例程式：publicInheritance.cpp

```
01  #include <iostream>
02  using namespace std;
03  class A {
04  private:
```

```
05         int dataA_private;
06     protected:
07         int dataA_protected;
08     public:
09         A();
10         A(int, int);
11         int getDataA_private();
12         int getDataA_protected();
13     };
14 
15     A::A()
16     {
17         dataA_private = 1;
18         dataA_protected = 1;
19     }
20 
21     A::A(int d1, int d2)
22     {
23         dataA_private = d1;
24         dataA_protected = d2;
25     }
26 
27     int A::getDataA_private()
28     {
29         return dataA_private;
30     }
31 
32     int A::getDataA_protected()
33     {
34         return dataA_protected;
35     }
36 
37     class B: public A {
38     private:
39         int dataB_private;
40     protected:
41         int dataB_protected;
42     public:
43         B();
44         B(int, int);
45         int getDataB_private();
46         int getDataB_protected();
47         int sum();
48     };
```

```
49
50  B::B()
51  {
52      dataB_private = 1;
53      dataB_protected = 1;
54  }
55
56  B::B(int d1, int d2)
57  {
58      dataB_private = d1;
59      dataB_protected = d2;
60  }
61
62  int B::getDataB_private()
63  {
64      return dataB_private;
65  }
66
67  int B::getDataB_protected()
68  {
69      return dataB_protected;
70  }
71
72  int B::sum()
73  {
74      int dataFromA = getDataA_private();
75      return (dataFromA + dataA_protected + dataB_private);
76  }
77
78  int main()
79  {
80      A objA(10, 20);
81      cout << objA.getDataA_private() << endl;
82      cout << objA.getDataA_protected() << endl;
83
84      B objB(100, 200);
85      cout << objB.getDataB_private() << endl;
86      cout << objB.getDataB_protected() << endl;
87      cout << objB.getDataA_private() << endl;
88      cout << objB.getDataA_protected() << endl;
89      cout << objB.sum() << endl;
90      return 0;
91  }
```

```
10
20
100
200
1
1
102
```

12-3-2 衍生類別以 protected 繼承基礎類別

以下是 B 類別以 protected 繼承類別 A，此時基礎類別 A 中不管是 protected 或是 public 將會成為衍生類別 B 的 protected 成員，此時因為它已被保護，所以要存取這些成員，必須透過 B 類別的成員函式才可。請參閱範例程式 protectedInheritance.cpp。

範例程式：protectedInheritance.cpp

```
01  #include <iostream>
02  using namespace std;
03  class A {
04  private:
05      int dataA_private;
06  protected:
07      int dataA_protected;
08  public:
09      A();
10      A(int, int);
11      int getDataA_private();
12      int getDataA_protected();
13  };
14
15  A::A()
16  {
17      dataA_private = 1;
18      dataA_protected = 1;
19  }
20
21  A::A(int d1, int d2)
22  {
23      dataA_private = d1;
24      dataA_protected = d2;
25  }
```

```
26
27  int A::getDataA_private()
28  {
29      return dataA_private;
30  }
31
32  int A::getDataA_protected()
33  {
34      return dataA_protected;
35  }
36
37  class B: protected A {
38  private:
39      int dataB_private;
40  protected:
41      int dataB_protected;
42  public:
43      B();
44      B(int, int);
45      int getDataB_private();
46      int getDataB_protected();
47      int getDataFromA_private();
48      int getDataFromA_protected();
49      int sum();
50  };
51
52  B::B()
53  {
54      dataB_private = 1;
55      dataB_protected = 1;
56  }
57
58  B::B(int d1, int d2)
59  {
60      dataB_private = d1;
61      dataB_protected = d2;
62  }
63
64  int B::getDataB_private()
65  {
66      return dataB_private;
67  }
68
```

```
69  int B::getDataB_protected()
70  {
71      return dataB_protected;
72  }
73
74  int B::sum()
75  {
76      int dataFromA = getDataA_private();
77      return (dataFromA + dataA_protected + dataB_private);
78  }
79
80  int B::getDataFromA_private()
81  {
82      return getDataA_private();
83  }
84
85  int B::getDataFromA_protected()
86  {
87      return dataA_protected;
88  }
89
90  int main()
91  {
92      A objA(10, 20);
93      cout << objA.getDataA_private() << endl;
94      cout << objA.getDataA_protected() << endl;
95
96      B objB(100, 200);
97      cout << objB.getDataB_private() << endl;
98      cout << objB.getDataB_protected() << endl;
99      cout << objB.getDataFromA_private() << endl;
100     cout << objB.getDataFromA_protected() << endl;
101     cout << objB.sum() << endl;
102     return 0;
103 }
```

```
10
20
100
200
1
1
102
```

一般在繼承時，資料成員大部分會設定 protected 屬性來表示，如此在衍生類別中就可以由衍生類別的 public 成員函式來擷取之，方便而且也保護了資料的隱祕性。

12-3-3 衍生類別以 private 繼承基礎類別

以下是 B 類別以 private 繼承類別 A，此時基礎類別 A 中不管是 protected 或是 public 將會成為衍生類別 B 的 private 成員，此時因為它已被保護，所以要存取這些成員，必須透過 B 類別的成員函式才可。請參閱範例程式 protectedInheritance.cpp。

範例程式：privateInheritance.cpp

```
01  #include <iostream>
02  using namespace std;
03  class A {
04  protected:
05      int dataA_protected;
06  public:
07      A();
08      A(int);
09      int getDataA_protected();
10  };
11
12  A::A()
13  {
14      dataA_protected = 1;
15  }
16
17  A::A(int d1)
18  {
19      dataA_protected = d1;
20  }
21
22  int A::getDataA_protected()
23  {
24      return dataA_protected;
25  }
26
27  class B: private A {
28  private:
29      int dataB_private;
```

```
30  protected:
31      int dataB_protected;
32  public:
33      B();
34      B(int, int);
35      int getDataB_private();
36      int getDataB_protected();
37      int getDataFromA_protected();
38      int sum();
39  };
40
41  B::B()
42  {
43      dataB_private = 1;
44      dataB_protected = 1;
45  }
46
47  B::B(int d1, int d2)
48  {
49      dataB_private = d1;
50      dataB_protected = d2;
51  }
52
53  int B::getDataB_private()
54  {
55      return dataB_private;
56  }
57
58  int B::getDataB_protected()
59  {
60      return dataB_protected;
61  }
62
63  int B::sum()
64  {
65      //可以直接擷取 dataA_protected，此時它是類別 B 的 private 資料成員
66      return (dataA_protected + dataB_private);
67  }
68
69  int B::getDataFromA_protected()
70  {
71      return dataA_protected;
72  }
73
```

```
74  int main()
75  {
76      A objA(10);
77      cout << objA.getDataA_protected() << endl;
78  
79      B objB(100, 200);
80      cout << objB.getDataB_private() << endl;
81      cout << objB.getDataB_protected() << endl;
82      cout << objB.getDataFromA_protected() << endl;
83      cout << objB.sum() << endl;
84      return 0;
85  }
```

```
10
100
200
1
101
```

當你建立衍生類別時，會自動呼叫本身的建構函式外，還會呼叫基礎類別的建構函式，若你沒有特別指定參數給基礎類別建構函式時，則會以預設的建構函式執行之，如上述的程式，在衍生類別建立時，除了執行衍生類別的建構函式外，還呼叫預設的基礎類別建構函式，所以得到 dataA_protected 的數值為 1。

以下的程式是在執行衍生類別建構函式時，特別指定初始串列來執行基礎類別的建構函式。請參閱範例程式 initialListConstructor.cpp

範例程式：initialListConstructor.cpp

```
01  #include <iostream>
02  using namespace std;
03  class A {
04  protected:
05      int dataA_protected;
06  public:
07      A();
08      A(int);
09      int getDataA_protected();
10  };
11  
12  A::A()
13  {
```

```
14        dataA_protected = 1;
15    }
16
17    A::A(int d1)
18    {
19        dataA_protected = d1;
20    }
21
22    int A::getDataA_protected()
23    {
24        return dataA_protected;
25    }
26
27    class B: private A {
28    private:
29        int dataB_private;
30    protected:
31        int dataB_protected;
32    public:
33        B();
34        B(int, int, int);
35        int getDataB_private();
36        int getDataB_protected();
37        int getDataFromA_protected();
38        int sum();
39    };
40
41    B::B()
42    {
43        dataB_private = 1;
44        dataB_protected = 1;
45    }
46
47    B::B(int d1, int d2, int d3):A(d3)
48    {
49        dataB_private = d1;
50        dataB_protected = d2;
51    }
52
53    int B::getDataB_private()
54    {
55        return dataB_private;
56    }
57
```

```
58  int B::getDataB_protected()
59  {
60      return dataB_protected;
61  }
62
63  int B::sum()
64  {
65      return (dataA_protected + dataB_private);
66  }
67
68  int B::getDataFromA_protected()
69  {
70      return dataA_protected;
71  }
72
73  int main()
74  {
75      A objA(10);
76      cout << objA.getDataA_protected() << endl;
77
78      B objB(100, 200, 1000);
79      cout << objB.getDataB_private() << endl;
80      cout << objB.getDataB_protected() << endl;
81
82      cout << objB.getDataFromA_protected() << endl;
83      cout << objB.sum() << endl;
84      return 0;
85  }
```

```
10
100
200
1000
1100
```

程式傳送衍生類別建構函式中的 d3 給基礎類別的建構函式，所以 dataA_protected 值為 1000。

練習題

12.2 若將 privateInheritance.cpp（第 12~29 頁）中基礎類別 A 的資料成員屬性改為 private，則程式應如何修改，其所得到的輸出結果和是相同的？

12.3 試問以下程式是否有錯誤？若有，請加以修正之。

```
//practice12-3.cpp
#include <iostream>
using namespace std;
class Person {
private:
    string name;
    int age;
public:
    Person();
    Person(string, int);
    void display();
};

Person::Person()
{
    name = "Unknown";
    age = 18;
}

Person::Person(string name, int age)
{
    this->name = name;
}

void Person::display()
{
    cout << "name: " << name << endl;
    cout << "age: " << age << endl;
}

class Student: private Person {
private:
    double gpa;

public:
    Student();
    Student(string, int, double);
    int getDataB_private();
```

```
    int getDataB_protected();
    void display();
};

Student::Student()
{
    name = "John";
    gpa = 3.0;
}

Student::Student(string name, int age, double gpa): Person(name, age)
{
    this->name = name;
    this->age = age;
    this->gpa = gpa;
}

void Student::display()
{
    cout << "name: " << name << endl;
    cout << "age: " << age << endl;
    cout << "GPA: " << gpa << endl;
}

int main()
{
    Person personObj;
    personObj.display();

    Student stuObjA;
    cout << "\nStudent class:" << endl;
    stuObjA.display();

    Student stuObjB("Linda", 20, 4.9);
    cout << "\nStudent class:" << endl;
    stuObjB.display();

    return 0;
}
```

12-4 解構函式的運作

在繼承的類別中解構函式運作順序是先執行衍生類別的解構函式後，再執行其繼承而來基礎類別的解構函式。也就是說，先自我銷毀再將其父類別銷毀。

範例程式：destructorOperation.cpp

```
01  #include <iostream>
02  using namespace std;
03
04  class Base
05  {
06  private:
07      int baseData;
08
09  public:
10      Base();
11      Base(int);
12      ~Base();
13      int getBaseData();
14  };
15
16  Base::Base()
17  {
18      cout << "inside Base::Base()" << endl;
19      cout << "executing base class constructor" << endl;
20      baseData = 1;
21  }
22
23  Base::Base(int data)
24  {
25      cout << "inside Base::Base(int data)" << endl;
26      cout << "executing base class constructor" << endl;
27      baseData = data;
28  }
29
30  Base::~Base()
31  {
32      cout << "inside Base::~Base()" << endl;
33      cout << "executing base class destructor" << endl;
34  }
35
36  int Base::getBaseData()
```

```
37  {
38      return baseData;
39  }
40
41  class Derived: public Base
42  {
43  private:
44      int derivedData;
45
46  public:
47      Derived();
48      Derived(int);
49      ~Derived();
50      int getDerivedData();
51  };
52
53  Derived::Derived()
54  {
55      cout << "inside Derived::Derived()" << endl;
56      cout << "executing Derived class constructor" << endl;
57      derivedData = 2;
58  }
59
60  Derived::Derived(int data)
61  {
62      cout << "inside Derived::Derived(int data)" << endl;
63      cout << "executing derived class constructor" << endl;
64      derivedData = data;
65  }
66
67  Derived::~Derived()
68  {
69      cout << "inside Derived::~Derived()" << endl;
70      cout << "executing derived class destructor" << endl;
71  }
72
73  int Derived::getDerivedData()
74  {
75      return derivedData;
76  }
77
78  int main()
79  {
80      cout << "create a bass class object: baseObj" << endl;
```

```
81      Base baseObj;
82      cout << "base class data is " << baseObj.getBaseData() << endl;
83
84      cout << endl;
85      cout << "create a derived class object: derivedObj(88)" << endl;
86      Derived derivedObj(88);
87      cout << "derived class data is " << derivedObj.getDerivedData()
88          << endl;
89
90      cout << endl;
91      return 0;
92  }
```

```
create a bass class object: baseObj
inside Base::Base()
executing base class constructor
base class data is 1

create a derived class object: derivedObj(88)
inside Base::Base()
executing base class constructor
inside Derived::Derived(int data)
executing derived class constructor
derived class data is 88

inside Derived::~Derived()
executing derived class destructor
inside Base::~Base()
executing base class destructor
inside Base::~Base()
executing base class destructor
```

輸出結果最後有兩次執行基礎類別的 destructor，倒數第二個是衍生類別 derivedObj 所繼承的基礎類別的解構函式，而最後一個是 baseObj 基礎類別本身執行的 destructor。

12-5 多重繼承

多重繼承（multiple inheritance）表示一個類別繼承了多個類別，此時的運作和單一繼承稍微難了一些。假設有一類別的繼承圖，如圖 12-5 所示：

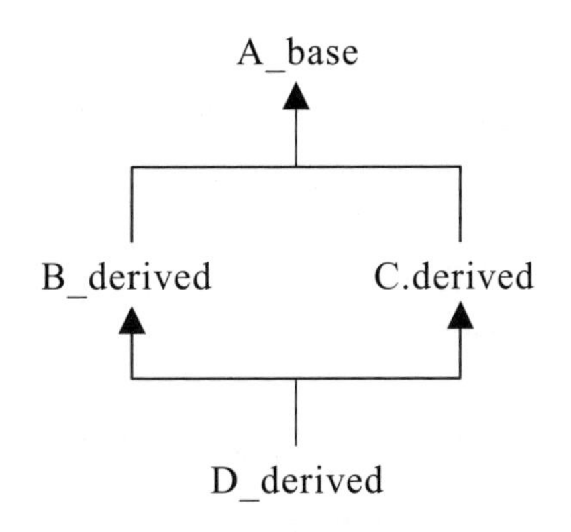

圖 12-5 多重繼承示意圖

類別 A_base 是基礎類別，B_derived 和 C_derived 類別是繼承 A_base 類別，但皆是單一繼承，而 D_derived 繼承了 B_derived 和 C_derived 類別，所以它是多重繼承。我們來看範例程式 multipleInheritance-1.cpp。

我們來看程式的撰寫，今有一 A_base 的 UML 類別圖，如圖 12-6 所示：

A_base 類別	說明
#name: string	名稱
A_base(string) getName(): string	A_base 類別的建構函式 回傳類別的 name 資料成員

圖 12-6 A_base 的 UML 類別圖

B_derived 的 UML 類別圖，如圖 12-7 所示：

B_derived: public A_base	說明
#bData: int	B_derived 類別的資料成員
B_derived(string, int) show(): void	B_derived 類別的建構函式 輸出 name 和 bData 資料

圖 12-7 B_derived 的 UML 類別圖

C_derived 的 UML 類別圖，如圖 12-8 所示：

C_derived: public A_base	說明
#cData: int	C_derived 類別的資料成員
C_derived(string, int) show(): void	C_derived 類別的建構函式 輸出 name 和 cData 資料

圖 12-8 C_derived 的 UML 類別圖

D_derived 的 UML 類別圖，如圖 12-9 所示：

D_derived: public B_derived, public C_derived	說明
#dData: int	D_derived 類別的資料成員
D_derived(string, int) show(): void	D_derived 類別的建構函式 輸出 name、bData、cData 與 dData 資料

圖 12-9 D_derived 的 UML 類別圖

上述的 UML 圖對應的程式如範例程式 multipleInheritance-1.cpp 所示：

範例程式：multipleInheritance-1.cpp

```
01  #include <iostream>
02  using namespace std;
03
04  class A_base {
05  protected:
06      string name;
07  public:
08      A_base(string);
09      string getName();
10  };
11
12  A_base::A_base(string name)
13  {
14      this->name = name;
15  }
16
17  string A_base::getName()
18  {
19      return name;
20  }
21
```

```
22  class B_derived: public A_base {
23  protected:
24      int bData;
25  public:
26      B_derived(string, int);
27      void show();
28  };
29
30  B_derived::B_derived(string name, int bData): A_base(name)
31  {
32      this->bData = bData;
33  }
34
35  void B_derived::show()
36  {
37      cout << "\nB_derived class:" << endl;
38      cout << "name:" << getName() << endl;
39      cout << "bData:" << bData << endl;
40  }
41
42  class C_derived: public A_base {
43  protected:
44      int cData;
45  public:
46      C_derived(string, int);
47      void show();
48  };
49
50  C_derived::C_derived(string name, int cData): A_base(name)
51  {
52      this->cData = cData;
53  }
54
55  void C_derived::show()
56  {
57      cout << "\nC_derived class:" << endl;
58      cout << "name:" << getName() << endl;
59      cout << "cData:" << cData << endl;
60  }
61
62  class D_derived: public B_derived, public C_derived {
63  private:
64      int dData;
65  public:
```

```
66        D_derived(string, int, int, int);
67        void show();
68    };
69
70    D_derived::D_derived(string name, int bData, int cData, int dData):
71                          B_derived(name, bData), C_derived(name, cData)
72    {
73        this->dData = dData;
74    }
75
76    void D_derived::show()
77    {
78        cout << "\nD_derived class:" << endl;
79        cout << "bData:" << bData << endl;
80        cout << "cData:" << cData << endl;
81        cout << "dData:" << dData << endl;
82    }
83
84    int main()
85    {
86        A_base objA("Base class A");
87        cout << objA.getName() << endl;
88
89        B_derived objB("Derived class B", 100);
90        objB.show();
91
92        C_derived objC("Derived class C", 200);
93        objC.show();
94
95        D_derived objD("Derived class D", 20, 30, 40);
96        cout << endl << objD.B_derived::getName();
97        cout << endl << objD.C_derived::getName();
98        objD.show();
99
100       return 0;
101   }
```

```
Base class A

B_derived class:
name:Derived class B
bData:100
```

```
C_derived class:
name:Derived class C
cData:200

Derived class D
Derived class D
D_derived class:
bData:20
cData:30
dData:40
```

要注意的是在 B_derived 和 C_derived 類別中，各擁有 A_base 的 name 資料成員和 getName()函式成員，因此當 D_derived 類別要擷取 name 時，需要特別註明是從 B_derived 或是 C_derived 類別中取得的。如範例程式中的

```
cout << endl << objD.B_derived::getName();
cout << endl << objD.C_derived::getName();
```

有一方法可以使得 B_derived 和 C_derived 類別共同擁有 A_base 的 name，那就是在繼承 A_base 類別時，加以 virtual 關鍵字。由於 B_derived 和 C_derived 類別是以 virtual 方式繼承 A_base 類別，所以 A_base 下的 aData 資料成員是共用的。由於 A_base 的 name 現在只有一份，由 B_derived 和 C_derived 共享之，因此在程式的撰寫上，D_derived 類別就不需要再註明從 B_derived 或是 C_derived 類別得到的 name。如範例程式 virtualBase.cpp 所示：

範例程式：virtualBase.cpp

```
01  #include <iostream>
02  using namespace std;
03
04  class A_base {
05  protected:
06      string name;
07  public:
08      A_base(string);
09      string getName();
10  };
11
12  A_base::A_base(string name)
13  {
14      this->name = name;
15  }
```

```
16
17  string A_base::getName()
18  {
19      return name;
20  }
21
22  class B_derived: virtual public A_base {
23  protected:
24      int bData;
25  public:
26      B_derived(string, int);
27      void show();
28  };
29
30  B_derived::B_derived(string name, int bData): A_base(name)
31  {
32      this->bData = bData;
33  }
34
35  void B_derived::show()
36  {
37      cout << "\nB_derived class:" << endl;
38      cout << "name:" << getName() << endl;
39      cout << "bData:" << bData << endl;
40  }
41
42  class C_derived: virtual public A_base {
43  protected:
44      int cData;
45  public:
46      C_derived(string, int);
47      void show();
48  };
49
50  C_derived::C_derived(string name, int cData): A_base(name)
51  {
52      this->cData = cData;
53  }
54
55  void C_derived::show()
56  {
57      cout << "\nC_derived class:" << endl;
58      cout << "name:" << getName() << endl;
59      cout << "cData:" << cData << endl;
```

```
60  }
61
62  class D_derived: public B_derived, public C_derived {
63  private:
64      int dData;
65  public:
66      D_derived(string, int, int, int);
67      void show();
68  };
69
70  D_derived::D_derived(string name, int bData, int cData, int. dData):
    A_base(name), B_derived(name, bData), C_derived(name, cData)
71  {
72      this->dData = dData;
73  }
74
75  void D_derived::show()
76  {
77      cout << "\nD_derived class:" << endl;
78      cout << "bData:" << bData << endl;
79      cout << "cData:" << cData << endl;
80      cout << "dData:" << dData << endl;
81  }
82
83  int main()
84  {
85      A_base objA("Base class A");
86      cout << objA.getName() << endl;
87
88      B_derived objB("Derived class B", 100);
89      objB.show();
90
91      C_derived objC("Derived class C", 200);
92      objC.show();
93
94      D_derived objD("Derived class D", 20, 30, 40);
95      cout << endl << objD.getName();
96      cout << endl << objD.getName();
97      objD.show();
98
99      return 0;
100 }
```

```
Base class A

B_derived class:
name:Derived class B
bData:100

C_derived class:
name:Derived class C
cData:200

Derived class D
Derived class D
D_derived class:
bData:20
cData:30
dData:40
```

要注意的是，在 D_derived 的建構函式的初始串列中，要加上 A_base(name)，在 main() 函式中就可直接利用 getName() 得到 name。

練習題

12.4 試問下一程式的輸出結果。

```
//practice12-4.cpp
#include <iostream>
using namespace std;

class A_base {
private:
    string name;
public:
    A_base();
    void setName(string);
    string getName();
};

A_base::A_base()
{
    cout << "Executing A_base constructor" << endl;
}
```

```
void A_base::setName(string name)
{
    this->name = name;
}

string A_base::getName()
{
    return name;
}

class B_derived: public A_base {
protected:
    int bData;
public:
    B_derived(int);
    void show();
};

B_derived::B_derived(int bData)
{
    this->bData = bData;
}

void B_derived::show()
{
    cout << "in B_derived class:" << endl;
    cout << "name:" << getName() << endl;
    cout << "bData:" << bData << endl;
}

class C_derived: public A_base {
protected:
    int cData;
public:
    C_derived(int);
    void show();
};
```

```
C_derived::C_derived(int cData)
{
    this->cData = cData;
}

void C_derived::show()
{
    cout << "in C_derived class:" << endl;
    cout << "name:" << getName() << endl;
    cout << "cData:" << cData << endl << endl;
}

class D_derived: public B_derived, public C_derived {
private:
    int dData;
public:
    D_derived(int, int, int);
    void show();
};

D_derived::D_derived(int bData, int cData, int dData):
B_derived(bData), C_derived(cData)
{
    this->dData = dData;
}

void D_derived::show()
{
    cout << "in D_derived class:" << endl;
    cout << "name:" << C_derived::getName() << endl;
    cout << "bData:" << bData << endl;
    cout << "cData:" << cData << endl;
    cout << "dData:" << dData << endl << endl;
}

int main()
{
    A_base objA;
    objA.setName("A_base class");
```

```
    cout << objA.getName() << endl;

    B_derived objB(100);
    objB.setName("B_derived class");
    objB.show();

    C_derived objC(200);
    objC.setName("C_derived class");
    objC.show();

    D_derived objD(20, 30, 40);
    objD.C_derived::setName("D_derived class");
    objD.show();

    return 0;
}
```

12.5 若將練習題 12.4 中 B_derived 和 C_derived 共享 A_base 類別的成員時，程式應如何修改，使其最後的輸出結果和練習題 12.4 是一樣的？

12-6 練習題解答

12.1 粗體部分是修正部分

```
//practice12-1cpp
#include <iostream>
#include <iomanip>
#include <cstring>
#include <string>
using namespace std;
#define PI 3.14159

//基礎類別 Point 類別
class Point {
protected:
    int x, y;
    string color;
    string filled;
```

```
public:
    Point(int x=1, int y=1, string color="red", string filled="yes");
    int getX();
    int getY();
    void setX(int);
    void setY(int);
    void setXandY(int, int);
    string getColor();
    void setColor(string);
    string getFilled();
    void setFilled(string);
    void show();
};

//Circle 衍生類別繼承了 Point 基礎類別
class Circle: public Point {
private:
    int radius;
public:
    Circle(int r=1, int x=1, int y=1, string color="red",
                                   string filled="yes");
    int getRadius();
    double getPerimeter();
    double getArea();
    void show();
};

//Rectangle 衍生類別繼承了 Point 基礎類別
class Rectangle: public Point {
private:
    int length, width;
public:
    Rectangle(int len=1, int wid=1, int x=1, int y=1, string
              color="red",string filled="yes");
    int getLength();
    int getWidth();
    void setLength(int);
    void setWidth(int);
```

```
    double getPerimeter();
    double getArea();
    void show();
};

//Base class Point's constructor
Point::Point(int a, int b, string color2, string filled2)
{
    cout << "calling Point class costructor now" << endl;
    x = a;
    y = b;
    color = color2;
    filled = filled2;
}

int Point::getX()
{
    return x;
}

int Point::getY()
{
    return y;
}

void Point::setX(int x2)
{
    x = x2;
}

void Point::setY(int y2)
{
    y = y2;
}

void Point::setXandY(int a, int b)
{
    x = a;
    y = b;
```

```
}

string Point::getColor()
{
    return color;
}

void Point::setColor(string c)
{
    color = c;
}

string Point::getFilled()
{
    return filled;
}

void Point::setFilled(string f)
{
    filled = f;
}

void Point::show()
{
    cout << "coordinate: (" << x << ", " << y << ")" << endl;
    cout << "color: " << color << endl;
    cout << "filled: " << filled << endl << endl;
}

//derived class Circle’s constructor
Circle::Circle(int r, int x, int y, string color, string filled):
Point(x, y, color, filled)
{
    cout << "calling Circle class costructor now" << endl;
    radius = r;
}

int Circle::getRadius()
{
```

```
    return radius;
}

double Circle::getPerimeter()
{
    return 2*PI*radius;
}

double Circle::getArea()
{
    return PI*radius*radius;
}

void Circle::show()
{
    cout << "center: (" << x << ", " << y << ")" << endl;
    cout << "radius: " << radius << endl;
    cout << "perimeter: " << getPerimeter() << endl;
    cout << "area: " << getArea() << endl;
    cout << "color: " << color << endl;
    cout << "filled: " << filled << endl << endl;
}

//derived class Rectangle's constructor
Rectangle::Rectangle(int len, int wid, int x, int y, string color,
string filled): Point(x, y, color, filled)
{
    cout << "calling Rectangle class costructor now" << endl;
    length = len;
    width = wid;
}

//getter
int Rectangle::getLength()
{
    return length;
}

int Rectangle::getWidth()
```

```
{
    return width;
}

//setter
void Rectangle::setLength(int len)
{
    length = len;
}

void Rectangle::setWidth(int wid)
{
    width = wid;
}

double Rectangle::getPerimeter()
{
    return 2*(length+width);
}

double Rectangle::getArea()
{
    return length*width;
}

void Rectangle::show()
{
    cout << "left top: (" << x << ", " << y << ")" << endl;
    cout << "length: " << length << endl;
    cout << "width: " << width << endl;
    cout << "perimeter: " << getPerimeter() << endl;
    cout << "area: " << getArea() << endl;
    cout << "color: " << color << endl;
    cout << "filled: " << filled << endl << endl;
}

int main()
{
    double perimeter, area;
```

```
    Circle c1;
    perimeter = c1.getPerimeter();
    area = c1.getArea();
    cout << "c1 object information: " << endl;
    c1.show();

    Circle c2(5);
    c2.setX(10);
    c2.setY(20);
    c2.setColor("blue");
    c2.setFilled("No");
    cout << "c2 object information: " << endl;
    c2.show();

    Circle c3(10, 6, 8, "yellow", "yes");
    cout << "c3 object information: " << endl;
    c3.show();

    Rectangle r1;
    cout << "r1 object information: " << endl;
    r1.show();

    //call setter
    r1.setX(10);
    r1.setY(10);
    r1.setLength(5);
    r1.setWidth(7);
    r1.setColor("orange");
    r1.setFilled("no");
    cout << "r1 object information: " << endl;
    r1.show();

    Rectangle r2(6, 10, 3, 2, "purple", "yes");
    cout << "r2 object information: " << endl;
    r2.show();
    return 0;
}
```

此程式由於基礎類別 Point 中的資料成員 x、y、color、filled 為 protected，所以在衍生類別 Circle 或是 Rectangle 類別，皆可以直接存取之，不需要藉助 Point 類別的 public 成員函式存取之。

12.2
```
//privateInheritance2.cpp
#include <iostream>
using namespace std;
class A {
private:
    int dataA_private;
public:
    A();
    A(int);
    int getDataA_private();
};

A::A()
{
    dataA_private = 1;
}

A::A(int d1)
{
    dataA_private = d1;
}

int A::getDataA_private()
{
    return dataA_private;
}

class B: private A {
private:
    int dataB_private;
protected:
    int dataB_protected;
public:
    B();
    B(int, int);
```

```
    int getDataB_private();
    int getDataB_protected();
    int getDataFromA_private();
    int sum();
};

B::B()
{
    dataB_private = 1;
    dataB_protected = 1;
}

B::B(int d1, int d2)
{
    dataB_private = d1;
    dataB_protected = d2;
}

int B::getDataB_private()
{
    return dataB_private;
}

int B::getDataB_protected()
{
    return dataB_protected;
}

int B::getDataFromA_private()
{
    return getDataA_private();
}

int B::sum()
{
    //不可以直接擷取 dataA_private，必須使用 getDataA_private()來完成
    return (getDataA_private() + dataB_private);
}
```

```
int main()
{
    A objA(10);
    cout << objA.getDataA_private() << endl;

    B objB(100, 200);
    cout << objB.getDataB_private() << endl;
    cout << objB.getDataB_protected() << endl;
    cout << objB.getDataFromA_private() << endl;
    cout << objB.sum() << endl;
    return 0;
}
```

注意，dataA_private 在類別 B 中，不可以直接存取，只能利用 getDataA_private()成員函式存取之。

12.3
```
//practice12-3.cpp
#include <iostream>
using namespace std;
class Person {
private:
    string name;
    int age;
public:
    Person();
    Person(string, int);
    string getName();
    int getAge();
    void setName(string);
    void setAge(int);
    void display();
};

Person::Person()
{
    name = "Unknown";
    age = 18;
}
```

```
Person::Person(string name, int age)
{
    this->name = name;
}

string Person::getName()
{
    return name;
}

int Person::getAge()
{
    return age;
}

void Person::setName(string name)
{
    this->name = name;
}

void Person::setAge(int age)
{
    this->age = age;
}

void Person::display()
{
    cout << "name: " << name << endl;
    cout << "age: " << age << endl;
}

class Student: private Person {
private:
    double gpa;

public:
    Student();
    Student(string, int, double);
    int getDataB_private();
    int getDataB_protected();
```

```
    void display();
};

Student::Student()
{
    setName("John");
    gpa = 3.0;
}

Student::Student(string name, int age, double gpa): Person(name, age)
{
    setName(name);
    setAge(age);
    this->gpa = gpa;
}

void Student::display()
{
    cout << "name: " << getName() << endl;
    cout << "age: " << getAge() << endl;
    cout << "GPA: " << gpa << endl;
}

int main()
{
    Person personObj;
    personObj.display();

    Student stuObjA;
    cout << "\nStudent class:" << endl;
    stuObjA.display();

    Student stuObjB("Linda", 20, 4.9);
    cout << "\nStudent class:" << endl;
    stuObjB.display();

    return 0;
}
```

解說：由於 Person 類別的 private 資料成員被 Student 類別以 private 屬性繼承後，是可以繼承但不能直接地存取，需要靠 Person 類別的成員函式來間接存取之，如程式中的粗體部分。

12.4
```
Executing A_base constructor
A_base class

Executing A_base constructor
in B_derived class:
name:B_derived class
bData:100

Executing A_base constructor
in C_derived class:
name:C_derived class
cData:200

Executing A_base constructor
Executing A_base constructor
in D_derived class:
name:D_derived class
bData:20
cData:30
dData:40
```

12.5 有粗體的地方是修改過的。

```
//practice12-5.cpp
#include <iostream>
using namespace std;

class A_base {
private:
    string name;
public:
    A_base();
    void setName(string);
    string getName();
};
```

```
A_base::A_base()
{
    cout << "Executing A_base constructor" << endl;
}

void A_base::setName(string name)
{
    this->name = name;
}

string A_base::getName()
{
    return name;
}

class B_derived: virtual public A_base {
protected:
    int bData;
public:
    B_derived(int);
    void show();
};

B_derived::B_derived(int bData)
{
    this->bData = bData;
}

void B_derived::show()
{
    cout << "in B_derived class:" << endl;
    cout << "name:" << getName() << endl;
    cout << "bData:" << bData << endl << endl;
}

class C_derived: virtual public A_base {
protected:
    int cData;
public:
```

```
    C_derived(int);
    void show();
};

C_derived::C_derived(int cData)
{
    this->cData = cData;
}

void C_derived::show()
{
    cout << "in C_derived class:" << endl;
    cout << "name:" << getName() << endl;
    cout << "cData:" << cData << endl << endl;
}

class D_derived: public B_derived, public C_derived {
private:
    int dData;
public:
    D_derived(int, int, int);
    void show();
};

D_derived::D_derived(int bData, int cData, int dData):
B_derived(bData), C_derived(cData)
{
    this->dData = dData;
}

void D_derived::show()
{
    cout << "in D_derived class:" << endl;
    cout << "name:" << getName() << endl;
    cout << "bData:" << bData << endl;
    cout << "cData:" << cData << endl;
    cout << "dData:" << dData << endl;
}
```

```
int main()
{
    A_base objA;
    objA.setName("A_base class");
    cout << objA.getName() << endl;

    B_derived objB(100);
    objB.setName("B_derived class");
    objB.show();

    C_derived objC(200);
    objC.setName("C_derived class");
    objC.show();

    D_derived objD(20, 30, 40);
    objD.setName("D_derived class");
    objD.show();

    return 0;
}
```

12-7 習題

1. 有一繼承的類別圖，如圖 12-10 所示：

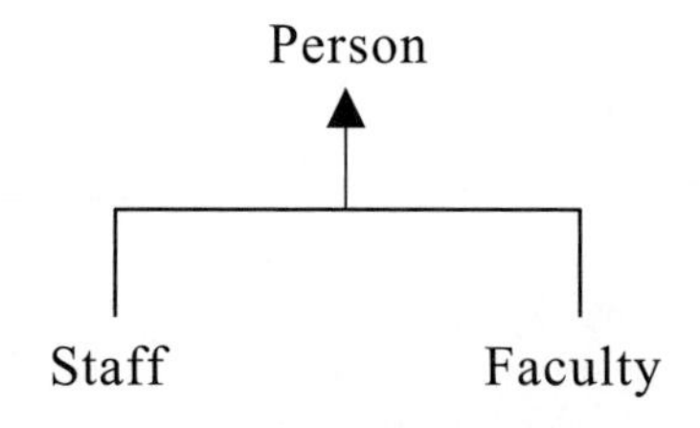

圖 12-10 Person、Staff 以及 Faculty 類別之間的繼承圖

Person 類別的 UML 的類別圖，如圖 12-11 所示：

Person 類別	說明
-id: int -name: string -seniority: int	識別碼 姓名 年資
+Person() +Person(int, string, int) +getId(): int +getName(): string +getSeniority(): int +setId(int): void +setSeniority(int): void +display(): void	Person 類別的預設建構函式 Person 類別的建構函式 回傳 id 回傳 name 回傳 seniority 設定 id 設定 seniority 顯示 id、name、seniority 之訊息

圖 12-11 Person 的 UML 類別圖

Staff 的 UML 類別圖，如圖 12-12 所示：

Staff 類別: Person 類別	說明
-office: string	行政單位
Staff(string, int, string, int) +getOffice(): string +display(): void	Staff 類別的建構函式 回傳行政單位 顯示 id、name、seniority，以及行政單位之訊息

圖 12-12 Staff 的 UML 類別圖

Faculty 的 UML 類別圖，如圖 12-13 所示：

Faculty 類別: Person 類別	說明
-department: string -title: string -major: string	學術單位 頭銜 主修
Faculty(string, string, string, int, string, int); +getDepartment(): string +getTitle(): string +getMajor(): string +display(): void	Faculty 類別的建構函式 回傳 department 回傳 title 回傳 major 顯示 id、name、seniority，department、title 以及 major 等訊息

圖 12-13 Faculty 的 UML 類別圖

請撰寫圖 12-11、12-12、12-13 所對應的程式，並加以測試之。

2. 延續第 10 章習題第 6 題的 TwoPoints 類別所建立二維空間的點座標。TwoPoints 類別有二個資料成員，計有 x 與 y，其表示 x 座標與 y 座標。二個對 x 與 y 的 get 成員函式，以及回傳兩點之間距離的成員函式。請以名為 ThreePoint 類別建立三度空間的座標。ThreePoint 類別繼承 TwoPoints，而且加入了以下的資料：

   - 資料項目 z，用以表示 z 座標。
   - 以預設的建構函式建立點(0, 0, 0)。
   - 以建構函式建立特定的三個點座標。
   - get 函式回傳 z 值。
   - 建立一名為 distance(ThreePoints&) 的函式，回傳此點與其他點之間的距離。

   請撰寫一測試程式，建立兩個點分別為 p1(1, 2, 3)與 p2(4, 8, 10)，然後顯示這兩點之間的距離。

   輸出樣本如下：

```
p1(1, 2, 3) 與 p2(4, 8, 10) 之間的距離: 9.695
```

3. 有一繼承圖如圖 12-14 所示：

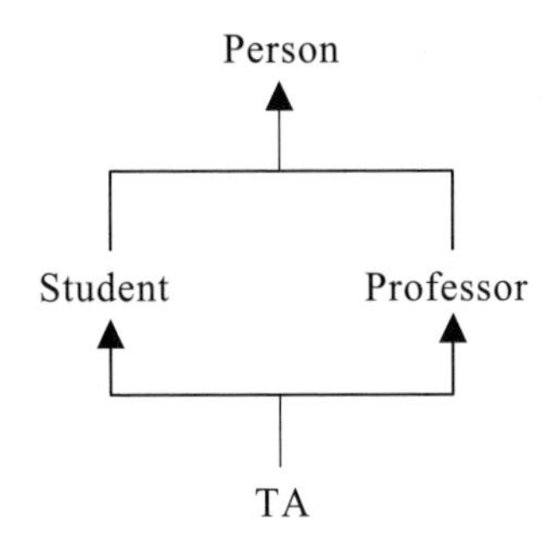

圖 12-14 Person、Student、Professor 以及 TA 類別之間的繼承圖

Pesrson 類別的 UML 類別圖如圖 12-15 所示：

Person 類別	說明
-name: string	姓名
+Person() +show(): void	Person 類別建構函式 顯示 Person 物件的資訊

圖 12-15 Person 類別的 UML 類別圖

Student 類別的 UML 類別圖如圖 12-16 所示：

Student 類別	說明
-GPA: double	成績平均績（Grade Point Average）
+Student() +show(): void	Student 類別建構函式 顯示 Student 物件的資訊

圖 12-16 Student 類別的 UML 類別圖

Professor 類別的 UML 類別圖如圖 12-17 所示：

Professor 類別	說明
-salary: double	薪資
+Professor() +show(): void	Professor 類別建構函式 顯示 Professor 物件的資訊

圖 12-17 Professor 類別的 UML 類別圖

TA 類別的 UML 類別圖如圖 12-18 所示：

TA 類別	說明
-course: double	助教的科目
+Professor() +show(): void	Professor 類別建構函式 顯示 Professor 物件的資訊

圖 12-18 TA 類別的 UML 類別圖

請撰寫其 UML 所對應的程式，並加以測試之。輸出樣本如下：

```
Person object:
name: John

Student object:
name: Mary
GPA: 4.1

Professor object:
name: Bright
salary: 210000

TA object:
name: Nancy
GPA: 4.5
salary: 20000
course: C++ programming
```

CHAPTER 13

多型

多型（polymorphism）是在繼承的情況下運作的，它是在執行期（run time）時依據當時的類別物件引發此類別的成員函式，這又稱為晚期繫結（late binding）。一般程式變數的屬性在編譯期（compile time）就綁定了，這稱為早期繫結（early binding）。它們各有優缺點，晚期繫結較具有彈性，但花的時間較長，相對地的早期繫結較沒有彈性，但花的時間較短。

13-1 virtual 關鍵字

我們使用範例程式 nonPolymorphism.cpp 來討論如何達到多型的效果。

範例程式：nonPolymorphism.cpp

```
01  #include <iostream>
02  #include <iomanip>
03  #include <cmath>
04  #include <string>
05  using namespace std;
06
07  class Point
08  {
09  protected:
10      int x, y;
11      string color;
12      string filled;
13
14  public:
```

```
15        Point(int x=1, int y=1, string color="white", string filled="no");
16        //getter
17        int getX();
18        int getY();
19        string getColor();
20        string getFilled();
21
22        //setter
23        void setX(int);
24        void setY(int);
25        void setColor(string);
26        void setFilled(string);
27
28        //pure virtual function
29        double getPerimeter();
30        double getArea();
31        void show();
32    };
33
34    class Circle: public Point
35    {
36    private:
37        int radius;
38
39    public:
40        Circle(int r=1, int x=1, int y=1, string color="red",
41                string filled="yes");
42        //getter
43        int getRadius();
44
45        //setter
46        void setRadius(int);
47
48        //compute perimeter and area
49        double getPerimeter();
50        double getArea();
51        void show();
52    };
53
54    class Rectangle: public Point {
55    private:
56        int length, width;
57    public:
```

```
58        Rectangle(int len=1, int wid=1, int x=1, int y=1,
59                  string color="None",string filled="no");
60        //getter
61        int getLength();
62        int getWidth();
63
64        //setter
65        void setLength(int);
66        void setWidth(int);
67
68        //compute perimeter and area
69        double getPerimeter();
70        double getArea();
71        void show();
72    };
73
74    //base class: Point
75    //Point's constructor
76    Point::Point(int a, int b, string color2, string filled2)
77    {
78        cout << "calling Point class constructor now" << endl;
79        x = a;
80        y = b;
81        color = color2;
82        filled = filled2;
83    }
84
85    //getter definition
86    int Point::getX()
87    {
88        return x;
89    }
90
91    int Point::getY()
92    {
93        return y;
94    }
95
96    string Point::getColor()
97    {
98        return color;
99    }
100
```

```
101  string Point::getFilled()
102  {
103      return filled;
104  }
105
106  //setter definition
107  void Point::setX(int x2)
108  {
109      x = x2;
110  }
111
112  void Point::setY(int y2)
113  {
114      y = y2;
115  }
116
117  void Point::setColor(string c)
118  {
119      color = c;
120  }
121
122  void Point::setFilled(string f)
123  {
124      filled = f;
125  }
126
127  double Point::getPerimeter()
128  {
129      return 1;
130  }
131
132  double Point::getArea()
133  {
134      return 1;
135  }
136
137  void Point::show()
138  {
139      cout << "coordinate: (" << x << ", " << y << ")" << endl;
140      cout << "color: " << color << endl;
141      cout << "filled: " << filled << endl;
142  }
143
```

```
144  //derived class: Circle
145  //Circle's constructor
146  Circle::Circle(int r, int x, int y, string color, string filled):
147  Point(x, y, color, filled)
148  {
149      cout << "calling Circle class constructor now" << endl;
150      radius = r;
151  }
152
153  //getter definition
154  int Circle::getRadius()
155  {
156      return radius;
157  }
158
159  //setter definition
160  void Circle::setRadius(int r)
161  {
162      radius = r;
163  }
164
165  //compute circle's perimeter and area
166  double Circle::getPerimeter()
167  {
168      return 2*M_PI*radius;
169  }
170
171  double Circle::getArea()
172  {
173      return M_PI*radius*radius;
174  }
175
176  void Circle::show()
177  {
178      cout << "center: (" << x << ", " << y << ")" << endl;
179      cout << "radius: " << radius << endl;
180      cout << "color: " << color << endl;
181      cout << "filled: " << filled << endl;
182  }
183
184  //derived class: Rectangle
185  //Rectangle's constructor
186  Rectangle::Rectangle(int len, int wid, int x, int y, string color,
```

```
187  string filled): Point(x, y, color, filled)
188  {
189      cout << "calling Rectangle class constructor now" << endl;
190      length = len;
191      width = wid;
192  }
193
194  //getter definition
195  int Rectangle::getLength()
196  {
197      return length;
198  }
199
200  int Rectangle::getWidth()
201  {
202      return width;
203  }
204
205  //setter definition
206  void Rectangle::setLength(int len)
207  {
208      length = len;
209  }
210
211  void Rectangle::setWidth(int wid)
212  {
213      width = wid;
214  }
215
216  //compute rectangle's perimeter and area
217  double Rectangle::getPerimeter()
218  {
219      return 2*(length+width);
220  }
221
222  double Rectangle::getArea()
223  {
224      return length*width;
225  }
226
227  void Rectangle::show()
228  {
229      cout << "left top: (" << x << ", " << y << ")" << endl;
```

```
230        cout << "length: " << length << endl;
231        cout << "width: " << width << endl;
232        cout << "color: " << color << endl;
233        cout << "filled: " << filled << endl;
234    }
235
236    //display object perimeter and area
237    void displayData(Point &obj)
238    {
239        obj.show();
240        cout << "perimeter: " << obj.getPerimeter() << endl;
241        cout << "area: " << obj.getArea() << endl << endl;
242    }
243
244    int main()
245    {
246        Point p1;
247        displayData(p1);
248
249        Circle c1;
250        cout << fixed << setprecision(2);
251        cout << "circle c1 object information:" << endl;
252        displayData(c1);
253
254        Circle c3(10, 6, 8, "yellow", "yes");
255        cout << "circle c3 object information:" << endl;
256        displayData(c3);
257
258        Rectangle r2(6, 10, 3, 2, "purple", "yes");
259        cout << "rectangle r2 object information:" << endl;
260        displayData(r2);
261        return 0;
262    }
```

```
calling Point class constructor now
coordinate: (1, 1)
color: white
filled: no
perimeter: 1
area: 1

calling Point class constructor now
calling Circle class constructor now
```

```
circle c1 object information:
coordinate: (1, 1)
color: red
filled: yes
perimeter: 1.00
area: 1.00

calling Point class constructor now
calling Circle class constructor now
circle c3 object information:
coordinate: (6, 8)
color: yellow
filled: yes
perimeter: 1.00
area: 1.00

calling Point class constructor now
calling Rectangle class constructor now
rectangle r2 object information:
coordinate: (3, 2)
color: purple
filled: yes
perimeter: 1.00
area: 1.00
```

在 Point、Circle，以及 Rectangle 這三個類別中，皆有 show()、getPerimeter()，以及 getArea()成員函式，今以

```
void displayData(Point &obj);
```

函式負責印出這三個類別相關的訊息、周長（perimeter）和面積（area）。要注意的是，此函式的參數是基礎類別的型態。但從輸出結果看出，這三個類別的周長和面積都是 1，而且都印出基礎類別的座標（coordinate），而不是圓心（center）或是左上角（left top）等等，為什麼呢？因為我們沒告訴編譯器要執行期間（run time）做晚期繫結（late binding），所以在編譯期間（compile time）就綁定了基礎類別，此稱為早期繫結（early binding），因此都是執行 Point 類別的訊息、周長和面積。早期繫結執行速度較晚期繫結來得快，但晚期繫結比早期繫結較有彈性。

為了讓編譯器執行晚期繫結，C++ 利用 virtual 關鍵字來完成，你只要在上述範例程式 nonPolymorphism.cpp 的基礎類別中，將下列三條敘述加上 virtual。

```
double getPerimeter();
double getArea();
void show();
```

加上 virtual 就可以了，如下所示：

```
virtual double getPerimeter();
virtual double getArea();
virtual void show();
```

請看以下修改過後的程式，如範例程式 polymorphism.cpp 所示：

範例程式：polymorphism.cpp

```
01  #include <iostream>
02  #include <iomanip>
03  #include <cmath>
04  #include <string>
05  using namespace std;
06
07  class Point
08  {
09  private:
10      int x, y;
11      string color;
12      string filled;
13
14  public:
15      Point(int x=1, int y=1, string color="white", string filled="no");
16      //getter
17      int getX();
18      int getY();
19      string getColor();
20      string getFilled();
21
22      //setter
23      void setX(int);
24      void setY(int);
25      void setColor(string);
26      void setFilled(string);
```

```
27
28      //using virtual function to calculate perimeter and area
29      virtual double getPerimeter();
30      virtual double getArea();
31      virtual void show();
32  };
33  ...
34  ...
35  ...
36  int main()
37  {
38      Point p1;
39      displayData(p1);
40
41      Circle c1;
42      cout << fixed << setprecision(2);
43      cout << "circle c1 object information:" << endl;
44      displayData(c1);
45
46      Circle c3(10, 6, 8, "yellow", "yes");
47      cout << "circle c3 object information:" << endl;
48      displayData(c3);
49
50      Rectangle r2(6, 10, 3, 2, "purple", "yes");
51      cout << "rectangle r2 object information:" << endl;
52      displayData(r2);
53      return 0;
54  }
```

上述的 ... 表示此程式的其餘的部分與 nonPolymorphism.cpp 範例程式相同，在此不再列出，請你修改並執行之。以下是其執行結果：

```
calling Point class constructor now
coordinate: (1, 1)
color: white
filled: no
perimeter: 1
area: 1

calling Point class constructor now
calling Circle class constructor now
circle c1 object information:
center: (1, 1)
```

```
radius: 1
color: red
filled: yes
perimeter: 6.28
area: 3.14

calling Point class constructor now
calling Circle class constructor now
circle c3 object information:
center: (6, 8)
radius: 10
color: yellow
filled: yes
perimeter: 62.83
area: 314.16

calling Point class constructor now
calling Rectangle class constructor now
rectangle r2 object information:
left top: (3, 2)
length: 6
width: 10
color: purple
filled: yes
perimeter: 32.00
area: 60.00
```

在 nonPolymorphism.cpp 和 polymorphism.cpp 程式中的 displayData() 函式

```
void displayData(Point &obj)
{
    cout << "The perimeter is " << obj.getPerimeter() << endl;
    cout << "The area is " << obj.getArea() << endl << endl;
}
```

可以將參數為參考型態改為指標型態，如下所示：

```
void displayData(Point *obj)
{
    obj->show();
    cout << "The perimeter is " << obj->getPerimeter() << endl;
    cout << "The area is " << obj->getArea() << endl << endl;
}
```

由於形式參數是指標型態，所以呼叫此 displayData()函式時，必須傳送位址的實際參數才可。如下所示：

```
int main()
{
    Point p1;
    displayData(&p1);

    Circle c1;
    double perimeter, area;
    c1.show();
    cout << "The radius is " << c1.getRadius() << endl;
    cout << fixed << setprecision(2);
    displayData(&c1);

    Circle c3(10, 6, 8, "yellow", "yes");
    cout << "The center of Circle c3 is (" << c3.getX() << ", "
                    << c3.getY() << ")" << endl;
    cout << "The color of c3 is " << c3.getColor() << endl;
    cout << "The filled of c3 is " << c3.getFilled() << endl;
    cout << "The radius is " << c3.getRadius() << endl;
    cout << fixed << setprecision(2);
    displayData(&c3);

    Rectangle r2(6, 10, 3, 2, "purple", "yes");
    cout << "The left top of rectangle r2 is (" << r2.getX() << ", " <<
            r2.getY() << ")" << endl;
    cout << "The color of r2 is " << r2.getColor() << endl;
    cout << "The filled of r2 is " << r2.getFilled() << endl;
    cout << "The length of r2 is " << r2.getLength() << endl;
    cout << "The width of r2 is " << r2.getWidth() << endl;
    displayData(&r2);
    return 0;
}
```

請你自行修改後加以執行之，看看是否輸出結果是否相同。

13-2 抽象類別

當類別中只要有成員函式若是 virtual 時，而且又是等於 0，則稱為純虛擬函式（pure virtual function），若含有純虛擬函式的類別，則稱此類別為抽象類別（abstract class）。必須注意的是，抽象類別是不可以建立物件的，而且必須在衍生類別中加以定義才可。

我們以上一範例來說，在 Point 類別中的 getPerimeter()和 getArea()，要定義它要做什麼是沒有意義的，所以我們可以將它定義為抽象類別。如範例程式 abstractClass.cpp 所示，請注意程式中有粗體的部分。

範例程式：abstractClass.cpp

```
01  #include <iostream>
02  #include <iomanip>
03  #include <cmath>
04  #include <string>
05  using namespace std;
06
07  class Point
08  {
09  protected:
10      int x, y;
11      string color;
12      string filled;
13
14  public:
15      Point(int x=1, int y=1, string color="white", string filled="no");
16      //getter
17      int getX();
18      int getY();
19      string getColor();
20      string getFilled();
21
22      //setter
23      void setX(int);
24      void setY(int);
25      void setColor(string);
26      void setFilled(string);
27
28      //pure virtual function
```

```
29        virtual double getPerimeter() = 0;
30        virtual double getArea() = 0;
31        virtual void show();
32    };
33
34    class Circle: public Point
35    {
36    private:
37        int radius;
38
39    public:
40        Circle(int r=1, int x=1, int y=1, string color="red",
41                string filled="yes");
42        //getter
43        int getRadius();
44
45        //setter
46        void setRadius(int);
47
48        //compute perimeter and area
49        double getPerimeter();
50        double getArea();
51        void show();
52    };
53
54    class Rectangle: public Point {
55    private:
56        int length, width;
57    public:
58        Rectangle(int len=1, int wid=1, int x=1, int y=1,
59                  string color="None",string filled="no");
60        //getter
61        int getLength();
62        int getWidth();
63
64        //setter
65        void setLength(int);
66        void setWidth(int);
67
68        //compute perimeter and area
69        double getPerimeter();
70        double getArea();
71        void show();
```

```
72  };
73
74  //base class: Point
75  //Point's constructor
76  Point::Point(int a, int b, string color2, string filled2)
77  {
78      cout << "calling Point class constructor now" << endl;
79      x = a;
80      y = b;
81      color = color2;
82      filled = filled2;
83  }
84
85  //getter definition
86  int Point::getX()
87  {
88      return x;
89  }
90
91  int Point::getY()
92  {
93      return y;
94  }
95
96  string Point::getColor()
97  {
98      return color;
99  }
100
101 string Point::getFilled()
102 {
103     return filled;
104 }
105
106 //setter definition
107 void Point::setX(int x2)
108 {
109     x = x2;
110 }
111
112 void Point::setY(int y2)
113 {
114     y = y2;
```

```
115  }
116
117  void Point::setColor(string c)
118  {
119      color = c;
120  }
121
122  void Point::setFilled(string f)
123  {
124      filled = f;
125  }
126
127  void Point::show()
128  {
129      cout << "coordinate: (" << x << ", " << y << ")" << endl;
130      cout << "color: " << color << endl;
131      cout << "filled: " << filled << endl;
132  }
133
134  //derived class: Circle
135  //Circle's constructor
136  Circle::Circle(int r, int x, int y, string color, string filled):
137  Point(x, y, color, filled)
138  {
139      cout << "calling Circle class constructor now" << endl;
140      radius = r;
141  }
142
143  //getter definition
144  int Circle::getRadius()
145  {
146      return radius;
147  }
148
149  //setter definition
150  void Circle::setRadius(int r)
151  {
152      radius = r;
153  }
154
155  //compute circle's perimeter and area
156  double Circle::getPerimeter()
157  {
```

```
158        return 2*M_PI*radius;
159    }
160
161    double Circle::getArea()
162    {
163        return M_PI*radius*radius;
164    }
165
166    void Circle::show()
167    {
168        cout << "center: (" << x << ", " << y << ")" << endl;
169        cout << "radius: " << radius << endl;
170        cout << "color: " << color << endl;
171        cout << "filled: " << filled << endl;
172    }
173
174    //derived class: Rectangle
175    //Rectangle's constructor
176    Rectangle::Rectangle(int len, int wid, int x, int y, string color,
177    string filled): Point(x, y, color, filled)
178    {
179        cout << "calling Rectangle class constructor now" << endl;
180        length = len;
181        width = wid;
182    }
183
184    //getter definition
185    int Rectangle::getLength()
186    {
187        return length;
188    }
189
190    int Rectangle::getWidth()
191    {
192        return width;
193    }
194
195    //setter definition
196    void Rectangle::setLength(int len)
197    {
198        length = len;
199    }
200
```

```
201  void Rectangle::setWidth(int wid)
202  {
203      width = wid;
204  }
205  
206  //compute rectangle's perimeter and area
207  double Rectangle::getPerimeter()
208  {
209      return 2*(length+width);
210  }
211  
212  double Rectangle::getArea()
213  {
214      return length*width;
215  }
216  
217  void Rectangle::show()
218  {
219      cout << "left top: (" << x << ", " << y << ")" << endl;
220      cout << "length: " << length << endl;
221      cout << "width: " << width << endl;
222      cout << "color: " << color << endl;
223      cout << "filled: " << filled << endl;
224  }
225  
226  //display object perimeter and area
227  void displayData(Point *obj)
228  {
229      obj->show();
230      cout << "perimeter: " << obj->getPerimeter() << endl;
231      cout << "area: " << obj->getArea() << endl << endl;
232  }
233  
234  int main()
235  {
236      Circle c1;
237      cout << fixed << setprecision(2);
238      cout << "circle c1 object information:" << endl;
239      displayData(&c1);
240  
241      Circle c3(10, 6, 8, "yellow", "yes");
242      cout << "circle c3 object information:" << endl;
243      displayData(&c3);
```

```
244
245         Rectangle r2(6, 10, 3, 2, "purple", "yes");
246         cout << "rectangle r2 object information:" << endl;
247         displayData(&r2);
248         return 0;
249     }
```

```
calling Point class constructor now
calling Circle class constructor now
circle c1 object information:
center: (1, 1)
radius: 1
color: red
filled: yes
perimeter: 6.28
area: 3.14

calling Point class constructor now
calling Circle class constructor now
circle c3 object information:
center: (6, 8)
radius: 10
color: yellow
filled: yes
perimeter: 62.83
area: 314.16

calling Point class constructor now
calling Rectangle class constructor now
rectangle r2 object information:
left top: (3, 2)
length: 6
width: 10
color: purple
filled: yes
perimeter: 32.00
area: 60.00
```

此程式在 Point 類別中定義了

```
virtual double getPerimeter() = 0;
virtual double getArea() = 0;
```

表示 Point 為抽象基礎類別，因此在 main()函式中不可以建立此類別的物件。

13-3 virtual 解構函式

以下有三個類別，分別是 Base、Derived_A 以及 Derived_B，其中 Base 是基礎類別，Derived_A 繼承了 Base 類別，而 Derived_B 繼承了 Derived_A 類別，如圖 13-1 所示：

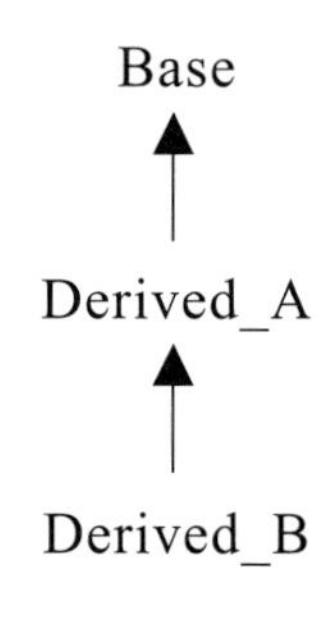

圖 13-1 繼承圖

我們來撰寫一程式，測試這三個類別在執行建構函式與解構函式的順序，先從 noVirtualDestructor.cpp 範例程式談起。

範例程式：noVirtualDestructor.cpp

```
01  #include <iostream>
02  using namespace std;
03
04  class Base {
05  public:
06      Base();
07      ~Base();
08  };
09
10  Base::Base()
11  {
12      cout << "calling Base class constructor now!" << endl;
13  }
14
15  Base::~Base()
16  {
17      cout << "calling Base class destructor now!" << endl;
18  }
19
20  class Derived_A: public Base {
```

```
21  public:
22      Derived_A();
23      ~Derived_A();
24  };
25
26  Derived_A::Derived_A()
27  {
28      cout << "calling Derived_A class constructor now!" << endl;
29  }
30
31  Derived_A::~Derived_A()
32  {
33      cout << "calling Derived_A class destructor now!" << endl;
34  }
35
36  class Derived_B: public Derived_A {
37  public:
38      Derived_B();
39      ~Derived_B();
40  };
41
42  Derived_B::Derived_B()
43  {
44      cout << "calling Derived_B class constructor now!" << endl;
45  }
46
47  Derived_B::~Derived_B()
48  {
49      cout << "calling Derived_B class destructor now!" << endl;
50  }
51
52  int main()
53  {
54      cout << "Create Base class object" << endl;
55      Base *objBase = new Base;
56
57      cout << "\nCreate Derived_A class object" << endl;
58      Base *objDerived_A = new Derived_A;
59
60      cout << "\nCreate Derived_B class object" << endl;
61      Base *objDerived_B = new Derived_B;
62
63      cout << endl;
```

```
64        cout << "destroy Base class object" << endl;
65        delete objBase;
66
67        cout << endl;
68        cout << "destroy Derived_A class object" << endl;
69        delete objDerived_A;
70
71        cout << endl;
72        cout << "destroy Derived_B class object" << endl;
73        delete objDerived_B;
74
75        return 0;
76    }
```

```
Create Base class object
calling Base class constructor now!

Create Derived_A class object
calling Base class constructor now!
calling Derived_A class constructor now!

Create Derived_B class object
calling Base class constructor now!
calling Derived_A class constructor now!
calling Derived_B class constructor now!

destroy Base class object
calling Base class destructor now!

destroy Derived_A class object
calling Base class destructor now!

destroy Derived_B class object
calling Base class destructor now!
```

我們知道，建構函式的執行順序是先基礎類別再衍生類別，但發現上述程式的輸出結果中，建構函式的處理順序是對，但解構函式的處理順序就不對了，怎麼都只有處理 Base 基礎類別的解構函式而已呢？其實是因為你沒有要求系統要執行虛擬解構（virtual destructor）函式。

如何使解構函式成為虛擬解構函式呢，很簡單，和撰寫虛擬函式一樣，只要加上 virtual 就可以。因此，你只要將 Base 類別的解構函式

```
~Base();
```

改為

```
virtual ~Base();
```

即可，輸出結果如下所示：

```
Create Base class object
calling Base class constructor now!

Create Derived_A class object
calling Base class constructor now!
calling Derived_A class constructor now!

Create Derived_B class object
calling Base class constructor now!
calling Derived_A class constructor now!
calling Derived_B class constructor now!

destroy Base class object
calling Base class destructor now!

destroy Derived_A class object
calling Derived_A class destructor now!
calling Base class destructor now!

destroy Derived_B class object
calling Derived_B class destructor now!
calling Derived_A class destructor now!
calling Base class destructor now!
```

以上得知執行解構函式的順序是對的，順序是先自我毀滅，再毀滅基礎類別。

13-4 物件導向程式設計的優點

物件導向程式設計的優點，一為開發系統的時間縮短，二為維護成本降低。當我們維護物件導向程式設計的系統時，較不會更改原有的程式，只不過是加入片段程式罷了，所以大大的降低系統的維護成本，為了說明此優點，在上述的 abstractClass.cpp 程式中加入 Cylinder 類別，並計算表面積和體積。

類別之間的繼承圖如圖 13-2 所示：

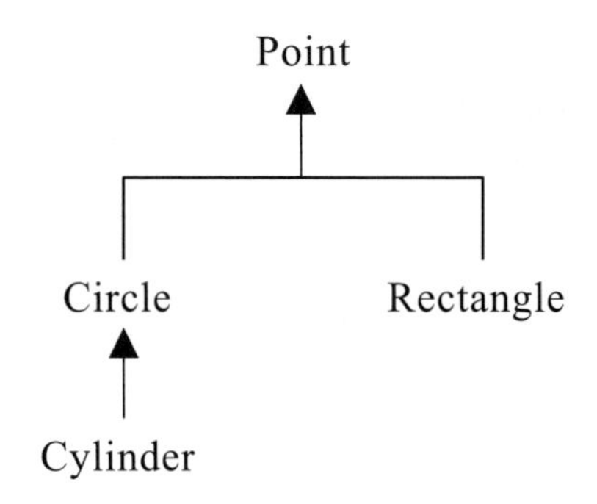

圖 13-2 Point、Circle、Rectangle 以及 Cylinder 之間的繼承圖

Cylinder 的 UML 類別圖如圖 13-3 所示：

Cylinder: public Circle	說明
-height: int	圓柱體的高度
Cylinder(int r=1, int x=1, int y=1, string color="red", string filled="yes", int height=1)	Cylinder 的建構函式，它有預設值參數
+getCylinderHeight(): int	回傳圓柱體的高度
+setCylinderHeight(int): void	設定圓柱體的高度
+getPerimeter(): double	回傳圓柱體的表面積
+getArea(): double	回傳圓柱體的體積
+show(): void	顯示圓柱體的一些訊息

圖 13-3 Cylinder 的 UML 類別圖

實作方面請參閱下一範例程式。

範例程式：abstractClassAddCylinder.cpp

```
01  #include <iostream>
02  #include <iomanip>
03  #include <cmath>
04  #include <string>
05  using namespace std;
06  
07  class Point
08  {
09  protected:
10      int x, y;
11      string color;
12      string filled;
13  
14  public:
15      Point(int x=1, int y=1, string color="white", string filled="no");
16      //getter
17      int getX();
18      int getY();
19      string getColor();
20      string getFilled();
21  
22      //setter
23      void setX(int);
24      void setY(int);
25      void setColor(string);
26      void setFilled(string);
27  
28      //pure virtual function
29      virtual double getPerimeter() = 0;
30      virtual double getArea() = 0;
31      virtual void show();
32  };
33  
34  class Circle: public Point
35  {
36  private:
37      int radius;
38  
39  public:
40      Circle(int r=1, int x=1, int y=1, string color="red",
41              string filled="yes");
42      //getter
```

```
43        int getRadius();
44
45        //setter
46        void setRadius(int);
47
48        //compute perimeter and area
49        double getPerimeter();
50        double getArea();
51        void show();
52    };
53
54    class Rectangle: public Point {
55    private:
56        int length, width;
57    public:
58        Rectangle(int len=1, int wid=1, int x=1, int y=1,
59                  string color="None",string filled="no");
60        //getter
61        int getLength();
62        int getWidth();
63
64        //setter
65        void setLength(int);
66        void setWidth(int);
67
68        //compute perimeter and area
69        double getPerimeter();
70        double getArea();
71        void show();
72    };
73
74    //******************
75    //add a cylinder class
76    class Cylinder: public Circle
77    {
78    private:
79        int height;
80    public:
81        Cylinder(int r=1, int x=1, int y=1, string color="red",
82                 string filled="yes", int height=1);
83        int getCylinderHeight();
84        void setCylinderHeight(int);
85        double getPerimeter();
86        double getArea();
```

```
87        void show();
88    };
89    //********************
90
91    //base class: Point
92    //Point's constructor
93    Point::Point(int a, int b, string color2, string filled2)
94    {
95        cout << "calling Point class constructor now" << endl;
96        x = a;
97        y = b;
98        color = color2;
99        filled = filled2;
100   }
101
102   //getter definition
103   int Point::getX()
104   {
105       return x;
106   }
107
108   int Point::getY()
109   {
110       return y;
111   }
112
113   string Point::getColor()
114   {
115       return color;
116   }
117
118   string Point::getFilled()
119   {
120       return filled;
121   }
122
123   //setter definition
124   void Point::setX(int x2)
125   {
126       x = x2;
127   }
128
129   void Point::setY(int y2)
```

```
130  {
131      y = y2;
132  }
133
134  void Point::setColor(string c)
135  {
136      color = c;
137  }
138
139  void Point::setFilled(string f)
140  {
141      filled = f;
142  }
143
144  double Point::getPerimeter()
145  {
146      return 1;
147  }
148
149  double Point::getArea()
150  {
151      return 1;
152  }
153
154  void Point::show()
155  {
156      cout << "coordinate: (" << x << ", " << y << ")" << endl;
157      cout << "color: " << color << endl;
158      cout << "filled: " << filled << endl;
159  }
160
161  //derived class: Circle
162  //Circle's constructor
163  Circle::Circle(int r, int x, int y, string color, string filled):
164  Point(x, y, color, filled)
165  {
166      cout << "calling Circle class constructor now" << endl;
167      radius = r;
168  }
169
170  //getter definition
171  int Circle::getRadius()
172  {
```

```
173         return radius;
174     }
175 
176     //setter definition
177     void Circle::setRadius(int r)
178     {
179         radius = r;
180     }
181 
182     //compute circle's perimeter and area
183     double Circle::getPerimeter()
184     {
185         return 2*M_PI*radius;
186     }
187 
188     double Circle::getArea()
189     {
190         return M_PI*radius*radius;
191     }
192 
193     void Circle::show()
194     {
195         cout << "center: (" << x << ", " << y << ")" << endl;
196         cout << "radius: " << radius << endl;
197         cout << "color: " << color << endl;
198         cout << "filled: " << filled << endl;
199     }
200 
201     //derived class: Rectangle
202     //Rectangle's constructor
203     Rectangle::Rectangle(int len, int wid, int x, int y, string color,
204     string filled): Point(x, y, color, filled)
205     {
206         cout << "calling Rectangle class constructor now" << endl;
207         length = len;
208         width = wid;
209     }
210 
211     //getter definition
212     int Rectangle::getLength()
213     {
214         return length;
215     }
216 
```

```
217  int Rectangle::getWidth()
218  {
219      return width;
220  }
221
222  //setter definition
223  void Rectangle::setLength(int len)
224  {
225      length = len;
226  }
227
228  void Rectangle::setWidth(int wid)
229  {
230      width = wid;
231  }
232
233  //compute rectangle's perimeter and area
234  double Rectangle::getPerimeter()
235  {
236      return 2*(length+width);
237  }
238
239  double Rectangle::getArea()
240  {
241      return length*width;
242  }
243
244  void Rectangle::show()
245  {
246      cout << "left top: (" << x << ", " << y << ")" << endl;
247      cout << "length: " << length << endl;
248      cout << "width: " << width << endl;
249      cout << "color: " << color << endl;
250      cout << "filled: " << filled << endl;
251  }
252
253  //***************************************
254  //add the Cylinder member function definition
255  Cylinder::Cylinder(int r, int x, int y, string color,
256             string filled, int height2): Circle(r, x, y, color,
             filled)
257  {
258      cout << "calling Cylinder class constructor now" << endl;
```

```
259        height = height2;
260    }
261
262    int Cylinder::getCylinderHeight()
263    {
264        return height;
265    }
266
267    void Cylinder::setCylinderHeight(int height2)
268    {
269        height = height2;
270    }
271
272    //圓柱體的表面積＝兩底面的圓面積和＋底面圓周長 × 高
273    //以 getPerimeter()得到圓柱體的表面積
274    double Cylinder::getPerimeter()
275    {
276        int r = getRadius();
277        double surfaceArea;
278        surfaceArea = 2*M_PI*r*r + (2*M_PI*r)*height;
279        return surfaceArea;
280    }
281
282    //圓柱體的體積＝底面積 × 高
283    //以 getArea()得到圓柱體的體積
284    double Cylinder::getArea()
285    {
286        int r = getRadius();
287        return (M_PI)*r*r*height;
288    }
289
290    void Cylinder::show()
291    {
292        cout << "radius: " << getRadius() << endl;
293        cout << "color: " << color << endl;
294        cout << "filled: " << filled << endl;
295
296    }
297    //***********************************
298
299    //display object perimeter and area
300    void displayData(Point *obj)
301    {
302        obj->show();
```

```
303        cout << "perimeter: " << obj->getPerimeter() << endl;
304        cout << "area: " << obj->getArea() << endl << endl;
305    }
306
307    int main()
308    {
309        Circle c1;
310        cout << fixed << setprecision(2);
311        cout << "circle c1 object information:" << endl;
312        displayData(&c1);
313
314        Circle c3(10, 6, 8, "yellow", "yes");
315        cout << "circle c3 object information:" << endl;
316        displayData(&c3);
317
318        Rectangle r2(6, 10, 3, 2, "purple", "yes");
319        cout << "rectangle r2 object information:" << endl;
320        displayData(&r2);
321
322        //********************
323        //add a Cylinder's object
324        Cylinder cyObj(3, 6, 6, "orange", "no", 8);
325        cout << "cylinder cyObj object information" << endl;
326        displayData(&cyObj);
327        //********************
328
329        return 0;
330    }
```

```
calling Point class constructor now
calling Circle class constructor now
circle c1 object information:
center: (1, 1)
radius: 1
color: red
filled: yes
perimeter: 6.28
area: 3.14

calling Point class constructor now
calling Circle class constructor now
circle c3 object information:
center: (6, 8)
radius: 10
```

```
color: yellow
filled: yes
perimeter: 62.83
area: 314.16

calling Point class constructor now
calling Rectangle class constructor now
rectangle r2 object information:
left top: (3, 2)
length: 6
width: 10
color: purple
filled: yes
perimeter: 32.00
area: 60.00

calling Point class constructor now
calling Circle class constructor now
calling Cylinder class constructor now
cylinder cyObj object information:
radius: 3
color: orange
filled: no
perimeter: 207.35
area: 226.19
```

上述有粗體的部分是程式加入的地方，我們發現幾乎沒有修改原來的程式，只是加入新功能的程式而已，對程式往後的維護成本大大地的降低。這也是為什麼我們使用 C++來撰寫大型系統的原因。

13-5 dynamic_cast 運算子

dynamic_cast 運算子會在執行時期執行型態轉換。運算式 dynamic_cast<T>(v) 會將 v 轉換為型態 T，若沒有轉換成功，則會回傳 nullptr。請看範例程式 dynamicCast.cpp。

範例程式：dynamicCast.cpp

```
01  #include <iostream>
02  using namespace std;
03
04  class Parent {
05  public:
06      virtual void who();
07      virtual void call();
08  };
09
10  void Parent::who()
11  {
12      cout << "Parent\n";
13  }
14
15  void Parent::call()
16  {
17      cout << "Parent class only" << endl;
18  }
19
20  class Derived: public Parent {
21  public:
22     void who();
23     void call();
24  };
25
26  void Derived::who()
27  {
28      cout << "Derived\n";
29  }
30
31  void Derived::call()
32  {
33      cout << "Derived class only" << endl;
34  }
35
36  int main()
37  {
38      Parent p;
39      Derived d;
40
41      Parent *ptr1 = &p;
42      Derived *ptr2 = &d;
```

```
43
44      if (dynamic_cast<Parent *>(ptr1) != nullptr)  {
45          cout << "p is an instance of the class Parent" << endl;
46          ptr1->who();
47          ptr1->call();
48      }
49
50      cout << endl;
51      if (dynamic_cast<Derived *>(ptr2) != nullptr) {
52          cout << "d is an instance of the class Derived" << endl;
53          ptr2->who();
54          ptr2->call();
55      }
56  }
```

```
p is an instance of the class Parent
Parent
Parent class only

d is an instance of the class Derived
Derived
Derived class only
```

接下來，我們利用 dynamic_cast 運算子，將每一個物件所屬的類別要處理虛擬函式加以執行。請參閱範例程式 finalProject.cpp。此程式將圓柱體的表面積和體積以另外的成員函式表示。請注意程式中有粗體的部分。

範例程式：finalProject.cpp

```
01  #include <iostream>
02  #include <iomanip>
03  #include <cmath>
04  #include <string>
05  using namespace std;
06
07  class Point
08  {
09  protected:
10      int x, y;
11      string color;
12      string filled;
13
14  public:
```

```
15        Point(int x=1, int y=1, string color="white", string filled="no");
16        //getter
17        int getX();
18        int getY();
19        string getColor();
20        string getFilled();
21
22        //setter
23        void setX(int);
24        void setY(int);
25        void setColor(string);
26        void setFilled(string);
27
28        //pure virtual function
29        virtual double getPerimeter() = 0;
30        virtual double getArea() = 0;
31        virtual void show();
32        virtual double getSurface() {return 0;};
33        virtual double getVolume() {return 0;};
34    };
35
36    class Circle: public Point
37    {
38    private:
39        int radius;
40
41    public:
42        Circle(int r=1, int x=1, int y=1, string color="red",
43                string filled="yes");
44        //getter
45        int getRadius();
46
47        //setter
48        void setRadius(int);
49
50        //compute perimeter and area
51        double getPerimeter();
52        double getArea();
53        void show();
54    };
55
56    class Rectangle: public Point {
57    private:
```

```
58        int length, width;
59    public:
60        Rectangle(int len=1, int wid=1, int x=1, int y=1,
61                   string color="None",string filled="no");
62        //getter
63        int getLength();
64        int getWidth();
65
66        //setter
67        void setLength(int);
68        void setWidth(int);
69
70        //compute perimeter and area
71        double getPerimeter();
72        double getArea();
73        void show();
74    };
75
76    //*****************
77    //add cylinder class
78    class Cylinder: public Circle
79    {
80    private:
81        int height;
82    public:
83        Cylinder(int r=1, int x=1, int y=1, string color="red",
84                 string filled="yes", int height=1);
85        int getCylinderHeight();
86        void setCylinderHeight(int);
87        double getSurface();
88        double getVolume();
89        void show();
90    };
91    //*******************
92
93    //base class: Point
94    //Point's constructor
95    Point::Point(int a, int b, string color2, string filled2)
96    {
97        cout << "calling Point class constructor now" << endl;
98        x = a;
99        y = b;
100       color = color2;
```

```
101        filled = filled2;
102    }
103
104    //getter definition
105    int Point::getX()
106    {
107        return x;
108    }
109
110    int Point::getY()
111    {
112        return y;
113    }
114
115    string Point::getColor()
116    {
117        return color;
118    }
119
120    string Point::getFilled()
121    {
122        return filled;
123    }
124
125    //setter definition
126    void Point::setX(int x2)
127    {
128        x = x2;
129    }
130
131    void Point::setY(int y2)
132    {
133        y = y2;
134    }
135
136    void Point::setColor(string c)
137    {
138        color = c;
139    }
140
141    void Point::setFilled(string f)
142    {
143        filled = f;
```

```
144  }
145
146  double Point::getPerimeter()
147  {
148      return 1;
149  }
150
151  double Point::getArea()
152  {
153      return 1;
154  }
155
156  void Point::show()
157  {
158      cout << "coordinate: (" << x << ", " << y << ")" << endl;
159      cout << "color: " << color << endl;
160      cout << "filled: " << filled << endl;
161  }
162
163  //derived class: Circle
164  //Circle's constructor
165  Circle::Circle(int r, int x, int y, string color, string filled):
166  Point(x, y, color, filled)
167  {
168      cout << "calling Circle class constructor now" << endl;
169      radius = r;
170  }
171
172  //getter definition
173  int Circle::getRadius()
174  {
175      return radius;
176  }
177
178  //setter definition
179  void Circle::setRadius(int r)
180  {
181      radius = r;
182  }
183
184  //compute circle's perimeter and area
185  double Circle::getPerimeter()
186  {
```

```
187	    return 2*M_PI*radius;
188	}
189	
190	double Circle::getArea()
191	{
192	    return M_PI*radius*radius;
193	}
194	
195	void Circle::show()
196	{
197	    cout << "center: (" << x << ", " << y << ")" << endl;
198	    cout << "radius: " << radius << endl;
199	    cout << "color: " << color << endl;
200	    cout << "filled: " << filled << endl;
201	}
202	
203	//derived class: Rectangle
204	//Rectangle's constructor
205	Rectangle::Rectangle(int len, int wid, int x, int y, string color,
206	string filled): Point(x, y, color, filled)
207	{
208	    cout << "calling Rectangle class constructor now" << endl;
209	    length = len;
210	    width = wid;
211	}
212	
213	//getter definition
214	int Rectangle::getLength()
215	{
216	    return length;
217	}
218	
219	int Rectangle::getWidth()
220	{
221	    return width;
222	}
223	
224	//setter definition
225	void Rectangle::setLength(int len)
226	{
227	    length = len;
228	}
229	
```

```
230  void Rectangle::setWidth(int wid)
231  {
232      width = wid;
233  }
234
235  //compute rectangle's perimeter and area
236  double Rectangle::getPerimeter()
237  {
238      return 2*(length+width);
239  }
240
241  double Rectangle::getArea()
242  {
243      return length*width;
244  }
245
246  void Rectangle::show()
247  {
248      cout << "left top: (" << x << ", " << y << ")" << endl;
249      cout << "length: " << length << endl;
250      cout << "width: " << width << endl;
251      cout << "color: " << color << endl;
252      cout << "filled: " << filled << endl;
253  }
254
255  //*************************************
256  //add Cylinder member function definition
257  Cylinder::Cylinder(int r, int x, int y, string color,
258             string filled, int height2): Circle(r, x, y, color, filled)
259  {
260      cout << "calling Cylinder class constructor now" << endl;
261      height = height2;
262  }
263
264  int Cylinder::getCylinderHeight()
265  {
266      return height;
267  }
268
269  void Cylinder::setCylinderHeight(int height2)
270  {
271      height = height2;
272  }
```

```
273
274  //圓柱體的表面積＝兩底面的圓面積和＋底面圓周長 × 高
275  //以 getSurface()得到圓柱體的表面積
276  double Cylinder::getSurface()
277  {
278      int r = getRadius();
279      double surfaceArea;
280      surfaceArea = 2*M_PI*r*r + (2*M_PI*r)*height;
281      return surfaceArea;
282  }
283
284  //圓柱體的體積＝底面積 × 高
285  //以 getVolume()得到圓柱體的體積
286  double Cylinder::getVolume()
287  {
288      int r = getRadius();
289      return (M_PI)*r*r*height;
290  }
291
292  void Cylinder::show()
293  {
294      cout << "center: (" << x << ", " << y << ")" << endl;
295      cout << "radius: " << getRadius() << endl;
296      cout << "height: " << height << endl;
297      cout << "color: " << color << endl;
298      cout << "filled: " << filled << endl;
299  }
300  //************************************
301
302  //display object perimeter and area
303  void displayData(Point *obj)
304  {
305      obj->show();
306      //若 obj 是 Cylinder 的物件，則呼叫 getSurface()和 getVolume()成員函式
307      if (dynamic_cast<Cylinder *>(obj) != nullptr) {
308          cout << "surface: " << obj->getSurface() <<  endl;
309          cout << "volume: " << obj->getVolume() << endl << endl;
310      }
311      //否則，呼叫 getPerimeter()和 getArea()成員函式
312      else {
313          cout << "perimeter: " << obj->getPerimeter() << endl;
314          cout << "area: " << obj->getArea() << endl << endl;
315      }
```

```
316  }
317
318  int main()
319  {
320      Circle c1;
321      cout << fixed << setprecision(2);
322      cout << "circle c1 object information:" << endl;
323      displayData(&c1);
324
325      Circle c3(10, 6, 8, "yellow", "yes");
326      cout << "circle c3 object information:" << endl;
327      displayData(&c3);
328
329      Rectangle r2(6, 10, 3, 2, "purple", "yes");
330      cout << "rectangle r2 object information:" << endl;
331      displayData(&r2);
332
333      //********************
334      //add Cylinder's object
335      Cylinder cyObj(3, 6, 6, "orange", "no", 8);
336      Cout << cylinder cyObj object information:" << endl;
337      displayData(&cyObj);
338      //********************
339
340      return 0;
341  }
```

```
calling Point class constructor now
calling Circle class constructor now
circle c1 object information:
center: (1, 1)
radius: 1
color: red
filled: yes
perimeter: 6.28
area: 3.14

calling Point class constructor now
calling Circle class constructor now
circle c3 object information:
center: (6, 8)
radius: 10
color: yellow
filled: yes
```

```
perimeter: 62.83
area: 314.16

calling Point class constructor now
calling Rectangle class constructor now
rectangle r2 object information:
left top: (3, 2)
length: 6
width: 10
color: purple
filled: yes
perimeter: 32.00
area: 60.00

calling Point class constructor now
calling Circle class constructor now
calling Cylinder class constructor now
Cylinder cyObj object information:
center: (6, 6)
radius: 3
height: 8
color: orange
filled: no
surface: 207.35
volume: 226.19
```

13-6 習題

1. 試問以下程式的輸出結果。

```
#include <iostream>
using namespace std;

class Base {
public:
    Base();
    ~Base();
};
```

```
Base::Base()
{
    cout << "calling Base class constructor now!" << endl;
}

Base::~Base()
{
    cout << "calling Base class destructor now!" << endl;
}

class Derived_A: public Base {
public:
    Derived_A();
    ~Derived_A();
};

Derived_A::Derived_A()
{
    cout << "calling Derived_A class constructor now!" << endl;
}

Derived_A::~Derived_A()
{
    cout << "calling Derived_A class destructor now!" << endl;
}

class Derived_B: public Derived_A {
public:
    Derived_B();
    ~Derived_B();
};

Derived_B::Derived_B()
{
    cout << "calling Derived_B class constructor now!" << endl;
}
```

```
Derived_B::~Derived_B()
{
    cout << "calling Derived_B class destructor now!" << endl;
}

int main() {

    cout << "Create Base class" << endl;
    Base *objBase = new Base();

    cout << "\nCreate Derived_A class " << endl;
    Derived_A *objDerived_A = new Derived_A();

    cout << "\nCreate Derived_B class" << endl;
    Derived_B *objDerived_B = new Derived_B();

    cout << endl;
    delete objBase;

    cout << endl;
    delete objDerived_A;

    cout << endl;
    delete objDerived_B;

    return 0;
}
```

2. 試將 finalProject.cpp 加入一 Triangle 類別，此類別繼承 Point 類別，如圖 13-4 所示。

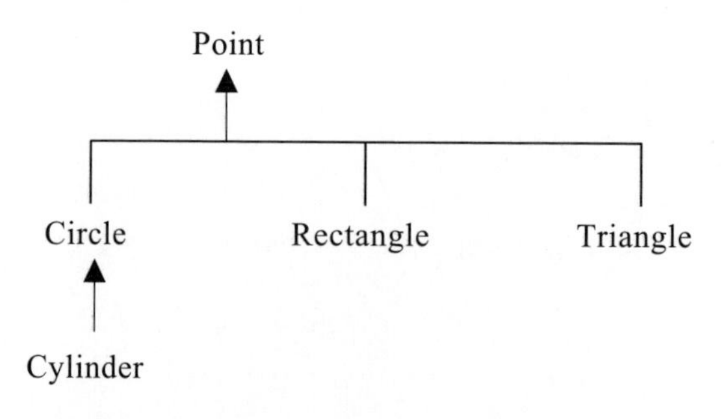

圖 13-4 加入 Triangle 類別的示意圖

Triangle 類別的 UML 圖如圖 13-5：

Triangle 類別	說明
//資料成員 -s1: int -s2: int -s3: int	 三角形的邊長 s1 三角形的邊長 s2 三角形的邊長 s3

//方法
Triangle(int x, int y, string color, string filled, int s1=1, int s2=1, int s3=1);
 	
//getter
getS1(): int
getS2(): int
getS3(): int
 	
//setter
setS1(int): void
setS2(int): void
setS3(int): void
 	
getPerimeter(): double
getArea(): double
	
	Triangle 類別的建構函式
	
	回傳三角形邊長 s1
	回傳三角形邊長 s2
	回傳三角形邊長 s3
	
	設定三角形邊長 s1
	設定三角形邊長 s2
	設定三角形邊長 s3
	
	回傳三角形周長
	回傳三角形面積

圖 13-5 Triangle 類別的 UML 圖

請加以撰寫其對應的程式，並加以測試之。

3. 設計名為 Person 的類別且有兩個子類別為 Student 與 Employee，此外 Faculty 是 Employee 的子類別。Person 類別有姓名、住址、電話與電子郵件資訊；Student 類別有學籍狀態（大一、大二、大三、大四）資訊；Employee 類別有辦公室、薪水與服務日期等資訊；Faculty 類別則有職級資訊。其繼承圖如圖所示：

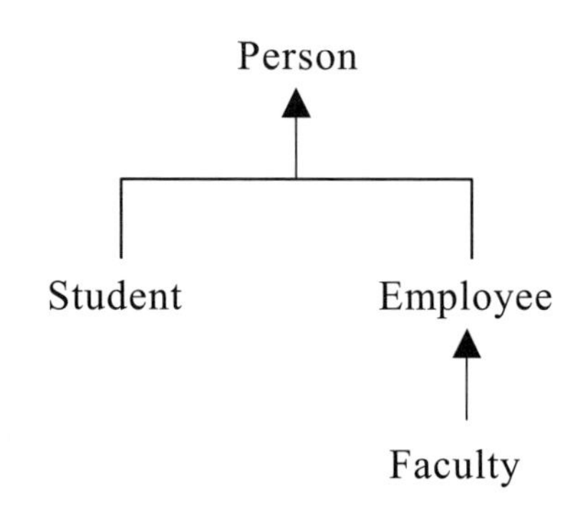

請在 Person 類別中定義 toString() 與 displayInfo() 虛擬函式，並且在每個類別中覆寫來顯示其類別名稱與其相關資訊。畫出這些類別的 UML 類別圖並實作這些類別。撰寫一測試程式，建立 Person、Student、Employee、與 Faculty 物件，並印出其相關資訊。輸出樣本如下：

```
Person object
name: John
address: Taipei
phoneNum: 0911-111-111
email: aaa@gmail.com

Student object
name: Mary
address: Tainan
phoneNum: 0912-112-112
email: Mary168@gmail.com
status: freshman

Employee object
name: John
address: Taipei
phoneNum: 0911-111-111
email: aaa@gmail.com
office: LLL
salary: 45000
```

```
dateService: 1986-08-01

Faculty object
name: Bright
address: Tainan
phoneNum: 0988-168-168
email: tsai168@gmail.com
office: department of csie
salary: 140000
dateService: 1976-03-13
title: professor
```

異常處理

異常處理（exception handling）讓程式能夠處理異常狀況，並繼續其正常的執行流程，它是一個很重要的主題。在程式執行時，異常表示有不正常的狀況發生。比方說，如果程式處理兩數相除的運算。異常的情形會發生是當兩數相除時，分母為 0 的狀況。我們應該要有一些機制用來處理異常的情形。本章將介紹 C++ 異常處理的概念。

14-1 try...throw...catch

我們來看輸入兩數並加以相除時，在未學到異常處理時，大部分的撰寫方式如下：

範例程式：exception-1.cpp

```
01  #include <iostream>
02  using namespace std;
03  
04  int main()
05  {
06      double num1, num2, ans;
07      cout << "Enter two floating numbers: ";
08      cin >> num1 >> num2;
09      ans = num1 / num2;
10      cout << num1 << "/" << num2 << " = " << ans << endl;
11      return 0;
12  }
```

```
Enter two floating numbers: 5 2
5/2 = 2.5
```

若輸入的敘述中，num2 是 0 時，則將會產生錯誤的訊息，如下所示：

```
Enter two floating numbers: 5 0
```

此狀況的解決方式有兩種，一為在程式中加上 if 的判斷，若 num2 不是 0 ，才計算兩數相除，程式如下：

範例程式：exception-2.cpp

```
01  #include <iostream>
02  using namespace std;
03
04  int main()
05  {
06      double num1, num2, ans;
07      cout << "Enter two floating numbers: ";
08      cin >> num1 >> num2;
09      if (num2 != 0) {
10          ans = num1 / num2;
11          cout << num1 << "/" << num2 << " = " << ans << endl;
12      }
13      else {
14          cout << "Divisor cannot be zero" << endl;
15      }
16
17      return 0;
18  }
```

```
Enter two floating numbers: 5 2
5/2 = 2.5
```

```
Enter two floating numbers: 5 0
Divisor cannot be zero
```

另一種異常處理的方式是以 try…throw…catch 的語法來解決，我們會在 try 區段中執行某些動作，當這一區段有問題時，將會利用 throw 擲出訊息，此時將以 catch 補捉此訊息。如下一範例程式所示：

範例程式：exception-3.cpp

```
01  #include <iostream>
02  using namespace std;
03
04  int main()
```

```
05  {
06      double num1, num2, ans;
07      cout << "Enter two floating numbers: ";
08      cin >> num1 >> num2;
09      try {
10          if (num2 == 0) {
11              throw num1;
12          }
13
14          ans = num1 / num2;
15          cout << num1 << "/" << num2 << " = " << ans << endl;
16      }
17      catch (double ex) {
18          cout << "Exception: " << ex << " cannot be divided by zero"
                 << endl;
19      }
20
21      return 0;
22  }
```

```
Enter two floating numbers: 5 2
5/2 = 2.5
```

```
Enter two floating numbers: 5 0
Exception: 5 cannot be divided by zero
```

也可以在 main() 函式呼叫一函式，被呼叫函式可以偵測是否有發生錯誤訊息，此時使用異常處理的機制，利用 throw 將錯誤訊息擲出，讓呼叫函式來補捉。如下一範例程式所示：

範例程式：exception-4.cpp

```
01  #include <iostream>
02  using namespace std;
03
04  double divide(double num1, double num2)
05  {
06      if (num2 == 0) {
07          throw num1;
08      }
09      return num1/num2;
10  }
11
```

```
12  int main()
13  {
14      int number1, number2;
15      cout << "Enter two integers: ";
16      cin >> number1 >> number2;
17
18      //try...throw...catch
19      try {
20          double ans = divide(number1, number2);
21          cout << number1 << " / " << number2 << " = " << ans << endl;
22      }
23      catch (double ex) {
24          cout << "Exception: " << ex << " cannot be diveded by zero"
25               << endl;
26      }
27
28      return 0;
29  }
```

```
Enter two floating numbers: 5 2
5/2 = 2.5
```

```
Enter two floating numbers: 5 0
Exception: 5 cannot be divided by zero
```

練習題

14.1 試問下一程式若輸入值為 40，其輸出結果為何？

```
#include <iostream>
using namespace std;

int main()
{
    double temp;
    cout << "Enter a temperature: ";
    cin >> temp;

    try {
        if (temp >= 40) {
            throw temp;
        }
```

```
        else {
            cout << "Today temperature is " << temp << endl;
        }
    }
    catch (double temp) {
        cout << "The temperature is " << temp << endl;
        cout << "It is too hot" << endl;
    }
    cout << "~~~over~~~" << endl;
    return 0;
}
```

14.2 承上題，若輸入值為 26 時，其輸出結果為何？

14.3 若將第 14.1 題的程式中

```
catch (double temp) {
    cout << "The temperature is " << temp << endl;
    cout << "It is too hot" << endl;
}
```

改為

```
catch (double) {
    cout << "The temperature is " << temp << endl;
    cout << "It is too hot" << endl;
}
```

此時會產生錯誤嗎？

14-2 異常類別

C++ 的異常類別大致如圖 14-1 所示：

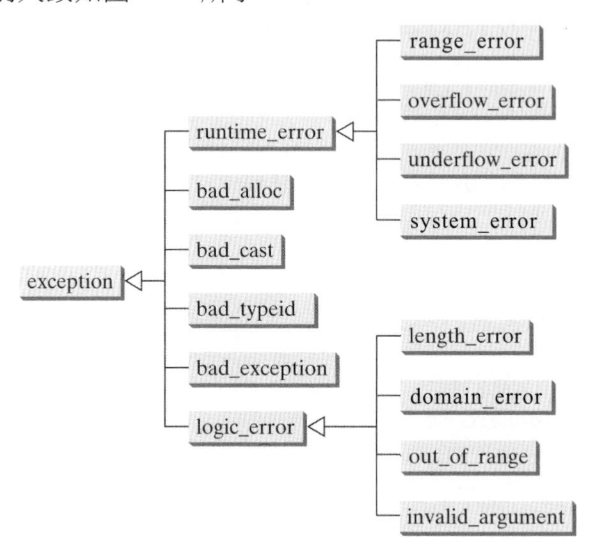

圖 14-1 exception 類別下的異常處理類別

在這架構中根類別是 exception。它包含用以回傳異常物件錯誤訊息的虛擬函式 what()。exception 類別下衍生出六個子類別，如表 14.1 所示：

表 14.1 exception 類別下的衍生類別

異常類別名稱	說明
runtime_error	執行期間的錯誤。
bad_alloc	new 或 new[ ] 配置記憶體失敗。
bad_cast	當結果無法轉型為參考型態時
bad_typeid	當 typeid 為 NULL 指標時
bad_exception	當 unexpected 擲出一個沒有列在異常規範的異常時，將會呼叫 unexpected 函式， 並擲出 bad_exception 物件。
logic_error	邏輯上的錯誤

runtime_error 類別是多個標準異常類別的父類別，用以描述執行期的錯誤。此類別又有四個衍生類別，如表 14.2 所示：

表 14.2 runtime_error 類別下的衍生類別

異常類別名稱	說明
range_error	範圍區間的錯誤。
overflow_error	計算時溢位。
underflow_error	計算時不足位。
system_error	系統錯誤。

logic_error 類別是多個標準異常類別的父類別，用以描述邏輯上的錯誤。此類別也有四個衍生類別，如表 14.3 所示：

表 14.3 logic_error 類別下的衍生類別

異常類別名稱	說明
length_error	長度的錯誤。
domain_error	參數的定義域錯誤。
out_of_range	超出有效範圍。
invalid_argument	不合的參數傳送給函式

接下來，我們以範例來說明一些異常處理的捕捉，下一範例程式是擲出 runtime_error 的異常。

範例程式：runtimeError.cpp

```
01  #include <iostream>
02  using namespace std;
03  
04  double divide(double num1, double num2)
05  {
06      if (num2 == 0) {
07          throw runtime_error("Divisor cannot be zero");
08      }
09      return num1/num2;
10  }
11  
12  int main()
13  {
14      int number1, number2;
15      cout << "Enter two integers: ";
```

```
16        cin >> number1 >> number2;
17
18        //try...throw...catch
19        try {
20            double ans = divide(number1, number2);
21            cout << number1 << " / " << number2 << " = " << ans << endl;
22        }
23        catch (runtime_error &ex) {
24            cout << ex.what() << endl;
25        }
26
27        return 0;
28    }
```

```
Enter two integers: 5 2
5 / 2 = 2.5
```

```
Enter two integers: 5 0
Divisor cannot be zero
```

以下是產生 bad_alloc 異常的範例程式

範例程式：bad_alloc.cpp

```
01    #include <iostream>
02    using namespace std;
03
04    int main()
05    {
06        try {
07            for (int i=1; i<500; i++) {
08                new int[10000000000000];
09                cout << "#" << i << ": " << "arrays have been created\n";
10            }
11        }
12
13        catch (bad_alloc &ex) {
14            cout << "Exception: " << ex.what() << endl;
15        }
16        return 0;
17    }
```

下一範例程式是產生 invalid_argument 的異常。

範例程式：invalidArgument.cpp

```
01  #include <iostream>
02  #include <cmath>
03  using namespace std;
04  
05  double getCircleArea(int radius);
06  int main()
07  {
08      int radius;
09      cout << "請輸入圓的半徑: ";
10      cin >> radius;
11      try {
12          double area = getCircleArea(radius);
13          cout << "圓的面積為 " << area << endl;
14      }
15      catch (exception &ex) {
16          cout << ex.what() << endl;
17      }
18      return 0;
19  }
20  
21  double getCircleArea(int radius)
22  {
23      if (radius < 0) {
24          throw invalid_argument("半徑不可以為負的");
25      }
26      return M_PI*radius*radius;
27  }
```

```
請輸入圓的半徑: 5
圓的面積為 78.5398
```

```
請輸入圓的半徑: -2
半徑不可以為負的
```

練習題

14.4 試問下一程式的輸入值分別為 26、34、42 時，其輸出結果為何？

範例程式：practice14-4.cpp

```
01  #include <iostream>
02  using namespace std;
03
04  int main()
05  {
06      double temp;
07      cout << "Enter a temperature: ";
08      cin >> temp;
09
10      try {
11          if (temp >= 40) {
12              throw runtime_error("Exceptional handle");
13          }
14          else {
15              cout << "Today temperature is " << temp << endl;
16          }
17      }
18      catch (runtime_error &ex) {
19          cout << ex.what() << endl;
20          cout << "It is too hot" << endl;
21      }
22
23      return 0;
24  }
```

14-3 自行定義的異常類別

在定義一圓形類別時，用以求其周長和面積時，當半徑小於等於 0 時，將是不合法的圓形，此時可定義一類別為 CircleException，讓它繼承 logic_err 類別，如下所示：

```
class CircleException: public logic_error {

};
```

CircleException 的 UML 類別圖，如圖 14-2 所示：

CircleException: logic_error	說明
-radius: int	半徑
+ CircleException(int r=1)	建構函式

圖 14-2 CircleException 的 UML 類別圖

Circle 的 UML 類別圖，如圖 14-3 所示：

Circle	說明
-radius: int	半徑
-isValid(int)	
+Circle(int r=1)	建構函式
+getRadius(): int	回傳圓的半徑
+setRadius(int): void	設定圓的半徑
+getPerimeter(): double	回傳圓周長
+getArea(): double	回傳圓面積

圖 14-3 Circle 的 UML 類別圖

以下是其完整的程式：

範例程式：exception_Circle.cpp

```
01  #include <iostream>
02  #include <cmath>
03  #include <iomanip>
04  using namespace std;
05
06  class CircleException: public logic_error {
07  private:
08      int radius;
09
10  public:
11      CircleException(int r=1);
12      int getRadius();
13  };
14
```

```
15  CircleException::CircleException(int r):
16     logic_error("Invalid Circle\n")
17  {
18      radius = r;
19  }
20
21  int CircleException::getRadius()
22  {
23      return radius;
24  }
25
26  //Circle class
27  class Circle {
28  private:
29      int radius;
30      bool isValid(int);
31
32  public:
33      Circle(int r=1);
34      int getRadius();
35      void setRadius(int);
36
37      //圓形的周長
38      double getPerimeter();
39      //圓形的面積
40      double getArea();
41      void show();
42  };
43
44  Circle::Circle(int r)
45  {
46      if (!isValid(r)) {
47          throw CircleException(r);
48      }
49      radius = r;
50  }
51
52  int Circle::getRadius()
53  {
54      return radius;
55  }
56
57  void Circle::setRadius(int r)
```

```
58  {
59      if (!isValid(r)) {
60          throw CircleException(r);
61      }
62      radius = r;
63  }
64
65  double Circle::getPerimeter()
66  {
67      return 2*M_PI*radius;
68  }
69
70  double Circle::getArea()
71  {
72      return radius*radius*M_PI;
73  }
74
75  void Circle::show()
76  {
77      cout << fixed << setprecision(2);
78      cout << "Radius is " << radius << endl;
79      cout << "Perimeter: " << getPerimeter() << endl;
80      cout << "Area: " << getArea() << endl << endl;
81  }
82
83  bool Circle::isValid(int r)
84  {
85      return (r > 0);
86  }
87
88  int main()
89  {
90      try {
91          Circle cirObj;
92          cirObj.show();
93
94          Circle cirObj2(2);
95          cirObj2.show();
96
97          cirObj.setRadius(-1);
98          cirObj.show();
99      }
100     catch (CircleException &ex) {
```

```
101            cout << ex.what();
102            cout << "Radius is " << ex.getRadius() << endl;
103        }
104
105        return 0;
106    }
```

```
Radius is 1
Perimeter: 6.28
Area: 3.14

Radius is 2
Perimeter: 12.57
Area: 12.57

Invalid Circle
Radius is -1
```

isValid 函式檢查圓形是否合法（半徑要大於 0）。此函式定義為 private，所以只能用於 Circle 類別內。

當我們建立 Circle 物件時，建構函式便呼叫 isValid(r) 函式檢查是否合法。若不合法，CircleException 物件將被建立並丟出異常。同時也會在 setRadius 函式被呼叫時加以檢查。當呼叫 setRadius(r)函式時，馬上呼叫 isValid(r)。此處的 r 是新設定的半徑。

範例程式使用無參數的建構函式，用以建立 Circle 物件 cirObj 和一個半徑為 2 的 cirObj2 物件，然後顯示圓的周長與半徑，最後將 cirObj 物件的 radius 設定為 -1，此時將會丟出 CircleException 異常。此異常將會被 catch 區段所捕捉。

14-4 多個 catch 區段

有時異常處理有多個時，就可以利用多個 catch 區段有補捉。如上一範例程式，若半徑大於 100 時也是異常時，此時要再加入一個處理此狀況的異常處理機制。如下一範例程式所示：

範例程式：multipleException.cpp

```
01  #include <iostream>
02  #include <cmath>
03  #include <iomanip>
04  using namespace std;
05
06  //exception handle: CircleException
07  class CircleException: public logic_error {
08  private:
09      int radius;
10
11  public:
12      CircleException(int r=1);
13      int getRadius();
14  };
15
16  CircleException::CircleException(int r):
17     logic_error("Invalid Circle\n")
18  {
19      radius = r;
20  }
21
22  int CircleException::getRadius()
23  {
24      return radius;
25  }
26
27  //exception handle: TooBigException
28  class TooBigException: public logic_error {
29  private:
30      int radius;
31
32  public:
33      TooBigException(int r=1);
34      int getRadius();
35  };
36
37  TooBigException::TooBigException(int r):
38     logic_error("Radius too big\n")
39  {
40      radius = r;
41  }
42
43  int TooBigException::getRadius()
44  {
```

```
45        return radius;
46    }
47
48    //Circle class
49    class Circle {
50    private:
51        int radius;
52        bool isValid(int);
53
54    public:
55        Circle(int r=1);
56        int getRadius();
57        void setRadius(int);
58        double getPerimeter();
59        double getArea();
60        void show();
61    };
62
63    Circle::Circle(int r)
64    {
65        if (!isValid(r)) {
66            throw CircleException(r);
67        }
68        radius = r;
69    }
70
71    int Circle::getRadius()
72    {
73        return radius;
74    }
75
76    void Circle::setRadius(int r)
77    {
78        if (!isValid(r)) {
79            throw CircleException(r);
80        }
81        radius = r;
82    }
83
84    double Circle::getPerimeter()
85    {
86        return 2*M_PI*radius;
87    }
88
89    double Circle::getArea()
90    {
```

```
91      return radius*radius*M_PI;
92  }
93
94  void Circle::show()
95  {
96      cout << fixed << setprecision(2);
97      cout << "Radius is " << radius << endl;
98      cout << "Perimeter: " << getPerimeter() << endl;
99      cout << "Area: " << getArea() << endl << endl;
100 }
101
102 bool Circle::isValid(int r)
103 {
104     if (r > 100) {
105         throw TooBigException(r);
106     }
107     else {
108         return (r > 0);
109     }
110 }
111
112 int main()
113 {
114     try {
115         Circle cirObj;
116         cirObj.show();
117
118         Circle cirObj2(2);
119         cirObj2.show();
120
121         cirObj.setRadius(101);
122         cirObj.show();
123     }
124
125     catch (CircleException &ex) {
126         cout << ex.what();
127         cout << "Radius is " << ex.getRadius() << endl;
128     }
129
130     catch (TooBigException & ex) {
131         cout << ex.what();
132         cout << "Radius is " << ex.getRadius() << endl;
133     }
134
135     return 0;
136 }
```

```
Radius is 1
Perimeter: 6.28
Area: 3.14

Radius is 2
Perimeter: 12.57
Area: 12.57

Radius too big
Radius is 101
```

程式中多了一個 TooBigException 類別，它也是繼承 logic_error 的異常類別。在 isValide(r) 檢視半徑若大於 100，則會擲出 TooBigException(r) 給 TooBigExecption 異常類別來處理。若小於 0，則會擲出 CircleException(r) 給 CircleExecption 異常類別來處理。

14-5 區段指定異常的順序

在區段指定異常的順序是非常重要的。父類別型態的 catch 區段，應該是出現在子類別型態的 catch 區段之後。否則，子類別的異常總是捕捉父類別的 catch 區段。例如，圖 14-4 的(a)是錯誤的，因為 CircleException 是 logic_error 的子類別，而(b)是對的。在(a)中，try 區段產生的 CircleException，被 logic_error 的 catch 區段所捕捉。

(a)錯誤的順序	(b)正確的順序

try {
    …
}
catch (logic_error &ex) {
    …
}
catch (CircleException &ex) {
    …
}
	try {
	    …
	}
	catch (CircleException &ex) {
	    …
	}
	catch (logic_error &ex) {
	    …
	}

圖 14-4 區段指定異常的順序

您可以使用省略符號（...）當作 catch 的參數，無論什麼樣的異常型態被丟出，它將捕捉任何的異常。若將此置於最後，當所有的異常都沒有被捕捉時，它是預定的異常補捉器，如以下敘述所示：

```
try {
    此處執行某些程式敘述
}
catch (Exception &ex1){
    cout << "Handle Exception_1" << endl;
}
catch (Exception &ex2){
    cout << "Handle Exception_2" << endl;
}
catch (…) {
    cout << "Handle all other exceptions" << endl;
}
```

練習題

14.5 在一個 throw 敘述中可以擲出多個異常嗎？在 try-catch 區段中可以有多個 catch 區段嗎？

14.6 假設 statement2 敘述在 try-catch 區段中會引起異常的發生。

```
try {
    statement1;
    statement2;
    statement3;
}
catch (Exception &ex1) {
}
catch (Exception &ex2) {
}
statement4;
```

試回答下例問題：

(a) statement3 會被執行嗎？

(b) 若異常沒有被捕捉到，則 statement4 會被執行嗎？

(c) 若異常在 catch 區段被捕捉到，則 statement4 會被執行嗎？

14-6 異常傳送順序

現在您應該知道如何宣告異常與如何擲出異常。當一異常被擲出時，它可能在區段中被捕捉與處理之，異常的擲出經由一連串的呼叫函式，直到它有捕捉到或已到達 main 函式。如下所示：

```
try {
    此處執行某些程式敘述
}
catch (exception &ex1) {
    處理 exception1 的異常敘述
}
catch (exception &ex2) {
    處理 exception2 的異常敘述
}
…
catch (exception &exN) {
    處理 exceptionN 的異常敘述
}
```

在執行 try 區段時，若沒有異常產生，將跳過 catch 區段。若在 try 區段中有一敘述擲出異常時，會跳過在 try 區段中其餘的敘述，並且開始尋找異常補捉器（exception handler）來處理異常。

從目前的函式經由函式呼叫鏈（function call chain）加以搜尋，第一個 catch 區段開始檢查到最後一個，看看是否符合異常物件型態的 catch 區段。若有符合，則異常的物件將會指定給宣告的變數，並執行在 catch 區段的程式碼。

若沒有符合，則將離開此函式，並傳送異常給呼叫此函式的函式，繼續尋找異常補捉器，若在函式鏈中都沒找到，此時會出現錯誤的訊息於控制台且結束執行。

假設 main 函式呼叫 function1，function1 呼叫 function2，function2 呼叫 function3，並且 function3 丟出異常，如圖 14-5 所示。請考慮下列的劇情：

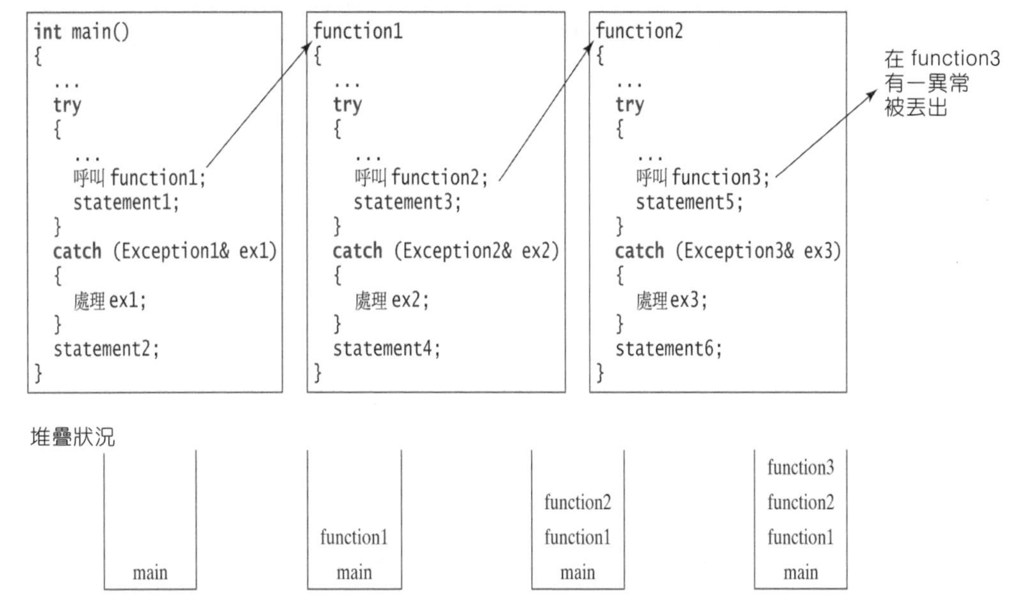

圖 14-5 若異常沒有被目前的函式捕捉，它將傳送給呼叫者。此過程一直重複，直到異常被捕捉或是傳送給 main 函式

- 若異常的型態是 Exception3，它將在 function2 函式處理 ex3 異常的 catch 區段中被捕捉。statement5 將會跳過，直接執行 statement6。
- 若異常的型態是 Exception2，此時 function2 將會被中止，控制權返回到 function1。在 function1 函式處理 ex2 異常的 catch 區段中被捕捉。statement3 將會跳過，直接執行 statement4。
- 若異常的型態是 Exception1，此時 function1 將會被中止，控制權返回到 main。在 main 函式處理 ex1 異常的 catch 區段中被捕捉。statement1 將會跳過，直接執行 statement2。
- 若異常的型態沒有在 function2、function1 以及 main 函式中被捕捉，程式將會結束執行。此時 statement1 和 statement2 都不會被執行。

14-7 重新擲出異常訊息

若異常無法處理或是想要讓呼叫者注意時，C++ 允許異常補捉器可以重新擲出異常。其語法如下所示：

```
try {
      執行的敘述
}
catch (TheException& ex) {
      執行一些動作
      throw;
}
```

throw 敘述重丟異常（rethrow exception），所以其他的異常補捉器有機會處理它。範例程式 rethrow.cpp 展示如何重丟異常。

範例程式：rethrow.cpp

```
01  #include <iostream>
02  using namespace std;
03  
04  int test()
05  {
06      try {
07          throw runtime_error("Exception in test()");
08      }
09      catch (exception &ex) {
10          cout << "異常在 test()函式被補捉" << endl;
11          cout << ex.what() << endl;
12          throw; //重丟異常
13      }
14  }
15  
16  int main()
17  {
18      try {
19          test();
20      }
21      catch (exception &ex) {
22          cout << "異常在 main()函式被補捉" << endl;
23          cout << ex.what() << endl;
24      }
```

```
25        cout << "~~~over~~~" << endl;
26
27        return 0;
28    }
```

```
異常在 test()函式被補捉
Exception in test()
異常在 main()函式被補捉
Exception in test()
```

此程式的 main() 函式呼叫 test() 函式，此函式擲出異常物件。此異常被 catch 區段被捕捉，並利用 throw 重新擲出給 main() 函式。在 main() 函式的 catch 區段捕捉到重新擲出的異常，並加以處理。

在 test 函式內，有一敘述為 throw，表示重新擲出異常訊息。

練習題

14.7 假設有一敘述如下，當執行 statement2 引起異常時：

```
try {
     statement1;
     statement2;
     statement3;
}
catch (Exception &ex1) {
}
catch (Exception &ex2) {
}
catch (Exception &ex3) {
    statement4;
    throw;
}
statement5;
```

試回答下列問題：

(a) 若此異常沒有被捕捉，statement5 會被執行嗎？

(b) 若此異常是 Exception3 型態，statement4 和 statement5 敘述會被執行嗎？

14-8 練習題解答

14.1
```
Enter a temperature: 40
The temperature is 40
It is too hot
~~~over~~~
```

14.2
```
Enter a temperature: 26
Today temperature is 26
~~~over~~~
```

14.3 不會產生錯誤，C++ 允許 catch 可省略參數。

14.4

```
Enter a temperature: 26
Today temperature is 26
```

```
Enter a temperature: 34
Today temperature is 34
```

```
Enter a temperature: 40
Exceptional handle
It is too hot
S
```

14.5 不可以擲出多個異常。可以有多個 catch 區段。

14.6 (a)不會　(b)不會　(c)會

14.7 (a)不會　(b)statement4 會被執行，但 statement5 不會被執行。

14-9 習題

1. 仿照內文中的範例程式 exception_circle.cpp，實作一個判斷三角形異常的狀況。合法的三角形為任何兩邊要大於第三邊，否則它是不合法的三角形。TriangleException 的 UML 類別圖，如圖 14-6 所示：

TriangleException: logic_err	
-side1: int	三角形邊長之一
-side2: int	三角形邊長之二
-side3: int	三角形邊長之三
+TriangleException(int s1=1, int s2=1, int s3=1)	建構函式
+getSide1(): int	回傳 side1 邊長
+getSide2(): int	回傳 side2 邊長
+getSide3(): int	回傳 side3 邊長

圖 14-6 TriangleException 的 UML 類別圖

而 Triangle 類別的 UML 類別圖，如圖 14-7 所示：

Triangl/e	
-side1: int	三角形邊長之一
-side2: int	三角形邊長之二
-side3: int	三角形邊長之三
-isValide(int, int, int): bool	判斷是否合法三角形
+Triangle(int s1=1, int s2=1, int s3=1)	建構函式
+getSide1(): int	回傳三角形之邊長一
+getSide2(): int	回傳三角形之邊長二
+getSide3(): int	回傳三角形之邊長三
+setSide1(int): void	設定三角形之邊長一
+setSide2(int): void	設定三角形之邊長二
+setSide3(int): void	設定三角形之邊長三
+getPerimeter(): double	回傳三角形的周長
+getArea(): double	回傳三角形的面積

圖 14-7 Triangle 的 UML 類別圖

請在建構函式和設定邊長時加以判斷它是否為合法的三角形。三角形的面積可利用三邊長計算之。公式如下：

```
double s = (side1 + side2 + side3)/2.0
double area = sqrt(s*(s-side1)*(s-side2)*(s-side3))
```

2. 將第 1 題再加上檢測每一邊是否有負的，所以需加以 NegativeSideException 異常類別，並在 Triangle 類別的 private 區段加上 checkIsNegative(int)函式，用以檢測每一邊是否為負的。

3. 實作 binToDec 函式，若字串不是二進位的字串，則擲出 invalid_argument 異常。請撰寫一測試程式，提示使用者輸入二進位的數字當作字串，然後顯示以十進位表示的數字。

4. 請將第 3 題的 binToDec 函式，當字串不是二進位字串時，擲出 FormatException。請定義一個名為 FormatException 的自訂異常。請撰寫一測試程式提示使用者輸入二進位的數字當作字串，然後顯示以十進位表示的數字。

5. 在運算子多載的那一章有論及在 Rational 類別中有介紹如何多載註標運算子 []，若註標不是 0 或是 1，函式將丟出 runtime_error 異常。請自定客製化的異常 SubscriptException，並且在索引不是 0 或是 1 時，讓函式運算子丟出 SubscriptException 異常。請撰寫一含有 try-catch 區塊的測試程式，來處理此異常的型態。

標準樣板函式庫

樣板（template）是 C++程式語言中的一個重要特徵，對程式設計帶來很大的利基，而標準樣板函式庫（standard template library，STL）正是基於此項特徵而建立的。本章將討論一些常用的樣板，如 vector、list 與 forword_list 等等。就讓我們繼續看下去。

15-1 vector 樣板

您可以使用陣列來儲存資料集合，如字串和 int 值。有一嚴重的限制那就是當陣列建立後其大小就固定了。C++ 提供 vector（向量）類別，它比陣列更加有彈性。使用 vector 物件有如陣列一般，但 vector 的大小在需要時會自動增加。

建立 vector 的語法如下：

```
vector<dataType> vectorName;
```

例如，

```
vector<int> intVector;
```

此敘述建立資料型態為 int 值的 vector。而

```
vector<double> intVector;
```

則是建立資料型態為 double 值的 vector。

同理，你也可以建立資料型態為 string 的 vector，只要上述敘述的 double 改為 string 即可。

圖 15-1 是其 UML 圖，列出一些在 vector 類別中常用的函式。

vector 類別	說明
+vector<Type>()	建構指定型態的空 vector。
+vector<Type>(size: int)	建構有起始大小和預設值為 0 的 vector。
+vector<Type>(size: int, defaultValue:Type)	建構有起始大小和指定值的 vector。
+push_back(element: Type): void	附加一元素於 vector。
+pop_back(): void	移除 vector 的最後一個元素。
+size(): unsigned const	回傳 vector 的元素個數。
+at(index: int): Type const	回傳 vector 指定索引的元素。
+empty(): bool const	若 vector 是空的，則回傳 true。
+clear(): void	刪除 vector 所有元素。
+swap(v2: vector): void	交換兩個 vector 的元素。

圖 15-1 vector 類別中常用的方法

您也可以使用初始長度建立 vector，並以預設值填入。例如，

```
vector<int> intVector(100);
```

是以初始大小為 100 和預設值為 0，來建立資料型態為整數的 vector。

可使用註標運算子 [] 來擷取 vector 其中的某一元素。例如，

```
cout << intVector[1]
```

顯示 vector 的第二個元素。而

```
cout << intVector[99]
```

則顯示 vector 的最後一個元素，亦即第 100 個元素。

如同陣列，vector 的索引也是從 0 開始。在 vector 中第一個元素的索引是 0，而最後一個是 v.size() - 1。使用超過索引範圍將會產生錯誤，如 vector[100]。請參閱範例程式 vector-1.cpp。

範例程式：vector-1.cpp

```
01  #include <iostream>
02  #include <vector>
03  using namespace std;
04
05  int main()
06  {
07      vector<int> intVector;
08
09      //將數字 0 到 8 存在整數的 vector 中
10      for (int i=0; i<9; i++) {
11          intVector.push_back(i);
12      }
13
14      //顯示 intVector 的資料
15      cout << "在 intVector 的資料如下: ";
16      for (int i=0; i<intVector.size(); i++) {
17          cout << intVector[i] << " ";
18      }
19
20      vector<string> stringVector;
21
22      //將一些字串附加於 stringVector 中
23      stringVector.push_back("iceland");
24      stringVector.push_back("Japan");
25      stringVector.push_back("France");
26      stringVector.push_back("England");
27      stringVector.push_back("Italy");
28      stringVector.push_back("Taiwan");
29      stringVector.push_back("Korea");
30
31      ///顯示 stringVector 的資料
32      cout << "\n在 stringVector 的資料如下: " << endl;
33      for (int i=0; i<stringVector.size(); i++) {
34          cout << stringVector[i] << endl;
35      }
36      stringVector.pop_back(); //刪除最後一個字串
37
38      vector<string> v2;
39      //將 stringVector 的交換給 v2
40      v2.swap(stringVector);
41      //將 v2 的第一個元素以 "USA" 字串取代
42      v2[0] = "USA";
```

```
43
44      //重新顯示 v2 的資料
45      cout << "\nv2 的資料如下: " << endl;
46      for (int i=0; i<v2.size(); i++) {
47          cout << v2.at(i) << endl;
48      }
49
50      return 0;
51  }
```

```
在 intVector 的資料如下: 0 1 2 3 4 5 6 7 8
在 stringVector 的資料如下:
iceland
Japan
France
England
Italy
Taiwan
Korea

v2 的資料如下:
USA
Japan
France
England
Italy
Taiwan
```

因為在程式中使用 vector 類別，所以要載入<vector>。程式首先建立一儲存 int 值的 vector，名為 intVector。然後利用 push_back() 附加 int 值於 intVector 中。vector 大小是無限制的。當更多的元素要加入時，vector 大小會自動地增長，再來顯示 intVector 所有的 int 值。註標運算子 [] 用於擷取 vector 的元素。

接著建立一儲存 string 的 vector，名為 stringVector。利用 push_back()函式，附加七個字串於 vector 中，之後顯示 stringVector 所有的 string。

程式也利用了 pop_back() 函式，從中移除最後一個元素。另外建立另一個 vector，名為 v2。將 v2 與 stringVector 調換。同時指定新的字串給 v2[0]。程式顯示在 v2 中的字串 D。注意，at 函式是用於擷取元素的，也可以使用註標運算子 [] 來擷取元素。

size() 函式回傳的大小，它是資料型態 unsigned（例如 unsigned int），而不是 int。有一些編譯器可能警告您，因為在變數 i 中使用 unsigned 與 signed int 值。不過，這只是警告而不會引起任何問題，因為在此範例 unsigned 值會自動向上提升為 signed 值。若要防止此警告，請將 i 宣告為 unsigned，如下所示：

```
for (unsigned i = 0; i < stringVector.size(); i++) {
    cout << stringVector[i] << endl;
}
```

練習題

15.1 (a) 如何宣告一儲存 double 值的 vector？

(b) 如何附加一 double 值 16.8 於 vector？

(c) 如何計算 vector 的大小？

(d) 如何從 vector 刪除元素？

15.2 為什麼在(a)中的程式碼是錯的，而在(b)中的程式碼是對的？

(a)
```
vector<int> v;
v[0] = 168
```

(b)
```
vector<int> v(100);
v[0] = 168
```

15-2 使用 vector 樣板取代陣列

vector 物件的使用如同陣列，但有一些不同之處。表 15.1 列出它們的相似性與差異性。

表 15.1 陣列與 vector 的相似性與差異性

運作	陣列	vector
建立陣列／vector	string arr[10]	vector<string> v
存取元素	arr[index]	v[index]
更新元素	arr[index] = "Taiwan"	v[index] = "Taiwan"
回傳大小		v.size()
附加新的元素		v.push_back("Taiwan")
移除最後一個元素		v.pop_back()
移除所有元素		v.clear()

陣列和 vector 皆可以儲存一系列的元素。若資料的大小是固定的，則陣列較有效率。vector 類別包含許多用以存取和運作函式。使用 vector 比陣列更有彈性。一般而言，可使用 vector 取代陣列。在前面幾章的所有使用陣列的範例皆可使用 vector 來取代。

回想第 6 章陣列的範例程式 pokerUsingArray.cpp，從 52 張牌中隨機抽取 6 張，它是使用陣列。此處我們使用 vector 來儲存 0 到 51 共 52 張牌。

```
const int NUMBER_OF_CARDS = 52;
vector<int> poker(NUMBER_OF_CARDS);
//初始 poker 的值，由 0 開始，直到 51
for (int i=0; i<NUMBER_OF_CARDS; i++) {
    poker[i] = i;
}
```

poker[0] 到 poker [12] 是 Clubs，poker [13] 到 poker 25] 是 Diamonds，poker [26] 到 poker[38] 是 Hearts，poker [39] 到 poker[51] 是 Spades。請看範例程式 pokerUsingVector.cpp。

範例程式：pokerUsingVector.cpp

```
01  #include <iostream>
02  using namespace std;
03  
04  const int NUMBER_OF_CARDS = 52;
05  string suits[4] = {"Spades", "Hearts", "Diamonds", "Clubs"};
06  string ranks[13] = {"Ace", "2", "3", "4", "5", "6", "7", "8",
07                      "9","10", "Jack", "Queen", "King"};
08  
09  int main()
10  {
11      vector<int> poker(NUMBER_OF_CARDS);
12      //初始 poker 的值，由 0 開始，直到 51
13      for (int i=0; i<NUMBER_OF_CARDS; i++) {
14          poker[i] = i;
15      }
16  
17      //洗牌
18      srand(unsigned(time(NULL)));
19      for (int i = 0; i < NUMBER_OF_CARDS; i++) {
20          //產生隨機的索引
21          int index = rand() % NUMBER_OF_CARDS;
```

```
22            int temp = poker[i];
23            poker[i] = poker[index];
24            poker[index] = temp;
25        }
26
27        //顯示前六張牌
28        for (int i=0; i<=5; i++) {
29            cout << ranks[poker[i] % 13] << " of " <<
30                   suits[poker[i] / 13] << endl;
31        }
32
33        return 0;
34    }
```

```
8 of Hearts
9 of Clubs
Ace of Hearts
Jack of Hearts
3 of Clubs
Queen of Spades
```

此程式與第 6 章的範例程式 pokerUsingArray.cpp 寫法大致相同，除了載入 vector 類別和使用 vector 取代陣列，來儲存所有的卡片外。有趣的是使用 vector 和陣列是很相似的，因為在 vector 使用中括號，如同存取陣列的元素。

也可以將程式中的 suits 與 ranks 陣列改用 vector。若您這樣做，則必須撰寫較多行的程式碼，需利用 push_back() 加入 suits 與 ranks 元素於 vector 中，你可以自行做做看。

一個 vector 的 vector 可用來表示二維陣列。以下敘述是表示九列九行的二維陣列。

```
vector<vector<int>> matrix(9);
for (int x=0; x<9; x++) {
    matrix[x] = vector<int>(9);
}
```

下一範例程式是以二維的 vector 為參數，將輸出九九的相乘積。

範例程式：passTwoDimensionalVector.cpp

```
01  #include <iostream>
02  #include <iomanip>
03  using namespace std;
04  void rowTotal(vector<vector<int>> &);
05  
06  int main()
07  {
08      vector<vector<int>> matrix(9);
09      for (int x=0; x<9; x++) {
10          matrix[x] = vector<int>(9);
11      }
12  
13      for (int i=0; i<9; i++) {
14          for (int j=0; j<9; j++) {
15              matrix[i][j] = (i+1)*(j+1);
16              cout << setw(4) << matrix[i][j] << " ";
17          }
18          cout << endl;
19      }
20  
21      rowTotal(matrix);
22      return 0;
23  }
24  
25  void rowTotal(vector<vector<int>> &m)
26  {
27      unsigned long rowSize = m[0].size();
28      vector<int> tot(rowSize);
29      for (int i=0; i<rowSize; i++) {
30          tot[i] = 0;
31      }
32  
33      cout << "\n===========\n";
34      for (unsigned long r=0; r<m.size(); r++) {
35          for (unsigned long c=0; c<m[r].size(); c++) {
36              tot[r] += m[r][c];
37          }
38          cout << "tot[" << r << "] = " << tot[r] << endl;
39      }
40  }
```

```
    1    2    3    4    5    6    7    8    9
    2    4    6    8   10   12   14   16   18
    3    6    9   12   15   18   21   24   27
    4    8   12   16   20   24   28   32   36
    5   10   15   20   25   30   35   40   45
    6   12   18   24   30   36   42   48   54
    7   14   21   28   35   42   49   56   63
    8   16   24   32   40   48   56   64   72
    9   18   27   36   45   54   63   72   81

===========
tot[0] = 45
tot[1] = 90
tot[2] = 135
tot[3] = 180
tot[4] = 225
tot[5] = 270
tot[6] = 315
tot[7] = 360
tot[8] = 405
```

matrix 宣告為 int 的 vector 物件。matrix[i] 中的每一元素是另一個 vector，所以 matrix[i][j] 表示在二維 vector 中的第 i 列與第 j 行。

rowTotal 函式回傳二維 vector 中每一列的和。vector 的大小可從 vector 類別中的 size() 函式獲得，所以在呼叫 rowTotal 函式時不需要指明 vector 的大小，只要一個參數&m 接收呼叫函式的引數 matrix 即可，此為參考呼叫。

練習題

15.3 請使用 vector 表示以下的陣列，並撰寫程式加以印出？

```
double arr[4] = {1.1, 2.2, 3.3, 4.4, 5.5};
```

15.4 請使用 vector 表示以下的陣列？

```
int arr2[3][5] = {{ 1,  2,  3,  4,   5},
                  { 6,  7,  8,  9,  10},
                  {11, 12, 13, 14, 15}}
```

15-3 iterator 資料型態

在 vector 中可以利用 iterator（迭代器）的資料型態，其實它是記憶空間位址，使用方法和指標相同。請參閱範例程式 vectorUsingIterator.cpp。

範例程式：vectorUsingIterator.cpp

```
01  #include <iostream>
02  #include <vector>
03  #include <iterator>
04  using namespace std;
05  
06  int main()
07  {
08      vector<int> v;
09      vector<int>::iterator iter;
10  
11      for (int i=0; i<10; i++) {
12          v.push_back(i);
13      }
14  
15      cout << "size: " << v.size() << endl;
16      //由前面往後面輸出
17      for (iter=v.begin(); iter!=v.end(); iter++) {
18          cout << *iter << " ";
19      }
20      cout << endl;
21  
22      vector<int>::reverse_iterator riter;
23      //由後面往前面輸出
24      for (riter = v.rbegin(); riter != v.rend(); riter++) {
25          cout << *riter << " ";
26      }
27      cout << endl << endl;
28  
29      //加入和刪除
30      //在 vector 物件 v 的前端加入 100
31      v.insert(v.begin(), 100);
32      for (iter=v.begin(); iter!=v.end(); iter++) {
33          cout << *iter << " ";
34      }
35      cout << endl;
```

```
36
37          //在 vector 物件 v 的最後一個元素的下一個加入 200
38          v.insert(v.end(), 200);
39          for (iter=v.begin(); iter!=v.end(); iter++) {
40              cout << *iter << " ";
41          }
42          cout << endl;
43
44          //在 vector 物件 v 的第三個元素的位置加入 100
45          v.insert(v.begin()+2, 300);
46          for (iter=v.begin(); iter!=v.end(); iter++) {
47              cout << *iter << " ";
48          }
49          cout << endl;
50
51          vector<int> other_v(5); //建立另一個 vector 為 other_v
52          for (int i=0; i<5; i++) {
53              cout << "Enter an integer: ";
54              cin >> other_v[i];
55          }
56
57          for (iter=other_v.begin(); iter!=other_v.end(); iter++) {
58              cout << *iter << " ";
59          }
60          cout << endl;
61
62          //從 v 向量的第一個位置，加入 other_v 向量的第二個元素～最後一個元素
63          v.insert(v.begin(), other_v.begin()+1, other_v.end());
64          for (iter=v.begin(); iter!=v.end(); iter++) {
65              cout << *iter << " ";
66          }
67          cout << endl;
68
69          v.erase(v.begin()+5);     //刪除 v 的第 6 個元素
70          for (iter=v.begin(); iter!=v.end(); iter++) {
71              cout << *iter << " ";
72          }
73          cout << endl;
74
75          return 0;
76      }
```

```
size: 10
0 1 2 3 4 5 6 7 8 9
9 8 7 6 5 4 3 2 1 0

100 0 1 2 3 4 5 6 7 8 9
100 0 1 2 3 4 5 6 7 8 9 200
100 0 300 1 2 3 4 5 6 7 8 9 200
Enter an integer: 11
Enter an integer: 22
Enter an integer: 33
Enter an integer: 44
Enter an integer: 55
11 22 33 44 55
22 33 44 55 100 0 300 1 2 3 4 5 6 7 8 9 200
22 33 44 55 100 300 1 2 3 4 5 6 7 8 9 200
```

在程式中有一資料型態為 iterator 的變數 iter，其宣告方式如下：

```
vector<int>::iterator iter;
```

它是正向的迭代器。接下來，將 v.begin()指定給 iter，此時 iter 指向 v 的第一個元素的記憶體位址。而 v.end()則是指向 v 最後一個元素的下一個元素記憶體位址也是記憶空間位址，如圖 15-2 所示：

begin						end
[0]	[1]	[2]	[3]	[4]	[5]	
10	20	30	40	50	60	

圖 15-2 正向迭代器 begin 和 end 的指標

程式中也定義了一個反向的迭代器 riter，如下所示：

```
vector<int>::reverse_iterator riter;
```

接下來，將 v.rbegin()指定給 riter，此時 riter 指向 v 的最後一個元素的記憶體位址。而 v.rend()則是指向 v 第一個元素的前一個元素記憶體位址，如圖 15-3 所示。

rend						rbegin
	[0]	[1]	[2]	[3]	[4]	[5]
	10	20	30	40	50	60

圖 15-3 反向迭代器 rbegin 和 rend 的指標

以下片段程式

```
vector<int>::reverse_iterator riter;
//由後面往前面輸出
for (riter = v.rbegin(); riter != v.rend(); riter++) {
     cout << *riter << " ";
}
cout << endl << endl;
```

表示將 vector 的元素由後面往前面輸出。程式的最後是有關加入和刪除。論述完 iterator 後，我們來討論串列（list）。

15-4 list 樣板

此處的 list 是雙向的鏈結串列（doubly-linked list），其常用的功能如表 15.2 所示：

表 15.2 串列的常用函式功能

函式	功能說明
size	取得串列的長度
empty	回傳串列是否為空串列
front	取得串列前瑞的元素
back	取得串列尾瑞的元素
push_back	將一元素加入串列的尾端
push_front	將一元素加入串列的前端
pop_back	將串列尾端的元素加以刪除
pop_front	將串列前端的元素加以刪除
splice	轉換元素從某一串列到另一串列
merge	合併已排序好的串列

使用表 15.2 串列的函式功能，記得要載入 list 標頭檔。

範例程式：listOperationUsingFunction.cpp

```
01  #include <iostream>
02  #include <list>
03  using namespace std;
04
```

```
05  int main()
06  {
07      list<int> lst = {10, 20, 30};
08      cout << "lst：";
09      for (auto data: lst) {
10          cout << data << " ";
11      }
12      cout << endl;
13
14      cout << "lst 串列的長度：" << lst.size() << endl;
15      cout << "lst 串列的第一個元素：" << lst.front() << endl;
16      cout << "lst 串列的最後一個元素：" << lst.back() << endl;
17      cout << "lst 串列是否為空串列：" << lst.empty() << endl;
18      return 0;
19  }
```

```
lst：10 20 30
lst 串列的長度：3
lst 串列的第一個元素：10
lst 串列的最後一個元素：30
lst 串列是否為空串列：0
```

使用迭代器的指標運作，如表 15.3 所示：

表 15.3　迭代器的指標

指標	功能說明
begin	指向串列第一個元素
end	指向串列最後一個元素的下一個
rbegin	指向串列最後一個元素（反向迭代器）
rend	指向串列第一個元素的前一個（反向迭代器）

使用表 15.3 的迭代器指標，記得要載入 iterator 標頭檔。

範例程式：listOperationUsingIterator.cpp

```
01  #include <iostream>
02  #include <list>
03  #include <iterator>
04  using namespace std;
05
06  int main()
07  {
```

```
08        list<int> lst = {10, 20, 30};
09        list<int>::iterator iter;
10        list<int>::reverse_iterator riter;
11
12        cout << "串列_lst 的元素計有：";
13        for (auto data: lst) {
14            cout << data << " ";
15        }
16        cout << endl;
17
18        iter = lst.begin();
19        cout << "串列第一個元素：" << *iter << endl;
20        iter++;
21        cout << "串列第二個元素：" << *iter << endl;
22
23        iter = lst.end(); //指向最後一個元素的下一個元素位址
24        iter--; //指向最後一個元素的位址
25        cout << "串列最後一個元素：" << *iter << endl;
26
27        //反向迭代器
28        riter = lst.rbegin();
29        cout << "\n 利用反向迭代器：" << endl;
30        cout << "串列最後一個元素：" << *riter << endl;
31
32        riter = lst.rend();
33        riter--;
34        cout << "串列第一個元素：" << *riter << endl;
35        return 0;
36    }
```

```
串列_lst 的元素計有：10 20 30
串列第一個元素：10
串列第二個元素：20
串列最後一個元素：30

利用反向迭代器：
串列最後一個元素：30
串列第一個元素：10
```

若想在串列某個位置上加入元素，可使用 insert()函式完成之，語法如下：

insert 函數語法	功能
`insert(iterator position,` `const value_type& val)`	在迭代器 position 位置加入 val 值
`insert(iterator position,` `size_type const value_type& val);`	在迭代器 position 位置加入 n 個 val 值

`insert(iterator position,`
`InputIterator first,`
`InputIterator last);`
	在迭代器 position 位置加入另一個迭代器所指的 first 位置開始到 last 為止的元素

請參閱下一個範例程式。

範例程式：listInsert.cpp

```
01  #include <iostream>
02  #include <list>
03  #include <iterator>
04  using namespace std;
05
06  int main()
07  {
08      list<int> lst = {10, 20};
09      list<int>::iterator iter;
10
11      cout << "串列 lst 的元素計有：\n";
12      for (auto data: lst) {
13          cout << data << " ";
14      }
15      cout << endl;
16      iter = lst.begin();
17      lst.insert(iter, 168); //加在第二個位置
18      cout << "\n 在前端加入 168 後，串列的元素計有：\n";
19      for (auto data: lst) {
20          cout << data << " ";
21      }
22      cout << endl;
23
24      iter = lst.end();
25      lst.insert(iter, 2, 66);
26      cout << "\n 在尾端加入 2 個 66 後，串列的元素計有：\n";
27      for (auto data: lst) {
```

```
28            cout << data << " ";
29        }
30        cout << endl;
31
32        vector<int> vect = {1, 3, 5, 7, 9};
33        cout << "\n向量vector的元素計有: \n";
34        for (auto data: vect) {
35            cout << data << " ";
36        }
37        cout << endl;
38
39        lst.insert(iter, vect.begin(), vect.end());
40        cout << "\n加入vector元素後，串列的元素計有：\n";
41        for (auto data: lst) {
42            cout << data << " ";
43        }
44        cout << endl;
45
46        lst.insert(iter, vect.begin()+1, vect.begin()+4);
47        cout << "\n加入vect第二個元素至第四個元素後，串列的元素計有：\n";
48        for (auto data: lst) {
49            cout << data << " ";
50        }
51        cout << endl;
52
53        return 0;
54    }
```

```
串列lst的元素計有：
10 20

在前端加入168後，串列的元素計有：
168 10 20

在尾端加入 2 個 66 後，使用迭代器的運作如下：

串列的元素計有：
168 10 20 66 66

向量vector的元素計有:
1 3 5 7 9

加入vector元素後，串列的元素計有：
168 10 20 66 66 1 3 5 7 9
```

```
加入 vect 第二個元素至第四個元素後，串列的元素計有：
168 10 20 66 66 1 3 5 7 9 3 5 7
```

接下來討論 advance 函式，這個可以移動指標的位置，其語法如下：

```
template<class InputIt, class Distance>
        void advance(InputIt& it, Distance n);
```

表示 it 將會往後移 n 個元素，若 n 是負數，則 it 由尾端往前移 n 個元素，如下列範例程式所示：

範例程式：listAdvance.cpp

```
01  #include <iostream>
02  #include <iterator>
03  #include <list>
04  using namespace std;
05
06  int main()
07  {
08      list<int> lst = {10, 20};
09      list<int>::iterator iter;
10
11      iter = lst.begin(); //iter 迭代器指向第一個元素的位置
12      list<int>::iterator range_begin;
13      list<int>::iterator range_end;
14
15      list<int> lst2 = {55, 66, 77, 88, 99};
16      range_begin = lst2.begin(); //iter2 迭代器指向第一個元素的位置
17      range_end = lst2.begin();
18      advance(range_begin, 1);
19      advance(range_end, 4);
20      cout << "加入 lst2 第二個元素至第四個元素後，串列的元素計有 \n";
21      lst.insert(iter, range_begin, range_end); //加入[1, 4]的元素
22
23      for (auto data: lst) {
24          cout << data << " ";
25      }
26      cout << endl;
27      return 0;
28
29  }
```

```
加入 lst2 第二個元素至第四個元素後，串列的元素計有
66 77 88 10 20
```

範例程式：iteratorAdvance.cpp

```
01  #include <iostream>
02  #include <iterator>
03  #include <list>
04  using namespace std;
05
06  int main()
07  {
08      list<int> v= {1, 2, 3, 4, 5};
09
10      list<int>::iterator vi = v.begin();
11      advance(vi, 3);
12      cout << *vi << ' ';
13
14      vi = v.end();
15      advance(vi, -3);
16      cout << *vi << '\n';
17  }
```

```
4 3
```

刪除串列的某些元素，則以 erase 來操作，其語法如下：

erase() 函數語法	功能
`iterator erase(iterator pos)`	刪除在 pos 位置的元素
`iterator erase(iterator first, iterator last)`	刪除區間的元素 [first, last)

請參閱範例程式 listErase.cpp 及其說明。

範例程式：listErase.cpp

```
01  #include <iostream>
02  #include <list>
03  #include <iterator>
04  using namespace std;
05
06  int main()
```

```
07  {
08      list<int> lst = {10, 20, 30, 40, 50, 60, 70, 80};
09      list<int>::iterator iter;
10      cout << "串列_lst 的元素計有：\n";
11      for (auto data: lst) {
12          cout << data << " ";
13      }
14      cout << endl;
15  
16      iter = lst.begin();
17      lst.erase(iter);
18      cout << "\n 刪除 lst 第一個元素後，串列計有：\n";
19      for (auto data: lst) {
20          cout << data << " ";
21      }
22      cout << endl;
23  
24      list<int>::iterator range_begin = lst.begin();
25      list<int>::iterator range_end = lst.begin();
26      advance(range_begin, 2);
27      advance(range_end, 6);
28      lst.erase(range_begin, range_end); //刪除一區間 lst[2, 6)
29      cout << "\n 刪除 lst 第三個元素至第六個元素後，串列計有：\n";
30      for (auto data: lst) {
31          cout << data << " ";
32      }
33      cout << endl;
34      return 0;
35  }
```

```
串列_lst 的元素計有：
10 20 30 40 50 60 70 80

刪除 lst 第一個元素後，串列計有：
20 30 40 50 60 70 80

刪除 lst 第三個元素與第六個元素後，串列計有：
20 30 80
```

若要刪除串列的所有元素，則需呼叫 clear()函式。以下是 clear 的操作，其語法如下：

原型	功能
void clear();	刪除串列所有元素

範例程式：listClear.cpp

```
01  #include <iostream>
02  #include <list>
03  #include <iterator>
04  using namespace std;
05
06  int main()
07  {
08      list<int> s;
09      list<int>::iterator iter;
10      s.push_back(1);
11      s.push_back(3);
12      s.push_back(5);
13      s.push_back(7);
14      s.push_back(9);
15      cout << "After push_back(): " << endl;
16      for (iter=s.begin(); iter!=s.end(); iter++) {
17          cout << *iter << endl;
18      }
19      s.clear();
20      cout << "After clear(): " << endl;
21
22      for (iter=s.begin(); iter!=s.end(); iter++) {
23          cout << *iter << endl;
24      }
25      if (s.empty()) {
26          cout << "list is empty" << endl;
27      }
28
29      return 0;
30  }
```

```
After push_back():
1
3
5
```

```
7
9
After clear():
list is empty
```

程式經過執行 s.clear();敘述後，此時的 s 串列成為空串列，所以印出來時是空的。也輸出了 list is empty 的訊息。

15-5 以 list 實作鏈結串列

鏈結串列是節點的結合，在資料結構上是一很重要的主題。以下範例程式將以 Student 結構當鏈結串列的節點資料，然後建立一鏈結串列。

範例程式：doubly_linked_list.cpp

```
01  #include <iostream>
02  #include <iterator>
03  #include <list>
04  using namespace std;
05  struct Student {
06      string name;
07      int score;
08  };
09
10  void display(list<Student>);
11  int main()
12  {
13      list<Student> s;
14      list<Student>::iterator iter;
15      s.push_back({"Amy", 65});
16      s.push_back({"Bright", 95});
17      s.push_back({"Linda", 90});
18      s.push_back({"Jennifer", 89});
19      s.push_back({"Mary", 78});
20      cout << "After push_back(): " << endl;
21      for (iter=s.begin(); iter!=s.end(); iter++) {
22          cout << iter->name << ' ' << iter->score << endl;
23      }
24
25      s.push_front({"John", 91});
26      cout << "\nAfter push_front: " << endl;
```

```
27        for (iter=s.begin(); iter!=s.end(); iter++) {
28            cout << iter->name << ' ' << iter->score << endl;
29        }
30
31        s.pop_back();
32        cout << "\nAfter pop_back(): " << endl;
33        for (iter=s.begin(); iter!=s.end(); iter++) {
34            cout << iter->name << ' ' << iter->score << endl;
35        }
36
37        s.pop_front();
38        cout << "\nAfter pop_front(): " << endl;
39        for (iter=s.begin(); iter!=s.end(); iter++) {
40            cout << iter->name << ' ' << iter->score << endl;
41        }
42
43        cout << "\nreverse list: " << endl;
44        list<Student>::reverse_iterator riter;
45        for (riter=s.rbegin(); riter!=s.rend(); riter++) {
46            cout << riter->name << ' ' << riter->score << endl;
47        }
48
49        return 0;
50    }
```

```
After push_back():
Amy 65
Bright 95
Linda 90
Jennifer 89
Mary 78

After push_front:
John 91
Amy 65
Bright 95
Linda 90
Jennifer 89
Mary 78

After pop_back():
John 91
Amy 65
Bright 95
```

```
Linda 90
Jennifer 89

After pop_front():
Amy 65
Bright 95
Linda 90
Jennifer 89

reverse list:
Jennifer 89
Linda 90
Bright 95
Amy 65
```

15-6 forward_list 樣板

上述的 list 是雙向鏈結串列（doubly linked list），也就是說它可以往前和往後的移動。而單向的鏈結串列，則以 forward_list 表示之。其函式與其功能如下：

函式	功能說明
empty	回傳串列是否為空串列
push_front	將一元素加入串列的前端
pop_front	將串列前端的元素加以刪除

搭配使用迭代器指標的運作如下：

指標	功能說明
begin	指向串列第一個元素
end	指向串列最後一個元素的下一個
before_begin	指向串列第一個元素的前一個

加入一元素可利用 insert_after，其語法如下：

insert_after 函數語法	功能
`insert_after(iterator position, const value_type& val)`	在迭代器 position 的下一個位置加入 val 值
`insert_after(iterator position, size_type n, const value_type& val);`	在迭代器 position 下一個位置加入 n 個 val 值
`insert_after(iterator position, InputIterator first, InputIterator last);`	在迭代器 position 下一個位置加入另一個迭代器所指的 first 位置開始到 last 為止的元素。

刪除元素是利用 erase_after 的操作，其語法如下：

erase_after 函數語法	功能
`iterator erase_after(iterator pos)`	刪除 pos 的下一個元素
`iterator erase_after(iterator first, iterator last);`	刪除區間的元素，範圍為[first, last]

請參閱範例程式 single_linked_list.cpp。

範例程式：single_linked_list.cpp

```
01  #include <iostream>
02  #include <iterator>
03  #include <forward_list>
04
05  using namespace std;
06  struct Student {
07      string name;
08      int score;
09  };
10
11  void display(forward_list<Student>);
12  int main()
13  {
14      vector<Student> v = {{"Ken", 83}, {"Amy", 82},
15                           {"John", 92}};
16      forward_list<Student> s;
17      forward_list<Student>::iterator iter;
18      s.push_front({"Bright", 95});
19      s.push_front({"Linda", 90});
```

```
20
21      cout << "After push_front(): " << endl;
22      for (iter=s.begin(); iter!=s.end(); iter++) {
23          cout << iter->name << ' ' << iter->score << endl;
24      }
25
26      iter = s.begin();
27      s.insert_after(iter, {"Jennifer", 88});
28      cout << "\nAfter insert(): " << endl;
29      for (iter=s.begin(); iter!=s.end(); iter++) {
30          cout << iter->name << ' ' << iter->score << endl;
31      }
32
33      iter = s.before_begin();
34      s.insert_after(iter, v.begin(), v.end());
35      cout << "\nAfter insert(): " << endl;
36      for (iter=s.begin(); iter!=s.end(); iter++) {
37          cout << iter->name << ' ' << iter->score << endl;
38      }
39
40      s.pop_front();
41      cout << "\nAfter pop_front(): " << endl;
42      for (iter=s.begin(); iter!=s.end(); iter++) {
43          cout << iter->name << ' ' << iter->score << endl;
44      }
45
46      iter = s.begin();
47      s.erase_after(iter);
48      cout << "\nAfter erase(): " << endl;
49      for (iter=s.begin(); iter!=s.end(); iter++) {
50          cout << iter->name << ' ' << iter->score << endl;
51      }
52
53      s.clear();
54      if (s.empty()) {
55          cout <<"\n 串列是空的" << endl;
56      }
57      return 0;
58  }
```

```
After push_front():
Linda 90
Bright 95

After insert():
Linda 90
Jennifer 88
Bright 95

After insert():
Ken 83
Amy 82
John 92
Linda 90
Jennifer 88
Bright 95

After pop_front():
Amy 82
John 92
Linda 90
Jennifer 88
Bright 95

After erase():
Amy 82
Linda 90
Jennifer 88
Bright 95
```

注意程式用到的是 begin()或是 before_begin()，在運作上這兩者是不同的。而加入一元素只能利用 insert_after()函式。

C++ 提供的標準樣板函式不僅上述的 vector、list 與 forword_list 而已，其實還有 set（沒有重複元素的集合）、multiset（同 set，但允許有重複的元素）、map（每一個元素有兩個資料項目，它將一個資料項對映到另一個資料項中）、multimap（同 map，但允許有重複的鍵值）等等，由於篇幅關係，就不再加以討論，有興趣的讀者可參閱其他書籍。

15-7 練習題解答

15.1 (a) `vector<double> v;`

(b) `v.push_back(16.8);`

(c) `v.size();`

(d) `v.pop_back();`

15.2 (a) 在擷取 v[0]時，此元素必須存在才可。所以要先利用 push_back 加入一數值到 vector 的第一個元素，之後才能加以設定。

(b) 此 v 已義有五個元素，每一個元素的初始值預設為 0。

15.3

```
#include <iostream>
#include <vector>
using namespace std;
int main()
{
    vector<double> arr;
    arr.push_back(1.1);
    arr.push_back(2.2);
    arr.push_back(3.3);
    arr.push_back(4.4);
    arr.push_back(5.5);

    for (int i=0; i<arr.size(); i++) {
        cout << "arr[" << i << "] = " << arr[i] << endl;
    }
}
```

```
arr[0] = 1.1
arr[1] = 2.2
arr[2] = 3.3
arr[3] = 4.4
arr[4] = 5.5
```

15.4

```
vector<vector<int>> matrix(4);
for (int x=0; x<4; x++) {
     matrix[x] = vector<int>(4);
}
int num = 0;
for (int i=0; i<4; i++) {
    for (int j=0; j<4; j++) {
        matrix[i][j] = ++num;
        cout << setw(4) << matrix[i][j];
    }
    cout << endl;
}
```

15-8 習題

1. 利用標準模版函式 list，試撰寫一程式用以模擬佇列的運作（加入前端，刪除尾端或是加入尾端、刪除前端）。先以一選單讓使用者選擇項目後，執行其對應的函式。選單如下：

```
*** QUEUE OPERATION ***
    1. add
    2. delete
    3. print
    4. quit
Choice:
```

   你可以在每次加入或刪除時，印出其答案驗證它是否正確。

2. 利用標準模版函式 list，試撰寫一程式用以實作鏈結串列的運作（依分數 score 的由大至小排序加入，刪除則依使用者輸入的姓名處理之）。先以一選單讓使用者選擇項目後，執行其對應的函式。選單如下：

```
*** LINKED LIST OPERATION ***
    1. add
    2. delete
    3. print
    4. quit
Choice:
```

3. 仿照第 2 題的做法，但請使用 forward_list 來處理。其餘的皆與第 2 題相同。

CHAPTER 16

檔案的輸入與輸出

前面談到的皆為標準的輸入與輸出，但是有一缺點是若要執行程式輸入資料時，則需每次要做同樣的動作，而且輸出結果也無法儲存保留給下一次執行程式時作為輸入資料用。解決這一問題正是此章要討論的檔案的輸入與輸出。而檔案的輸入與輸出分為文字檔案與二進位檔案，讓我們先從文字檔案的輸出與輸入說起。

16-1 fstream 檔案串流

檔案的輸入與輸出，一定要載 fstream 標頭檔，以下是其運作的步驟：

1. 定義一輸出或輸入的物件。
2. 利用此物件呼叫 open() 來開啟某一檔案。
3. 接下來是檔案處理的動作，如寫入或讀取。搭配輸出或輸入串流運算子（<< 或 >>）。
4. 當處理的動作皆完成時，以此物件呼叫 close() 來關閉檔案。

不多說，直接看一些範例程式用以說明，如何將資料寫入檔案與如何從檔案讀取資料

16-1-1 ofstream 物件

我們從先從如何將資料寫入檔案談起，

範例程式：text_write.cpp

```
01  #include <iostream>
02  #include <fstream>
03  using namespace std;
04  
05  int main()
06  {
07      ofstream out;
08      //開啟檔案
09      out.open("/Users/mjtsai/Documents/studentScores.txt");
10  
11      //將資料寫入檔案
12      out << "Bright" << " " << 92 << endl;
13      out << "Linda" << " " << 91 << endl;
14  
15      //關閉檔案
16      out.close();
17      cout << "write data to file" << endl;
18      return 0;
19  }
```

```
write data to file
```

程式利用

```
ofstream out;
```

定義一輸出檔檔案的物件 out。接著以 out 物件呼叫 open()來開啟 studentScores.txt 檔案，此檔案在 /Users/mjtsai/Documents/ 的絕對路徑上。注意，這是在 Mac 平台下的寫法。若是在 Windows 平台，則其寫法是不一樣的。接下來是處理檔案的寫入動作，以輸出串流運算子 << 為之。當處理的動作皆完成時，再以 out 物件呼叫 close()來關閉檔案。此時寫入的資料在上述的檔案中，螢幕是看不到的。

16-1-2 ifstream 物件

接下來，我們來撰寫一程式，將上一程式 text_write.cpp 建立的檔案 studentScores.txt，加以讀取之。

範例程式：text_read.cpp

```
01  #include <iostream>
02  #include <fstream>
03  using namespace std;
04  
05  int main()
06  {
07      ifstream in;
08      string name;
09      int score;
10  
11      in.open("/Users/mjtsai/Documents/studentScores.txt");
12      in >> name >> score;
13      cout << "#1: " << name << " " << score << endl;
14      in >> name >> score;
15      cout << "#2: " << name << " " << score << endl;
16  
17      in.close();
18      cout << "read data from file" << endl;
19      return 0;
20  }
```

```
#1: Bright 92
#2: Linda 91
read data from file
```

從輸出結果得知，確實有讀到 studentScores.txt 檔案的資料。不過此程式是利用

```
ifstream in;
```

定義一輸入檔檔案的物件 in。接著以 in 物件呼叫 open()來開啟 studentScores.txt 檔案，此檔案在/Users/mjtsai/Documents/的絕對路徑上。接下來是處理檔案的讀取動作，以輸入串流運算子 >> 為之，將指定給某些變數。當要處理的動作皆完成時，再以 in 物件呼叫 close()來關閉檔案。此時資料是從上述的檔案中讀取的，而不是從鍵盤。

16-1-3 判斷檔案是否開啟成功

其實我們想要開一個檔案時，並不一定每次皆會成功，最好的方式是利用 fail() 函式來輔助，當回傳 true 時，表示開啟失敗，因為檔案不存在。以範例程式 text_read.cpp 為例，可以改為如下的範例程式較佳。

範例程式：text_read_2.cpp

```
01  #include <iostream>
02  #include <fstream>
03  using namespace std;
04
05  int main()
06  {
07      ifstream in;
08      string name;
09      int score;
10
11      in.open("/Users/mjtsai/Documents/studentScores.txt");
12      if (!in.fail()) {
13          in >> name >> score;
14          cout << "#1: " << name << " " << score << endl;
15          in >> name >> score;
16          cout << "#2: " << name << " " << score << endl;
17      }
18
19      in.close();
20      cout << "read data from file" << endl;
21      return 0;
22  }
```

程式加上 !in.fail() 若為真，表示檔案有存在，所以 in.fail()回傳 false，加上 not 運算子，則為 true。因此，就可以加以讀取檔案中的資料。

16-1-4 判斷是否已達檔尾

上述的讀取動作執行了兩次，因為有兩筆資料，不過在不知有幾筆時，我們可以使用 eof() 來判斷是否已達檔尾，這樣就可以利用迴圈來執行它，如下所示：

範例程式：text_read_3.cpp

```
01  #include <iostream>
02  #include <fstream>
03  using namespace std;
04
05  int main()
06  {
07      ifstream in;
08      string name;
09      int score;
10      int i = 1;
11      in.open("/Users/mjtsai/Documents/studentScores.txt");
12      if (!in.fail()) {
13          while (!in.eof()) {
14              in >> name >> score;
15              cout << "#" << i << ": " << name << " " << score << endl;
16              i++;
17          }
18      }
19
20      in.close();
21      cout << "read data from file" << endl;
22      return 0;
23  }
```

```
#1: Bright 92
#2: Linda 91
#3: Linda 91
read data from file
```

但我們發現在輸出結果中，多了一個資料輸出，那是因為檔案最後一筆後面還有一個 endl 跳行的字元，所以它視為不是檔尾，因此，最後一筆會被輸出兩次，因為原來的變數 name 和 score 都沒被更新。因此，在迴圈中需再一次判斷 eof()，若成立，則執行 break 來結束迴圈，程式如下所示：

範例程式：text_read_4.cpp

```
01  #include <iostream>
02  #include <fstream>
03  using namespace std;
04
05  int main()
06  {
```

```
07      ifstream in;
08      string name;
09      int score;
10      int i = 1;
11      in.open("/Users/mjtsai/Documents/studentScores.txt");
12      if (!in.fail()) {
13          while (!in.eof()) {
14              in >> name >> score;
15              if (in.eof()) {
16                  break;
17              }
18              cout << "#" << i << ": " << name << " " << score << endl;
19              i++;
20          }
21      }
22
23      in.close();
24      cout << "read data from file" << endl;
25      return 0;
26  }
```

```
#1: Bright 92
#2: Linda 91
read data from file
```

練習題

16.1 如何宣告與打開名為 employee.txt 的輸出檔案？如何宣告與打開名為 employee.txt 的輸入檔案？

16.2 為什麼檔案在處理動作結束後，都需要關閉檔案？

16-2 檔案串流狀態的函式

測試檔案串狀態可使用 C++ 提供的一些串流狀態函式來測試之，除了前面已討論的 eof()和 fail()外，其實還有 good()，bad()，以及 clear()，請參閱表 16.1。

表 16.1 檔案串流狀態的函式

函式	描述
eof()	當輸入物件到達尾端時，則回傳 true
fail()	當運作失敗時，則回傳 true
bad()	當一無效的運作發生時，則回傳 true
good()	當無錯誤發生時，則回傳 true
clear()	清除所有位元值

表 16.1 相關的函式，如下一範例程式所示：

範例程式：fileStreamBit.cpp

```
01  #include <iostream>
02  #include <fstream>
03  #include <iomanip>
04  #include <string>
05  using namespace std;
06  
07  void showFileState(fstream &stream);
08  int main()
09  {
10      fstream inOut;
11      string fruit;
12      //開啟檔案為寫入模式
13      inOut.open("/Users/mjtsai/Documents/fruits.txt", ios::out);
14      inOut << "Orange" << " " << "Banana";
15      cout << "write data to inOut object" << endl;
16      showFileState(inOut);
17      inOut.close();
18  
19      //開啟檔案為讀取模式
20      inOut.open("/Users/mjtsai/Documents/fruits.txt", ios::in);
21      while (!inOut.eof()) {
22          inOut >> fruit;
23          cout << "fruit: " << fruit << endl;
24      }
25      cout << "\nread data from inOut object" << endl;
26      showFileState(inOut);
27      inOut.close();
28  
29      //關閉檔案後，並試圖讀取資料
30      inOut >> fruit;
```

```
31      cout << "\nread data from inOut object" << endl;
32      showFileState(inOut);
33
34      cout << "\ncall clear()" << endl;
35      inOut.clear();
36      showFileState(inOut);
37      return 0;
38  }
39
40  void showFileState(fstream &stream)
41  {
42      cout << "File stream status: " << endl;
43      cout << "  eof():" << setw(3) << stream.eof() << endl;
44      cout << "  fail():" << setw(2) << stream.fail() << endl;
45      cout << "  good():" << setw(2) << stream.good() << endl;
46      cout << "  bad():" << setw(3) << stream.bad() << endl;
47  }
```

```
write data to inOut object
File stream status:
  eof():  0
  fail(): 0
  good(): 1
  bad():  0
fruit: Orange
fruit: Banana

read data from inOut object
File stream status:
  eof():  1
  fail(): 0
  good(): 0
  bad():  0

read data from inOut object
File stream status:
  eof():  1
  fail(): 1
  good(): 0
  bad():  0

call clear()
File stream status:
  eof():  0
```

```
fail(): 0
good(): 1
bad():  0
```

此程式利用 fstream 類別建立 inout 物件。然後利用此物件呼叫 open 函式，並給予第二個參數值為 ios::out，這表示輸出的意思。此參數為檔案的開啟模式，除此之外，還有一些，請參閱表 16.2。

表 16.2 檔案開啓模式

模式	描述
ios::in	打開用於讀取的檔案
ios::out	打開用於寫入的檔案
ios::app	附加資料於檔尾
ios::ate	打開用於輸出的檔案。若此檔案已存在，將從檔尾加入。資料可加入於檔案的任何地方
ios::trunc	若檔案已存在，則刪除其內容，此項對 ios::out 是預設值。
ios::binary	打開一用於二元輸入與輸出的檔案

看完了文字檔案的輸出與輸入，接著來看有關二進位檔案的輸出與輸入。

練習題

16.3 如何偵測檔案是否存在？

16.4 如何偵測是否已到達檔尾？

16.5 如何打開一檔案，將資料附加於此檔案？

16.6 檔案開啟模式 ios::trunc 是什麼意思？

16-3 二進位檔案的輸出與輸入

二進位檔案的輸出與輸入與文字檔案有些許的不同，在開啟檔案時要註明它是二進位檔案，一般以 ios::binary 表示之。在寫入時是以物件呼叫 write()函式來寫入，而以 read()函式加以讀取。這兩個函式的語法分別如下：

write() 函式的語法如下：

```
streamObject.write(const char* s, int size)
```

以型態 char* 將一位元組陣列寫入檔案。每一字元是一位元組（byte）。streamObject 指的是 fstream 的物件。

read() 函式的語法如下：

```
streamObject.read(char* address, int size)
```

size 參數表示最大的讀取位元組數目。實際上所讀取的位元組數目可由 gcount 函式獲得。

有關二進位的輸出與輸入，請參閱下一範例程式。

範例程式：binaryTextData.cpp

```
01  #include <iostream>
02  #include <fstream>
03  #include <string>
04  using namespace std;
05
06  int main()
07  {
08      //open file for write
09      fstream binaryIO("/Users/mjtsai/Documents/fruits2.dat",
10                        ios::out|ios::binary);
11      string s1 = "banana\n";
12      binaryIO.write(s1.c_str(), s1.size());
13      string s2 = "kiwi";
14      binaryIO.write(s2.c_str(), s2.size());
15      binaryIO.close();
16
17      //open file for read
18      fstream binaryIO2("/Users/mjtsai/Documents/fruits2.dat",
19                         ios::in|ios::binary);
20      char str[20];
21      binaryIO2.read(str, 20);
22      cout << "Number of characters read: " << binaryIO2.gcount()
             << endl;
23      str[binaryIO2.gcount()] = '\0';
24      cout << str << endl;
25      binaryIO2.close();
```

```
26
27         return 0;
28     }
```

```
Number of characters read: 11
banana
kiwi
```

程式中的

```
fstream binaryIO("/Users/mjtsai/Documents/scores.dat",
                  ios::out|ios::binary);
```

也可以撰寫為下列兩行的敘述

```
fstream binaryIO2;
binaryIO2.open("/Users/mjtsai/Documents/fruits2.dat",
                ios::out|ios::binary);
```

第二個參數表示它是寫入的檔案開啟模式，而且是以二進位的檔案格式執行的。在 write 函式中

```
BinaryIO.write(s1.c_str(), s1.size());
```

第一個參數 c_str() 是將一個 string 的字串，轉換成以 NULL 結尾的字串。

16-3-1 reinterpret_cast 運算子

上一範例程式寫入對象是字元資料，若將不是字元的資料寫入於檔案，該如何完成呢？可使用 reinterpret_cast 運算子，此運算子將所有指標轉換成任何其他指標型態，也可將任何整數資料類型轉換成任何指標型態。

reinterpret_cast 運算子的語法如下：

```
reinterpret_cast<datatype *>(address)
```

此處的 address 是資料的位址，dataType 是將要轉型為目標的型態。請參閱下一範例程式。

範例程式：binaryNumericData.cpp

```
01  #include <iostream>
02  #include <fstream>
03  using namespace std;
```

```
04
05  int main()
06  {
07      //open file for write
08      fstream binaryIO("/Users/mjtsai/Documents/scores.dat",
09                       ios::out|ios::binary);
10      int score;
11      score = 100;
12      binaryIO.write(reinterpret_cast<char *>(&score), sizeof(score));
13      score = 200;
14      binaryIO.write(reinterpret_cast<char *>(&score), sizeof(score));
15      binaryIO.close();
16
17      //open file for read
18      fstream binaryIO2("/Users/mjtsai/Documents/scores.dat",
19                        ios::in|ios::binary);
20
21      binaryIO2.read(reinterpret_cast<char *>(&score), sizeof(score));
22      cout << score << endl;
23      binaryIO2.read(reinterpret_cast<char *>(&score), sizeof(score));
24      cout << score << endl;
25      binaryIO2.close();
26
27      return 0;
28  }
```

```
100
200
```

程式需要利用 reinterpret_cast<char *>(&score) 將 score 加以轉型為字串。

16-3-2 二進位的物件之輸出與輸入

接下來討論二進位的物件之輸出與輸入，直接來看範例程式。

範例程式：binaryObjectData.cpp

```
01  #include <iostream>
02  #include <fstream>
03  using namespace std;
04
05  class Student {
06  private:
```

```
07        string id;
08        string name;
09        double score;
10    public:
11        Student();
12        Student(string &id, string &name, double score);
13        //getter
14        string getID();
15        string getName();
16        double getScore();
17
18        //setter
19        void setID(string);
20        void setName(string);
21        void setScore(double);
22    };
23
24    Student::Student() { }
25    Student::Student(string &id2, string &name2, double score2)
26    {
27        id = id2;
28        name = name2;
29        score = score2;
30    }
31
32    //getter definition
33    string Student::getID()
34    {
35        return id;
36    }
37
38    string Student::getName()
39    {
40        return name;
41    }
42
43    double Student::getScore()
44    {
45        return score;
46    }
47
48    //setter definition
49    void Student::setID(string id2)
```

```
50  {
51      id = id2;
52  }
53
54  void Student::setName(string name2)
55  {
56      name = name2;
57  }
58
59  void Student::setScore(double score2)
60  {
61      score = score2;
62  }
63
64  void displayData(Student &stu)
65  {
66      cout << stu.getID() << endl;
67      cout << stu.getName() << endl;
68      cout << stu.getScore() << endl << endl;
69  }
70
71  //main function
72  int main()
73  {
74      fstream binaryIO;
75
76      //打開檔案的格式是二進位，以及是寫入的模式
77      binaryIO.open("/Users/mjtsai/Documents/students.dat",
78                    ios::out|ios::binary);
79      int num=0;
80      string id2, name2;
81      double score2;
82      Student stu;  //定義 stu 為 Student 物件
83      cout << "有多少學生? ";
84      cin >> num;
85      for (int i=0; i<num; i++) {
86          cout << "\n#" << i+1 << ":" << endl;
87          cout << "id: ";
88          cin >> id2;
89          stu.setID(id2);
90          cout << "name: ";
91          cin >> name2;
92          stu.setName(name2);
93          cout << "score: ";
```

```
94            cin >> score2;
95            stu.setScore(score2);
96
97            //將 stu 物件寫入 students.dat 檔案中
98            binaryIO.write(reinterpret_cast<char *>(&stu), sizeof(Student));
99        }
100       binaryIO.close();  //關閉檔案
101
102       //打開檔案的格式是二進位，以及是讀取的模式
103       binaryIO.open("/Users/mjtsai/Documents/students.dat",
104                     ios::in|ios::binary);
105       Student stuNew;
106       cout << "\n\n 有以下的學生：" << endl;
107       for (int i=0; i<num; i++) {
108           binaryIO.read(reinterpret_cast<char *>(&stuNew), sizeof(Student));
109           displayData(stuNew);
110       }
111       binaryIO.close();
112
113       return 0;
114   }
```

```
有多少學生? 5

#1:
id: 1001
name: Bright
score: 95.5

#2:
id: 1002
name: Linda
score: 89.8

#3:
id: 1003
name: Amy
score: 88.8

#4:
id: 1004
name: Jennifer
score: 92.3
```

```
#5:
id: 1005
name: Chloe
score: 90.2


有以下的學生：
1001
Bright
95.5

1002
Linda
89.8

1003
Amy
88.8

1004
Jennifer
92.3

1005
Chloe
90.2
```

這個程式和上述幾個範例程式所使用的函式皆相同，只是此程式是在說明物件的輸出與輸入而已。在此就不再加以贅述。

練習題

16.7 何謂文字檔案與二進位檔案？可以使用文字編輯器檢視文字檔案與二進位檔案嗎？

16.8 如何打開二進位 I/O 的檔案？

16.9 write 函式只能寫入位元組的陣列。您如何將基本型態值或是物件寫入於二進位的檔案？

16.10 如果要將字串 "abc" 寫入 ASCII 文字檔中，儲存於檔案裡的值為何？

16.11 如果要將字串 "101" 寫入 ASCII 文字檔中，儲存於檔案裡的值為何？如果使用二進位 I/O 寫入位元組型態數值 101，儲存於檔案裡的值又為何？

16-4 隨機存取檔案

函式 seekg() 與 seekp() 可用來移動檔案指標到隨機存取檔案的任何位置，用以輸入與輸出。

隨機存取檔案由一序列的位元組所組成。一個被稱作檔案指標（file pointer）的特殊標記（tag），被定位於這些位元組的其中一個位元組。讀取或寫入運作即在檔案指標的位置上進行。當檔案被開啟時，檔案指標被設定於檔案開頭。當從檔案讀取或寫入資料時，檔案指標便會往前移到下一個資料項目。舉個例子，如果使用 get() 函式讀取一個位元組（byte）時，C++ 從檔案指標讀取 1 個位元組資料，此時檔案指標會從之前的位置往前移 1 個 byte，如圖 16-1 所示。

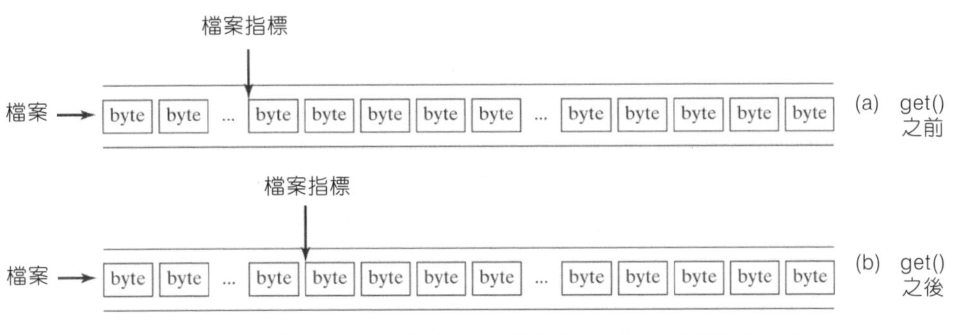

圖 16-1 當一位元組被讀取之後，檔案指標會往前移動 1 個 byte

至目前為止，已開發用來讀取或寫入的程式都是循序的，此稱為循序存取檔案（sequential access file）。檔案指標將會往前移動。若檔案是用來輸入的，它將從檔頭開始讀取資料，直至檔尾。若是用於輸出，則從檔案的某一起始點或是檔尾（附加模式 ios::app）寫入資料。

此問題是循序讀取為了要讀取某特定位置的一位元組，在它之前的所有位元組皆要先被讀取，這是很沒效率的。C++ 使用在串流物件的 seekp 與 seekg 成員函式，使檔案指標可以自由的向前或向後移動。此種能力稱之為隨機存取檔案（random access file）。

seekp 函式是用於輸出串流，而 seekg 則用於輸入串流。每一函式有兩個版本，一為有一個引數，二為有二個引數。若只有一個引數，則此引數表示絕對位置。

```
input.seekg(0);
output.seekp(0);
```

會將檔案指標移動至檔頭。若是有二個引數，則第一個引數是 long 的整數，表示位移數。而第二個引數一般稱之為搜尋基數，指定從哪裡開始計算位移數。如表 16.3 所示：

表 16.3　seekp() 與 seekg() 函式的第二個參數

第二個參數	說明
ios::beg	從檔案開頭開始計算位移數
ios::end	從檔案尾端開始計算位移數
ios::cur	從目前位置開始計算位移數

seekg() 函式的完整敘述，如表 16.4 所示：

表 16.4　seekg() 函式的完整敘述

敘述	說明
seekg(56, ios::beg)	從檔案開頭，開始往前移動 56 個位元組。
seekg(-56, ios::end)	從檔案尾端，往後移動 56 個位元組。
seekg(56, ios::cur)	從目前位置開始，往前移動 56 個位元組。
seekg(56)	將檔案指標移動第 56 個位元組的地方。

請參閱下一範例程式。

範例程式：randomAccess.cpp

```
01  #include <iostream>
02  #include <fstream>
03  using namespace std;
04
05  class Student {
06  private:
07      string id;
08      string name;
09      double score;
10  public:
```

```
11        Student();
12        Student(string &id, string &name, double score);
13        //getter
14        string getID();
15        string getName();
16        double getScore();
17
18        //setter
19        void setID(string);
20        void setName(string);
21        void setScore(double);
22    };
23
24    Student::Student()
25    {
26
27    }
28
29    Student::Student(string &id2, string &name2, double score2)
30    {
31        id = id2;
32        name = name2;
33        score = score2;
34    }
35
36    //getter definition
37    string Student::getID()
38    {
39        return id;
40    }
41
42    string Student::getName()
43    {
44        return name;
45    }
46
47    double Student::getScore()
48    {
49        return score;
50    }
51
52    //setter definition
53    void Student::setID(string id2)
```

```
54  {
55      id = id2;
56  }
57
58  void Student::setName(string name2)
59  {
60      name = name2;
61  }
62
63  void Student::setScore(double score2)
64  {
65      score = score2;
66  }
67
68  void displayData(Student &stu)
69  {
70      cout << stu.getID() << endl;
71      cout << stu.getName() << endl;
72      cout << stu.getScore() << endl << endl;
73  }
74
75  //main function
76  int main()
77  {
78      fstream binaryIO;
79      Student stuRandom;
80
81      //random access
82      binaryIO.open("/Users/mjtsai/Documents/students.dat",
83                    ios::in|ios::binary);
84      Student stuNew;
85      cout << "檔案有以下的學生：" << endl;
86      for (int i=0; i<5; i++) {
87          binaryIO.read(reinterpret_cast<char *>(&stuNew), sizeof(Student));
88          displayData(stuNew);
89      }
90
91      //random access
92      int numData = 0;
93      cout << "sizeof(Student): " << sizeof(Student) << endl;
94      cout << "你想要搜尋第幾筆資料(共五筆): ";
95      cin >> numData;
96      binaryIO.seekg((numData-1) * sizeof(Student));
```

```
97      cout << "current position is " << binaryIO.tellg() << endl;
98
99      cout << "\n 學生資訊如下：" << endl;
100     binaryIO.read(reinterpret_cast<char *>(&stuRandom), sizeof(Student));
101     displayData(stuRandom);
102     binaryIO.close();
103
104     return 0;
105 }
```

```
檔案有以下的學生：
1001
Bright
95.5

1002
Linda
89.8

1003
Amy
88.8

1004
Jennifer
92.3

1005
Chloe
90.2

sizeof(Student): 56
你想要搜尋第幾筆資料(共五筆): 4
current position is 168

學生資訊如下：
1004
Jennifer
92.3
```

seekp 如同 seekg 函式，在此不再述。也可以使用 tellp 和 tellg 成員函式得知目前檔案的指標在哪裡。

練習題

16.12 何謂檔案指標？

16.13 試問 seekp 與 seekg 之間的差異為何？

16-5 練習題解答

16.1 作為輸出檔案

```
ofstream out;
out.open("/Users/mjtsai/Documents/employee.txt");
```

作為輸入檔案

```
ifstream in;
in.open("/Users/mjtsai/Documents/employee.txt");
```

16.2 若沒有關閉檔案，資料可能無法正確的保存。

16.3 利用 fail() 來偵測，若為真，則表示此檔案不存在。

16.4 利用 eof() 來偵測，若為真，則表示此檔案已到達尾端。

16.5 利用 ios::app

16.6 表示當檔案已存在時，將會被捨去。

16.7 文字檔案是由一系列的字元所組成，而二進位檔案是由一系列的位元所組成。一般的文字編輯器只能檢視文字檔案，不能檢視二進位檔案。

16.8 利用 ios::binary 模式。

16.9 利用 reinterpret_cast<char *>(data) 將 data 轉型為字元陣列

16.10 "abc" 儲存於檔案裡的值是 0x61 0x62 0x63

16.11 "101" 儲存於文字檔案裡的值是 0x31 0x30 0x31，"101" 儲存於二進位檔案裡的值是 0x65。

16.12 檔案包含一系列的位元組，有一特殊的記號稱為檔案指標，用以指定它位於哪一個位元組。

16.13 seekp 函式移動檔案指標，其用於寫入，而 seeg 用於移動檔案指標，其用於讀取。

16-6 習題

1. 若將 text_write.cpp 程式改為如下：

```
//fileIO_exercise1-1.cpp
#include <iostream>
#include <fstream>
using namespace std;

int main()
{
    ofstream out;
    //開啟檔案
    out.open("/Users/mjtsai/Documents/studentScores2.txt");

    //將資料寫入檔案
    out << "Bright" << " " << 92 << endl;
    out << "Linda" << " " << 91;

    //關閉檔案
    out.close();
    cout << "write data to file" << endl;
    return 0;
}
```

此時，下一程式的輸出結果為何？得到的結果是正確的嗎？為什麼？

```
//fileIO_exercise1-2.cpp
#include <iostream>
#include <fstream>
using namespace std;

int main()
{
    ifstream in;
    string name;
    int score;
    int i = 1;
    in.open("/Users/mjtsai/Documents/studentScores2.txt");
    if (!in.fail()) {
```

```
        while (!in.eof()) {
            in >> name >> score;
            cout << "#" << i << ": " << name << " " << score << endl;
            i++;
        }
    }

    in.close();
    cout << "read data from file" << endl;
    return 0;
}
```

2. 你可以從 www.ssa.gov/oact/babynames 下載 2021 年最受歡迎的嬰兒名字的排行，並將它儲存於名為 BabyNameRanking2021.txt，此檔案有 100 行，表示我們只下載排名前 100 名而已。每一行包含排名、男嬰名字，取名人數、女嬰名字、取名人數。例如在 Babynameranking2021.txt 檔案中前二行如下：

```
1       Liam     20,365     Olivia     17,798
2       Noah     18,849       Emma     15,510
```

由此可知，男嬰名字 Liam，女嬰 Olivia 是排名第一，而男孩名字 Noah，女嬰 Emma 是排名第二。有 20,365 名男嬰取名為 Liam，有 17,798 女嬰取名為 Olivia。請撰寫一程式，提示使用者，輸入性別及名字，先顯示這 100 名男嬰名和女嬰名與相關訊息，然後顯示輸入名字的排行，若找不到名字，則顯示 not found。以下為程式的執行結果樣本：

```
 1       Liam    20,365     Olivia    17,798
 2       Noah    18,849       Emma    15,510
 3     Oliver    14,683  Charlotte    13,336
 4     Elijah    12,774     Amelia    13,007
 5      James    12,429        Ava    12,830
 6    William    12,144     Sophia    12,547
 7   Benjamin    11,859   Isabella    11,262
 8      Lucas    11,563        Mia    11,143
 9      Henry    11,350     Evelyn     9,475
10   Theodore     9,581     Harper     8,422
11       Jack     9,548       Luna     8,216
12       Levi     9,523     Camila     8,026
13  Alexander     9,398     Gianna     7,459
```

```
14     Jackson      9,251  Elizabeth      7,240
15       Mateo      9,159    Eleanor      7,088
16      Daniel      9,119       Ella      7,015
17     Michael      9,103    Abigail      6,969
18       Mason      9,074      Sofia      6,963
19   Sebastian      8,914      Avery      6,793
20       Ethan      8,842   Scarlett      6,618
21       Logan      8,816      Emily      6,577
22        Owen      8,755       Aria      6,380
23      Samuel      8,555   Penelope      6,350
24       Jacob      8,458      Layla      6,337
25       Asher      8,334      Chloe      6,332
26       Aiden      8,289       Mila      6,327
27        John      8,175       Nora      6,267
28      Joseph      8,129      Hazel      5,998
29       Wyatt      8,022    Madison      5,952
30       David      7,903      Ellie      5,850
31         Leo      7,783       Lily      5,615
32        Luke      7,690       Nova      5,549
33      Julian      7,666       Isla      5,536
34      Hudson      7,612      Grace      5,518
35     Grayson      7,530     Violet      5,508
36     Matthew      7,452     Aurora      5,505
37        Ezra      7,414      Riley      5,210
38     Gabriel      7,266       Zoey      5,197
39      Carter      7,189     Willow      5,170
40       Isaac      6,960     Emilia      4,850
41      Jayden      6,913     Stella      4,810
42        Luca      6,873        Zoe      4,724
43     Anthony      6,775   Victoria      4,697
44       Dylan      6,752     Hannah      4,572
45     Lincoln      6,682    Addison      4,483
46      Thomas      6,671       Leah      4,464
47    Maverick      6,590       Lucy      4,447
48       Elias      6,336     Eliana      4,444
49      Josiah      6,110        Ivy      4,386
50     Charles      5,983    Everly      4,382
51       Caleb      5,944   Lillian      4,318
52 Christopher      5,835    Paisley      4,281
53     Ezekiel      5,829      Elena      4,273
54       Jaxon      5,728      Naomi      4,263
55       Miles      5,717       Maya      4,077
56      Isaiah      5,698    Natalie      4,049
57      Andrew      5,598    Kinsley      3,878
```

```
 58     Joshua       5,500    Delilah      3,748
 59     Nathan       5,417     Claire      3,700
 60      Nolan       5,341     Audrey      3,677
 61     Adrian       5,136    Aaliyah      3,603
 62    Cameron       5,113       Ruby      3,588
 63   Santiago       5,066   Brooklyn      3,530
 64        Eli       4,892     Aubrey      3,509
 65      Aaron       4,843      Alice      3,504
 66       Ryan       4,721     Autumn      3,486
 67      Angel       4,698    Leilani      3,476
 68     Cooper       4,669   Savannah      3,475
 69     Waylon       4,648  Valentina      3,464
 70        Kai       4,624    Kennedy      3,438
 71     Easton       4,621    Madelyn      3,420
 72  Christian       4,617  Josephine      3,381
 73     Landon       4,594      Bella      3,352
 74     Colton       4,552     Skylar      3,337
 75      Roman       4,552    Genesis      3,335
 76       Axel       4,533     Sophie      3,325
 77   Jonathan       4,441     Hailey      3,240
 78     Brooks       4,440      Sadie      3,216
 79     Robert       4,419    Natalia      3,202
 80    Jameson       4,296      Quinn      3,199
 81        Ian       4,293   Caroline      3,197
 82    Everett       4,243    Allison      3,136
 83   Jeremiah       4,229  Gabriella      3,104
 84    Greyson       4,217       Anna      3,069
 85     Wesley       4,213   Serenity      3,066
 86     Hunter       4,192     Nevaeh      3,047
 87   Leonardo       4,098       Cora      3,001
 88     Jordan       4,006     Ariana      2,976
 89       Jose       3,994      Lydia      2,922
 90    Bennett       3,928      Emery      2,918
 91      Silas       3,893       Jade      2,855
 92   Nicholas       3,847      Sarah      2,855
 93     Parker       3,837        Eva      2,827
 94       Beau       3,812   Adeline      2,761
 95     Weston       3,780   Madeline      2,743
 96     Austin       3,764      Piper      2,736
 97     Carson       3,763      Rylee      2,709
 98     Connor       3,757     Athena      2,708
 99    Dominic       3,744     Peyton      2,690
100     Xavier       3,729  Everleigh      2,689
```

```
Enter the gender: F
Enter the name: Cora
Girl name: Cora is ranked #87
```

3. 承上題（第 2 題），輸出此條件下有多少個嬰兒以此名字來命名。此題也是以 BabyNamesRanking2021.txt 檔案來處理。
4. 撰寫一程式，隨機產生 100 個 1~49 的數字，寫入一個名為 exercise16-4.dat 的檔案。並以標準的輸出方式印出這些數字。
5. 承第 4 題，將隨機產生的 1~49 的數字寫入 exercise16-5.dat 檔案後，再從此檔案加以讀取之。
6. 隨機產生的 1~49 的數字寫入 exercise16-6.dat 檔案後，再從此檔案加以讀取，並計算每一數字出現的次數。
7. 請將 1~100 的數字寫入 exercise16-7.dat 檔案，然後輸入你要尋找第幾筆的資料，並加以顯示之。

C++程式設計--教學與自習最佳範本

作　　者：蔡明志
企劃編輯：江佳慧
文字編輯：江雅鈴
設計裝幀：張寶莉
發 行 人：廖文良

發 行 所：碁峰資訊股份有限公司
地　　址：台北市南港區三重路 66 號 7 樓之 6
電　　話：(02)2788-2408
傳　　真：(02)8192-4433
網　　站：www.gotop.com.tw
書　　號：AEL027200
版　　次：2024 年 08 月初版
建議售價：NT$680

國家圖書館出版品預行編目資料

C++程式設計：教學與自習最佳範本 / 蔡明志著. -- 初版. -- 臺北市：碁峰資訊, 2024.08
面；　公分
ISBN 978-626-324-806-9(平裝)
1.CST：C++(電腦程式語言)
312.32C　　113005689